Basiswissen Schiften

3. Auflage

Eine systematisch geordnete Sammlung von Beiträgen, erschienen in den Jahren 1996 bis 2003 in der Fachzeitschrift Der **Zimmermann**, 2022 grafisch und inhaltlich aktualisiert.

Autoren:

Roland Schumacher
Albert Müller
Andreas Großhardt
Michael Riggenbach
Hans Wittmann

Herausgeberische Bearbeitung:

Peter Kübler

RM Rudolf Müller

Bibliografische Information der Deutschen Nationalbibliothek
Die Deutsche Nationalbibliothek verzeichnet diese Publikation in der Deutschen Nationalbibliografie; detaillierte bibliografische Daten sind im Internet über https://dnb.dnb.de abrufbar.

Wir freuen uns, Ihre Meinung über dieses Fachbuch zu erfahren. Bitte teilen Sie uns Ihre Anregungen, Hinweise oder Fragen per E-Mail: rudolf-mueller@vuservice.de oder telefonisch unter: 06123 9238-258 mit.

Text, Satz und Grafik: Peter Kübler, Unterkirnach
Umschlaggestaltung: Satz + Layout Werkstatt Kluth GmbH, Erftstadt
Druck und Bindearbeiten: Westermann Druck Zwickau GmbH, Zwickau

ISBN: 978-3-87104-287-4 (Buch-Ausgabe) *002
ISBN: 978-3-87104-271-3 (E-Book-Ausgabe als PDF)

PEFC-zertifiziert
Dieses Produkt stammt aus nachhaltig bewirtschafteten Wäldern, Recycling und kontrollierten Quellen
PEFC
PEFC/04-31-3513
www.pefc.co.uk

Grundsätze zum „flächigen Schiften“

Isometrie

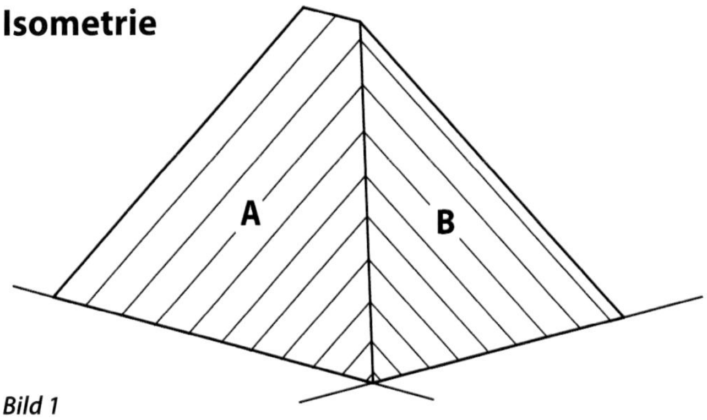

Bild 1

Grundriss, Profil und die wichtigen Punkte

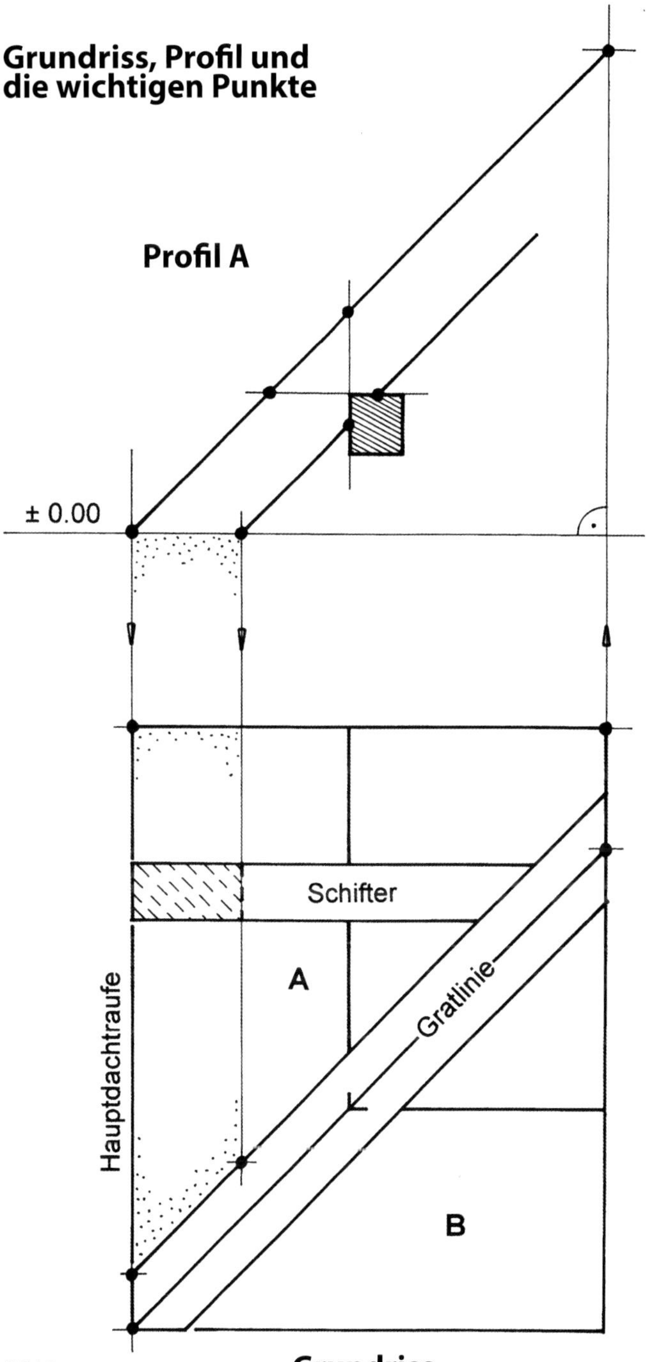

Bild 2

Grundsätzliche Überlegungen zum „flächigen Schiften“ lassen sich an dem gewählten Beispiel (**Bild 1**) verdeutlichen.

Grundlagen bilden, wie gewohnt, Grundriss und Profil des auszutragenden Holzes (**Bild 2**).

In Grundriss und Profil werden die für die Austragung wichtigen Punkte markiert und eine Ausgangshöhe (± 0,00) festgelegt.

Nachfolgend wird gezeigt, wie ein normaler Schifter (rechtwinklig zur Hauptdachtraufe im Grundriss) im Zusammenhang mit der Dachfläche **A** ausgetragen werden kann.

Die untenstehende Zeichenerklärung (**Bild 3**) verdeutlicht die im Zusammenhang mit dem flächigen Schiften verwendeten Schraffuren und Symbole.

Als „***Spurlinie***“ wird die Verschneidungslinie einer horizontalen und einer geneigten Ebene bezeichnet. Eine „***Spurlinie***“ im Sinne dieser Definition ist deshalb immer eine horizontale Linie.

Spurlinien decken sich oft mit anderen Linien (wie zum Beispiel Hauptdachtraufe oder Klappachse), sie werden dann im Aufriss als „Spurlinie“ angeschrieben. Stehen sie alleine, werden sie punktiert gezeichnet.

Punktierte Flächen sind horizontale Sparrenabschnitte, oder, anders ausgedrückt, waagerechte Schnitte durch die Sparren- beziehungsweise Materialschicht, an denen die Spurlinien entstehen. Hier wird deutlich, dass die Sparrenhöhe (beziehungsweise Dicke der Materialschicht, beispielsweise bei Holzwerkstoffplatten) von Anfang an eine große Rolle spielt.

Bild 3

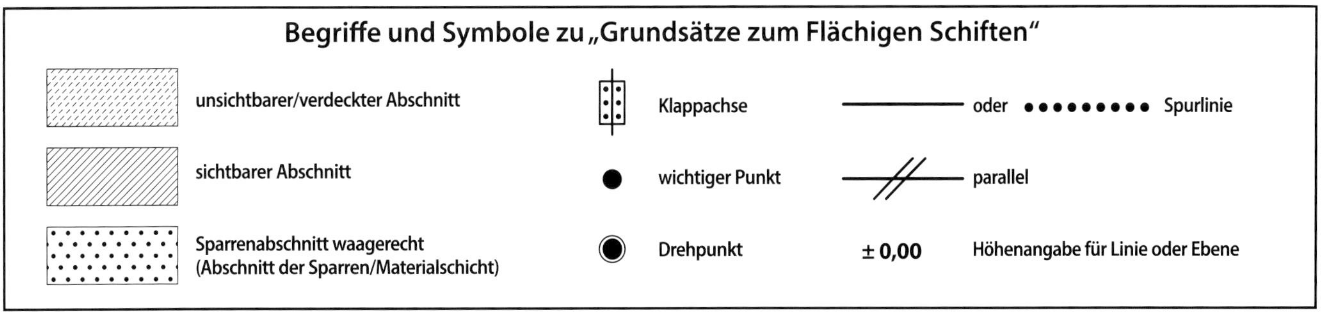

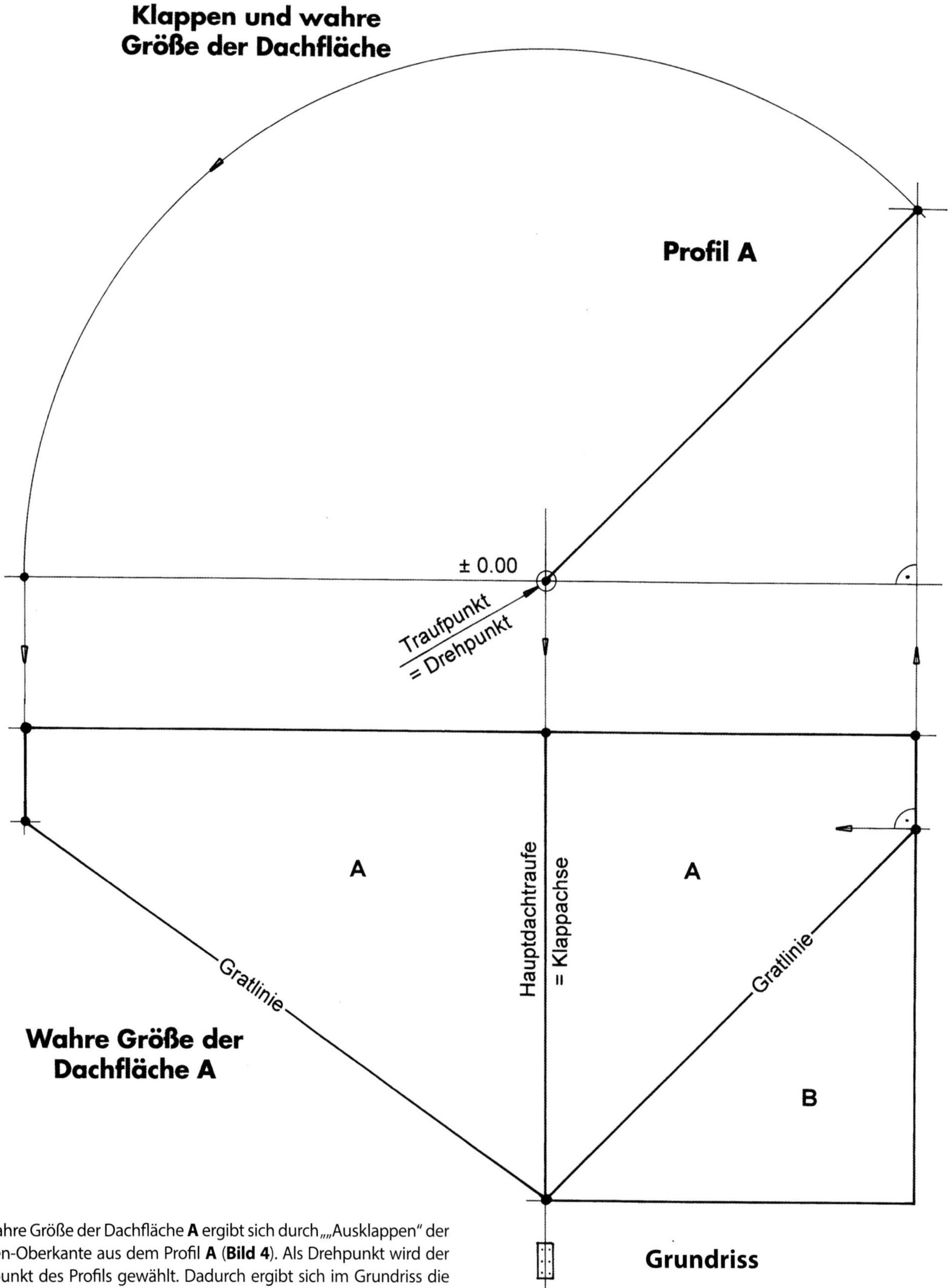

Bild 4

Die wahre Größe der Dachfläche **A** ergibt sich durch„„„Ausklappen" der Sparren-Oberkante aus dem Profil **A** (**Bild 4**). Als Drehpunkt wird der Traufpunkt des Profils gewählt. Dadurch ergibt sich im Grundriss die Hauptdachtraufe als Klappachse.

Ob das „Ausklappen" mittels Zirkel oder mit der Maßlatte erfolgt, ist abhängig von der Größe des Aufrisses und der Art der zur Verfügung stehenden Hilfsmittel. Wichtig ist, dass die ausgeklappte wahre Fläche in unmittelbarem Zusammenhang mit Grundriss und Profil bleibt und nicht „irgendwohin" versetzt wird.

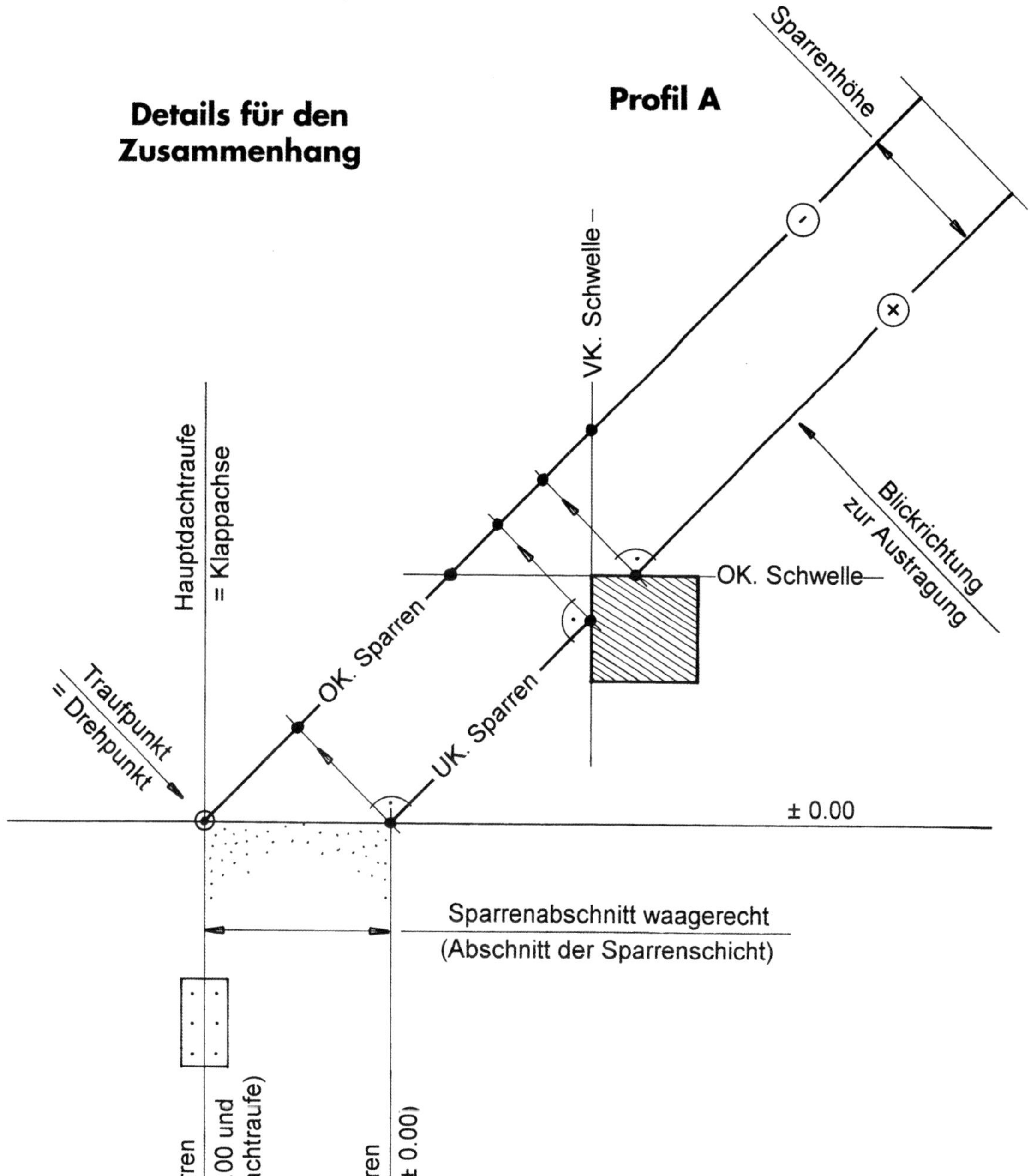

Bild 5

Die notwendigen Festlegungen

- Festlegen des Drehpunktes beziehungsweise der Klappachse (**Bild 5**).
- Markieren der wichtigen Punkte.
- Festlegen der Blickrichtung zur Austragung.
- Übertragen der wichtigen Punkte auf diejenige Holzkante, die durch den Drehpunkt verläuft (anders gesagt: auf die Holzkante, die geklappt wird). Das Übertragen muss rechtwinklig erfolgen! Siehe im Beispiel die Punkte auf **UK**-Sparren.
- Festlegung **OK**-Holz **(+)** und **UK**-Holz **(–)**. Diese Festlegung ist wichtig für das Anreißen des auf die fertige Austragung gelegten Holzes. **OK**-Holz **(+)** ist beim Anreißen (in Blickrichtung auf die Austragung) die oben liegende Holzkante. **UK**-Holz **(–)** ist die Kante, die auf der Austragung aufliegt.

Die Austragung

- Übertragen der wichtigen Grundlinien in die Austragung (hier: Außenkante-Schifter und Innenkante-Schifter).
- Ausklappen der Punkte von der Holzkante, die durch den Drehpunkt verläuft, in die Austragung. Bezeichnungen für **OK**-Holz **(+)** und **UK**-Holz **(–)** anschreiben!
- Austragen der Abschnittslinien für **OK**-Holz und **UK**-Holz als Parallelen zur Bezugslinie in der wahren Fläche. Die Pfeile verdeutlichen die Vorgehensweise. Im Beispiel ist die Bezugslinie die Gratlinie.

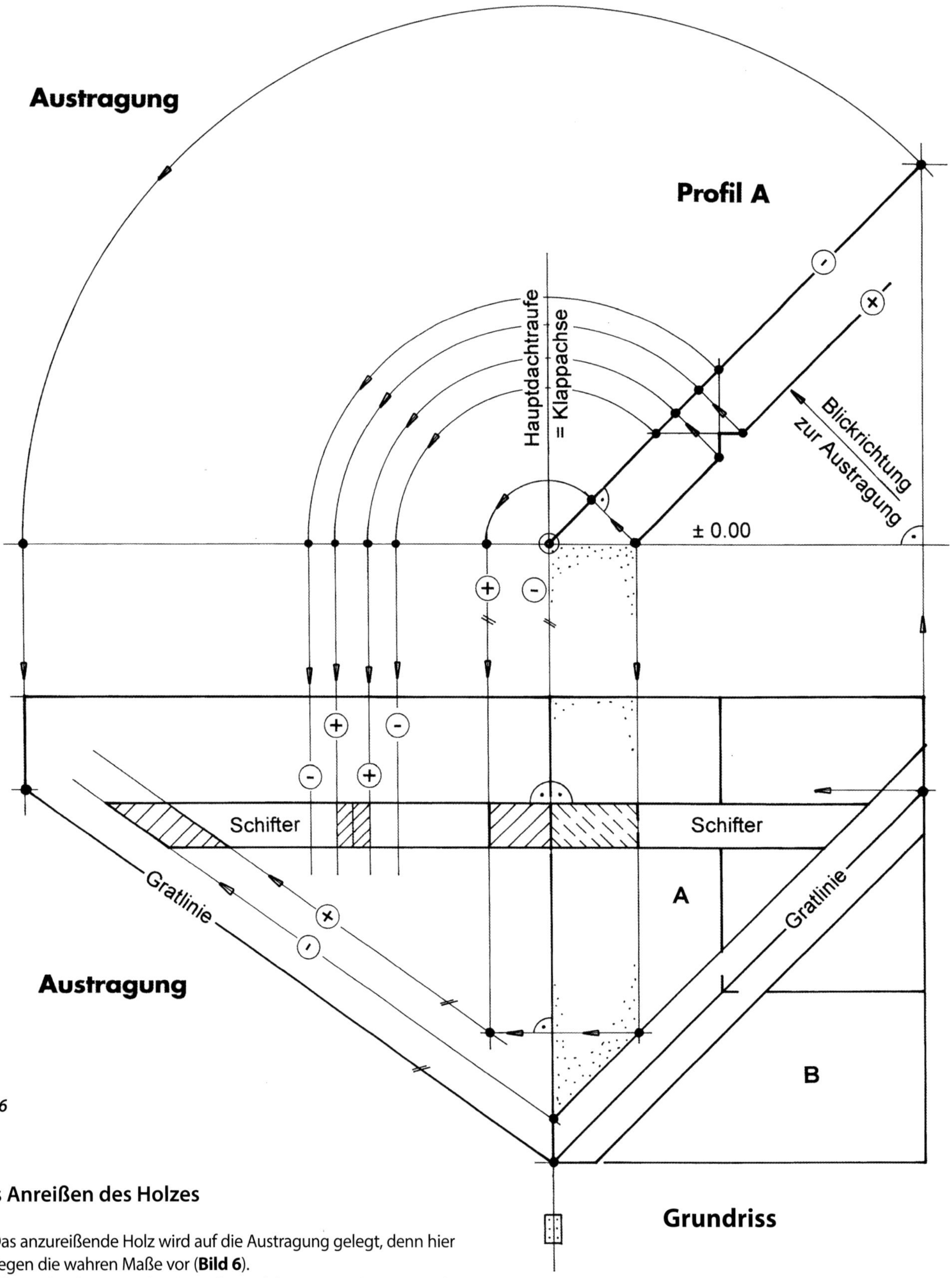

Bild 6

Das Anreißen des Holzes

- Das anzureißende Holz wird auf die Austragung gelegt, denn hier liegen die wahren Maße vor (**Bild 6**).
- Alle Punkte für **UK**-Holz **(–)** werden auf die Kanten übertragen, die auf der Austragung anliegen.
- Alle Punkte für **OK**-Holz **(+)** werden auf die oben liegenden Holzkanten übertragen.
- Die zueinander gehörigen Punkte auf **OK**-Holz und **UK**-Holz werden miteinander verbunden und die Abschnittrisse markiert. Das Holz kann ausgearbeitet werden.

Beispiel

Als Beispiel für das „flächige Schiften" soll eines der Hölzer aus der Aufgabe zum 2. Europäischen Berufswettbewerb der Zimmerer behandelt werden.

Bild 7 zeigt einen Ausschnitt aus der Aufgabenstellung. Der Klauenschifter mit der Nr. 18 (in der Folge als „Sparren" bezeichnet) soll als Demonstrationsobjekt dienen.

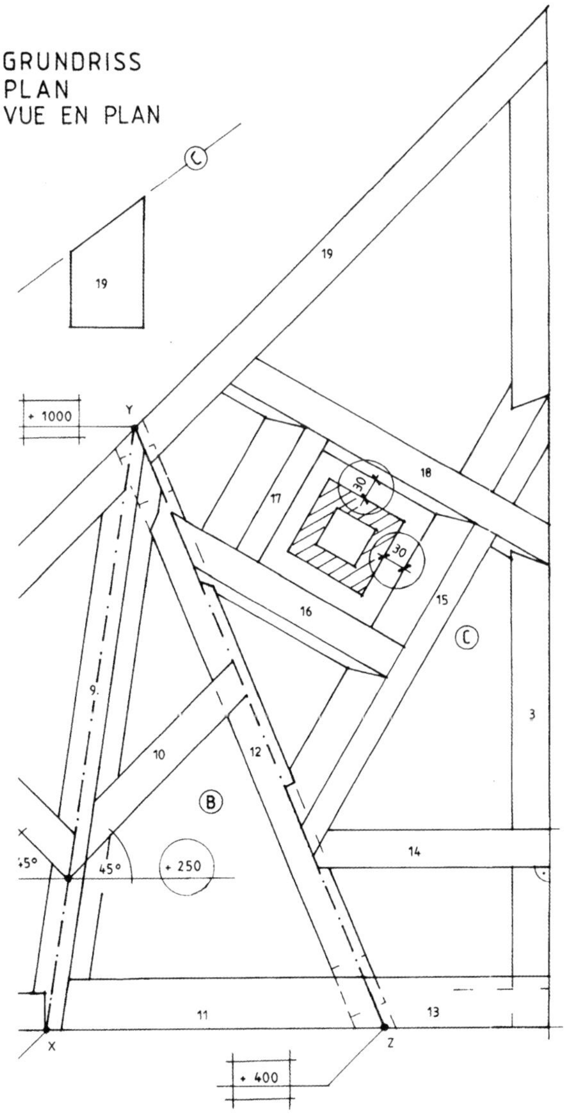

Bild 7

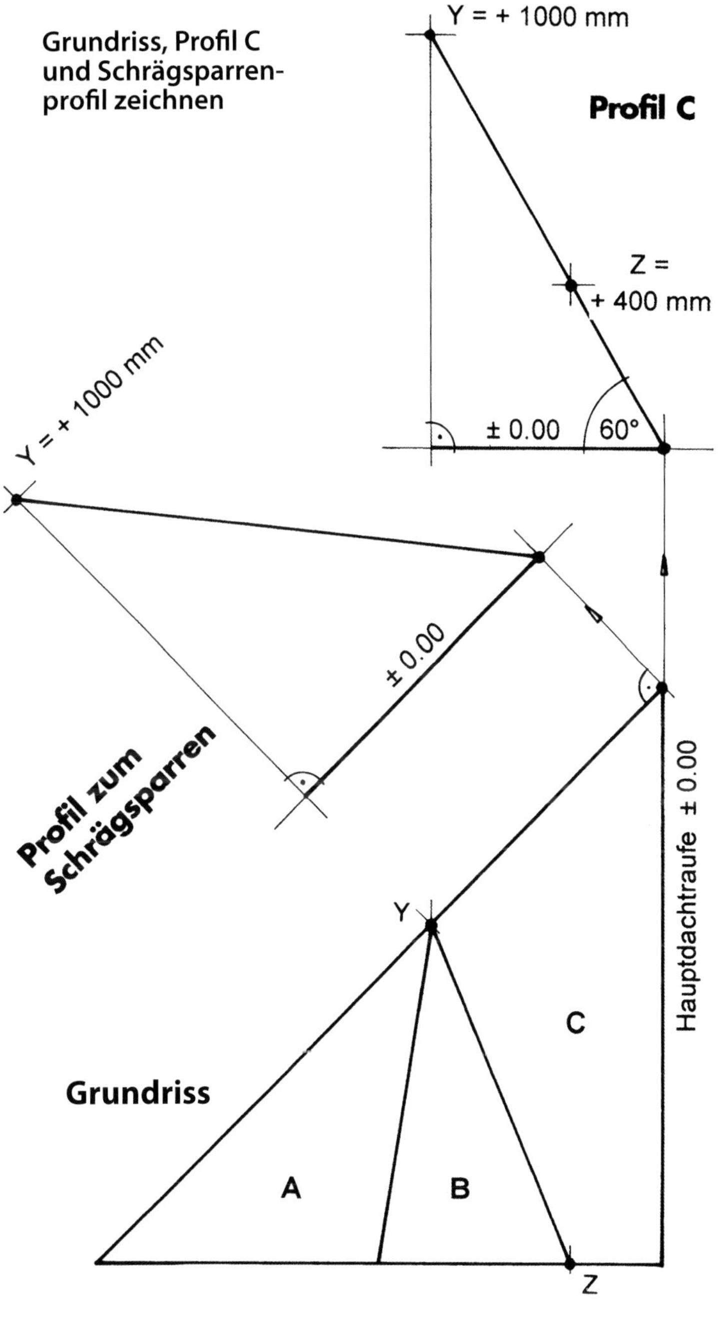

Bild 8

Die Anfallspunkte ***Y*** und ***Z*** der Dachfläche C ergeben sich aus dem Profil der Dachfläche **C**: Dachneigung 60°, Punkt ***Z*** liegt auf Höhe +400 mm, Punkt ***Y*** auf Höhe +1000 mm.

Das Profil zum Schrägsparren (Nr. 19) lässt sich aus Grundmaß und Höhe von Punkt ***Y*** festlegen.

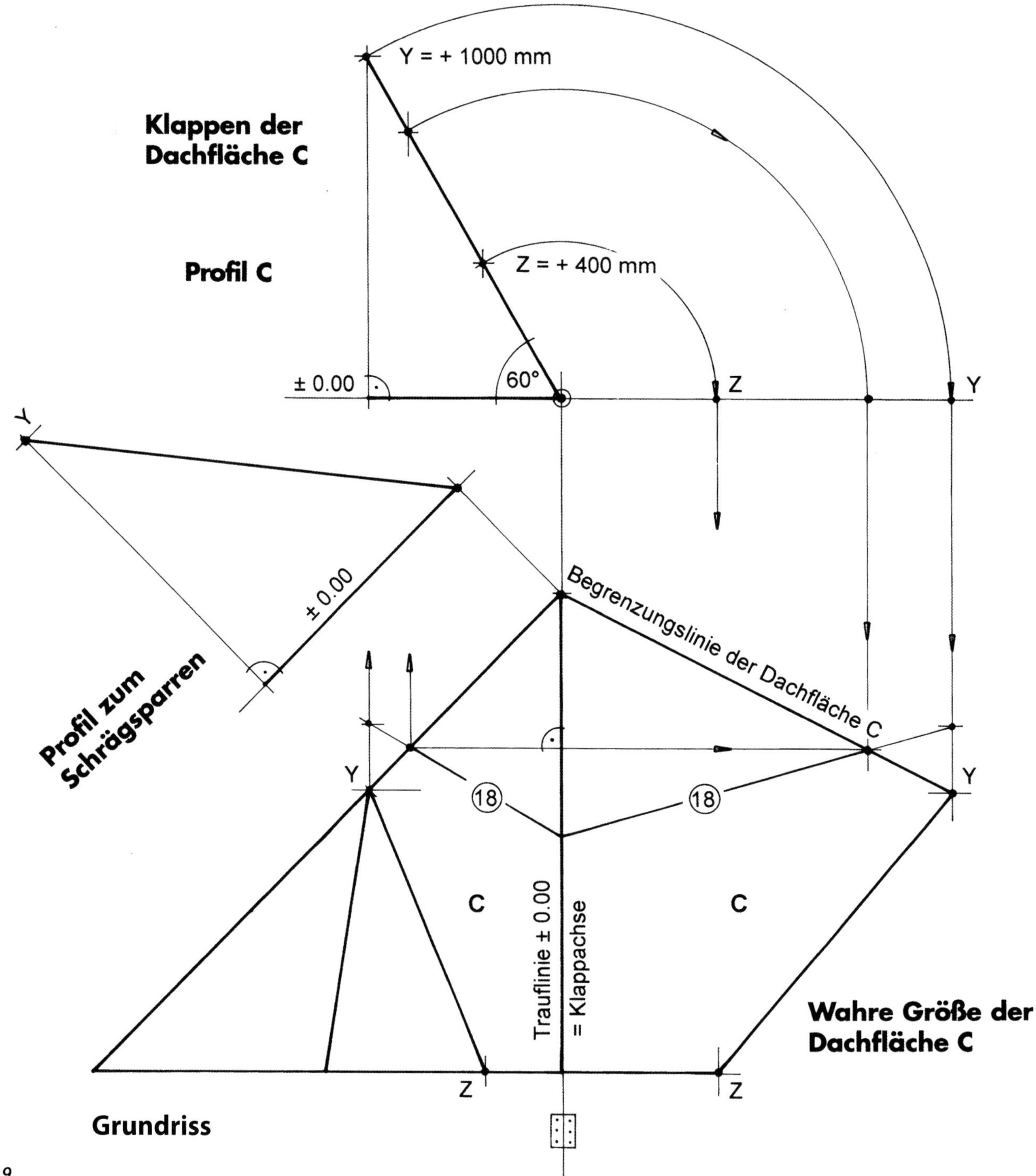

Bild 9

Nach dem Einzeichnen des Sparrens Nr. 18 in den Grundriss lässt sich die Dachfläche **C** um die Klappachse (Trauflinie, Höhe ±0,00) ausklappen, man erhält die wahre Fläche der Dachfläche **C** mit den Anfallspunkten des Sparrens Nr. 18 (**Bild 9**).

Einzeichnen der Holzstärken, der wichtigen Spurlinien und Schnittpunkte

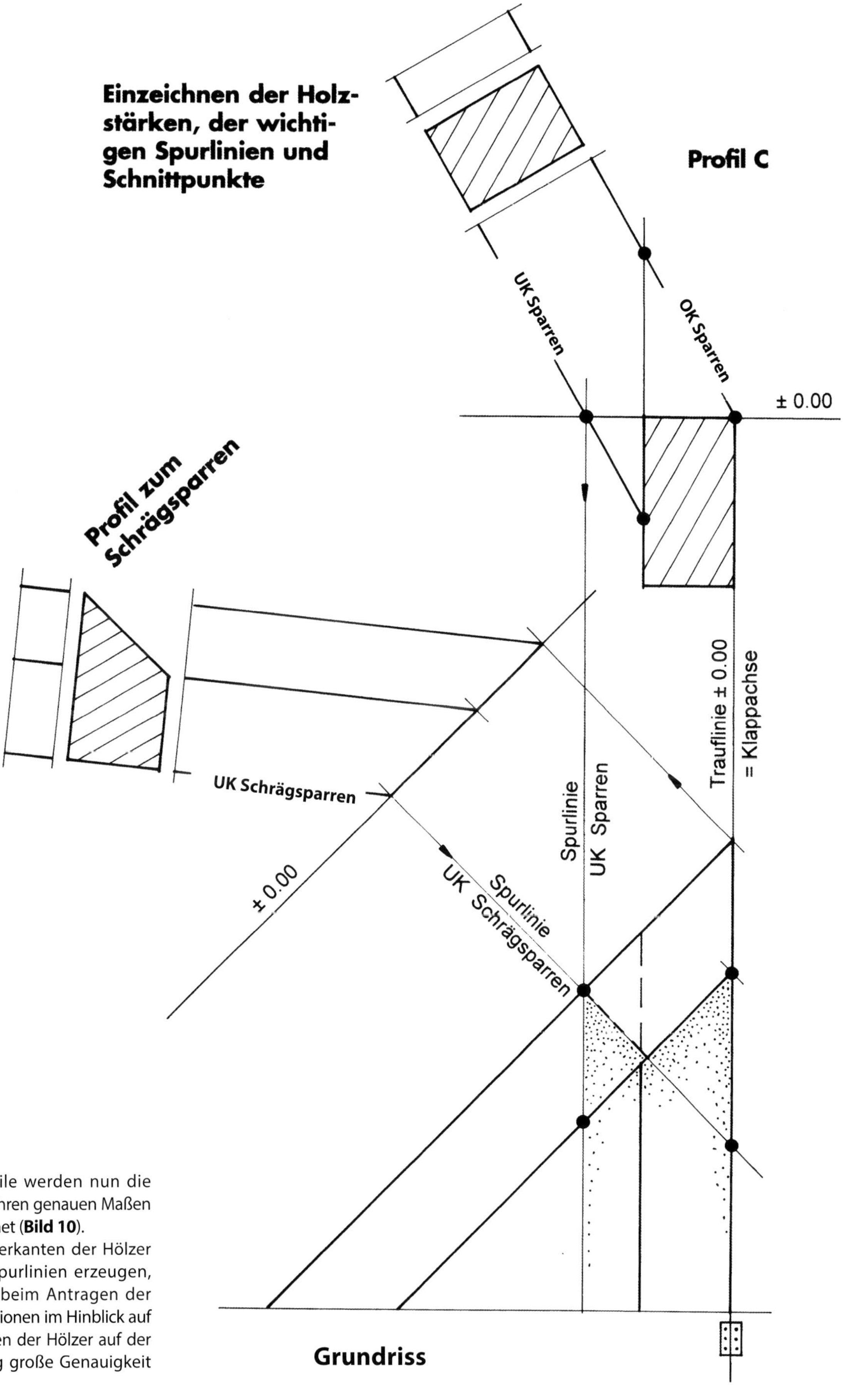

Bild 10

In die Profile werden nun die Hölzer mit ihren genauen Maßen eingezeichnet (**Bild 10**).
Da die Unterkanten der Hölzer wichtige Spurlinien erzeugen, ist gerade beim Antragen der Holzdimensionen im Hinblick auf das Anreißen der Hölzer auf der Austragung große Genauigkeit gefragt.

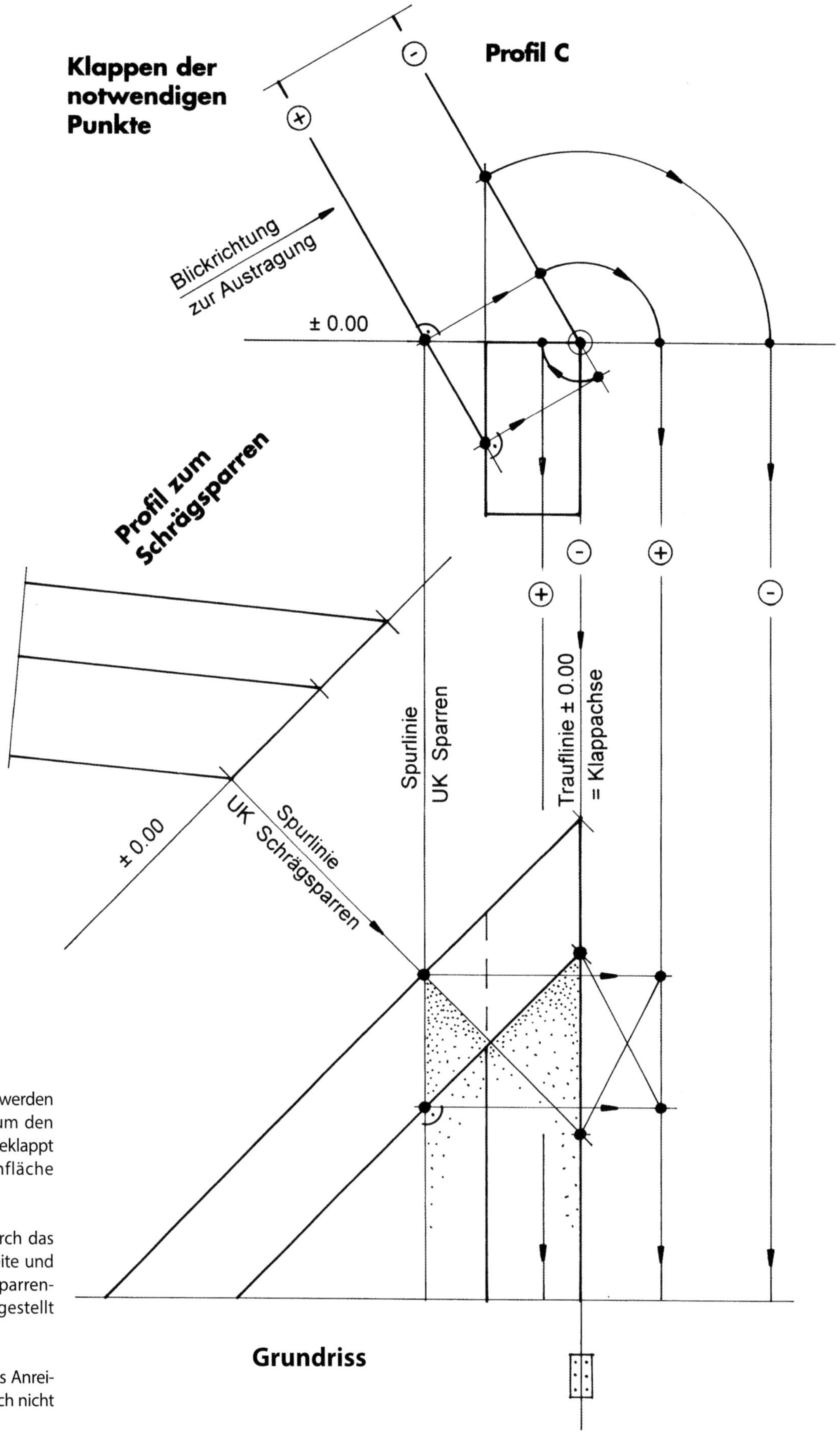

Bild 11

Die notwendigen Punkte werden jeweils in Pfeilrichtung um den Drehpunkt (Traufpunkt) geklappt und in die wahre Dachfläche übertragen (**Bild 11**).

Die Austragung wird durch das Antragen der Sparrenbreite und Zeichnen der zweiten Sparrenbegrenzungslinie fertiggestellt (**Bild 12**).

Die Umkantung ist für das Anreißen des Sparrens eigentlich nicht notwendig.

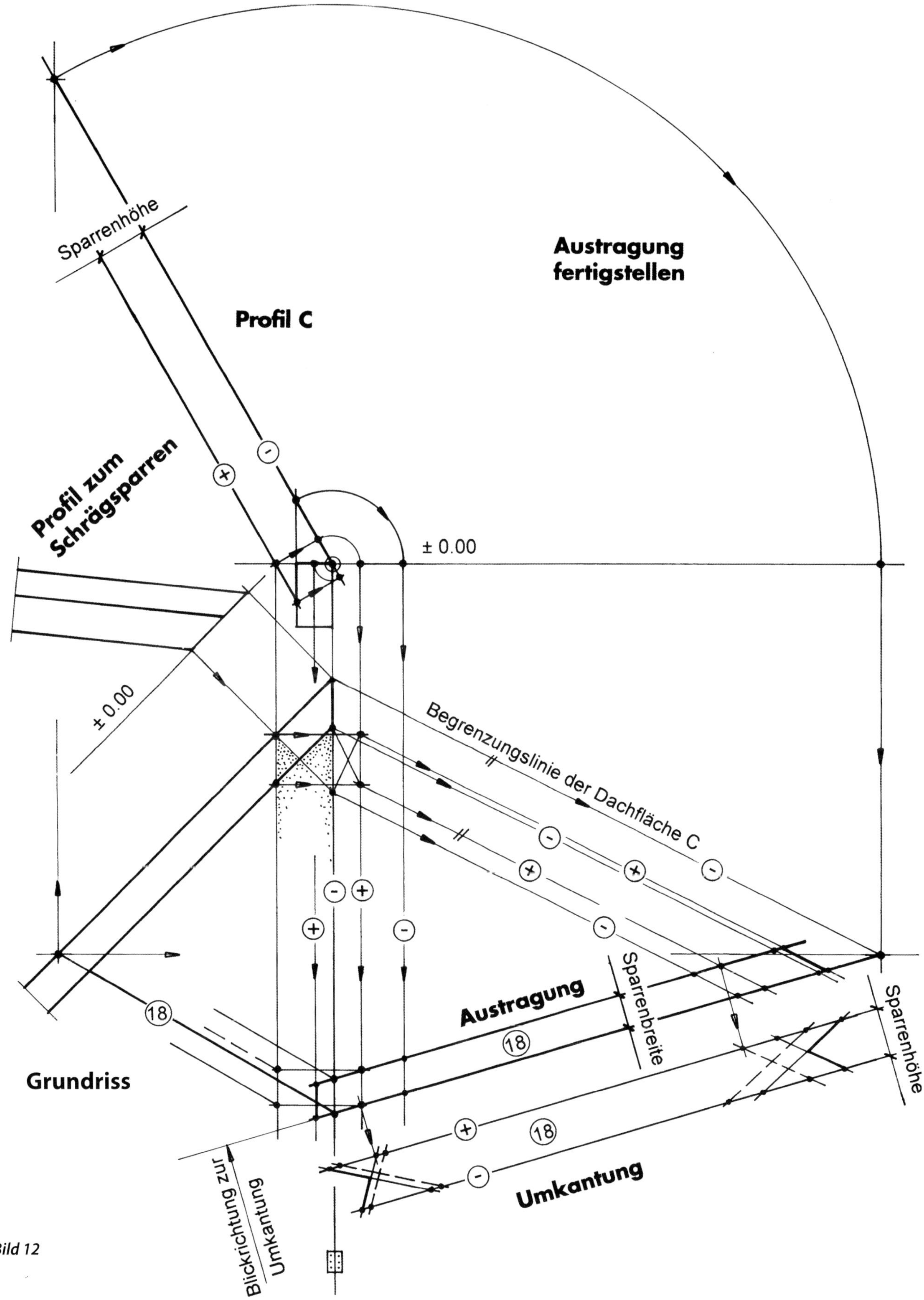
Sparrenhöhe
Austragung
fertigstellen
Profil C
Profil zum
Schrägsparren
± 0.00
± 0.00
Begrenzungslinie der Dachfläche C
Sparrenhöhe
Sparrenbreite
Austragung
18
18
18
18
Grundriss
Umkantung
Blickrichtung zur
Umkantung

Bild 12

Begriffe und Symbole zu „Einführung in die Flächenschiftung"

Ebene:
Eine Ebene kann bestimmt sein durch
- zwei sich schneidende Geraden,
- drei nicht auf einer Geraden liegende Punkte,
- zwei parallele Geraden,
- eine Gerade und einen nicht auf ihr liegenden Punkt.

Fläche:
Durch Linien eindeutig begrenzter und geschlossener Teil einer Ebene.

Drehpunkt (in Richtung der Klappachse gesehen)

BR Blickrichtung

„Scharnier", symbolisiert die Klappachse

Mit grünen Farbtönen werden allgemein **waagerechte** Flächen und Ebenen dargestellt.

Mit roten Farbtönen werden allgemein **senkrechte** Flächen und Ebenen dargestellt.

Mit blauen Farbtönen werden allgemein Flächen und Ebenen dargestellt, die **geneigt** sind, also nicht senkrecht oder waagerecht liegen.

Mit hellbraunen Farbtönen wird allgemein **Längsholz** bei Holzbauteilen dargestellt.

Mit dunkelbraunen Farbtönen wird allgemein **Hirnholz** bei Holzbauteilen dargestellt.

Basiswissen

Einführung in die Flächenschiftung

Schiften unter Zuhilfenahme einer Fläche ist keine neue Erfindung, sondern hat eine alte Tradition. Sie wird in verschiedenen europäischen Ländern wie der Schweiz und in Frankreich seit längerem mit Erfolg in der Praxis eingesetzt.

Seit dem Paukenschlag der Schweiz beim „Europäischen Berufswettkampf der Zimmerer" 1996 in Friedrichshafen, bei dem die schweizerische Mannschaft unter Verwendung dieser Methode die ersten drei Plätze belegte, ist diese Methode auch in Deutschland wieder Gegenstand der beruflichen Bildung.

Ziel der nachfolgenden Ausführungen ist es, Hilfestellung zum Erlernen dieser Methode zu geben, da mit der Ausklappung ein Schiftinstrument vorliegt, mit dem anspruchsvolle Schiftaufgaben zügig und übersichtlich gelöst werden können.

Einsatzmöglichkeit

Die Verwendung dieser Methode ist generell möglich, wenn das zu ermittelnde Element (zum Beispiel ein Holzstab wie ein Wechsel oder ein Schifter) mit einer seiner Begrenzungsflächen in der Dachfläche oder einer speziell konstruierten Fläche liegt (**Bild 13**).

Vorteil der Flächenklappung

Ist die zu bearbeitende Flächenschicht in eine bestimmte Ebene so geklappt, dass sie dort in wahrer Größe als Anreißgrundlage zur Verfügung steht, so kann für beliebig in der Flächenschicht orientierte Elemente deren wahre Länge abgerissen werden. Gleichzeitig ergeben sich die zugehörigen Anreißwinkel.

Es lassen sich somit beispielsweise (**Bild 14**) aus der Flächenschicht „Walmsparren" Schrägsparren, Schifter, Strahlenschifter, Gratwechsel und Ähnliches ermitteln. Eine Klauenausführung ist ebenso problemlos möglich.

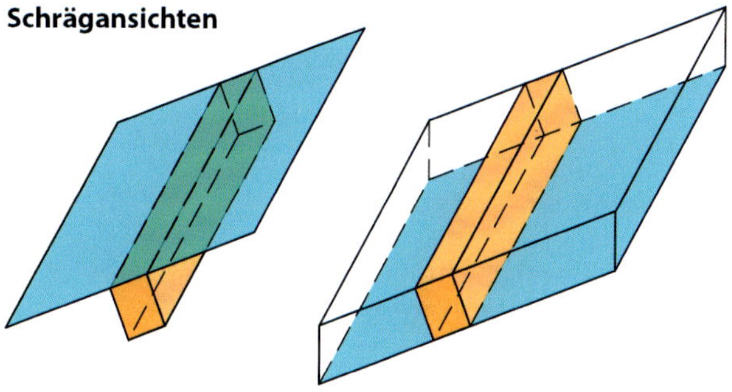

Bild 13: Flächenschiftung ist dort möglich, wo eine Oberfläche des abzubildenden Stabes in einer Dachfläche oder speziell konstruierten Fläche liegt.

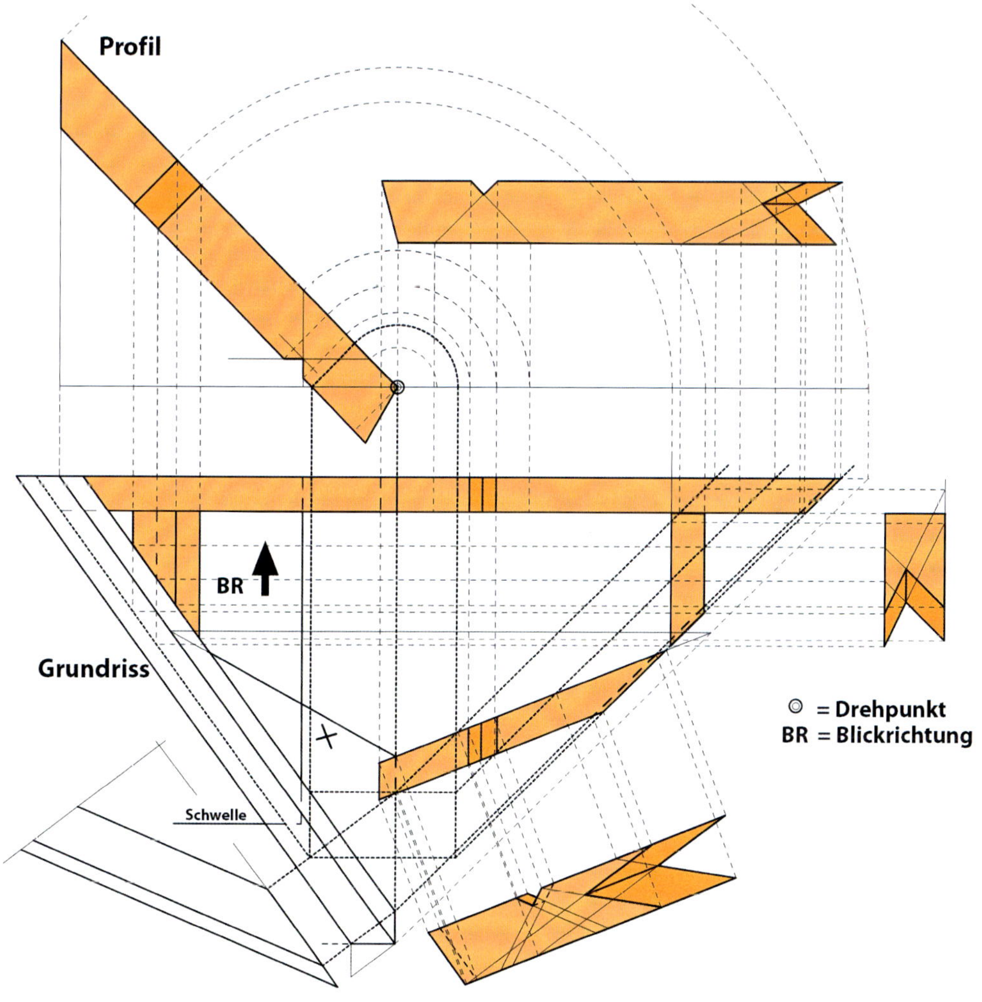

Bild 14: Nicht zur Abschreckung, sondern zur Demonstration, wie mittels weniger Linien unter Verwendung der Flächenschiftung die verschiedensten Hölzer angerissen werden können. Die Darstellung der ausgearbeiteten Hölzer ist für das Anreißen nicht erforderlich!

Die Übertragung der Abbundlängen der einzelnen Hölzer aus der Flächenschicht (Anreißgrundlage) ähnelt dem Anreißvorgang einer aufgelegten Fachwerkwandstrebe, die aus der Anreißgrundlage ermittelt werden soll. Auch hier ist ja die senkrechte Wand auf den waagrechten Reißboden geklappt, die Strebe wird dort aufgelegt und die erforderlichen Risse werden übertragen.

Der Anreißvorgang selbst wird in einer späteren Folge ausführlich dargestellt.

Räumliche Darstellung von Flächenschichtüberlegungen

Bild 15 zeigt ein Klappmodell mit einer geneigten Dachflächen***schicht***, deren Dicke die Sparrenhöhe ***h*** ist. Diese Schicht wird hier nach rechts um die Klappachse in die waagerechte Ebene gedreht. Als Ergebnis zeigt sich ein liegender prismatischer Körper, dessen Kanten die wahren Längen der Dachabmessungen aufweisen.

Kennzeichnet man die geneigten Flächen farblich unterschiedlich, so erkennt man, dass die Lage der Sparrenuntersicht nach der Klappung dem Betrachter näher liegt und die Fläche der Sparrenoberseite auf den Reißboden zu liegen kommt (**Bild 16**).

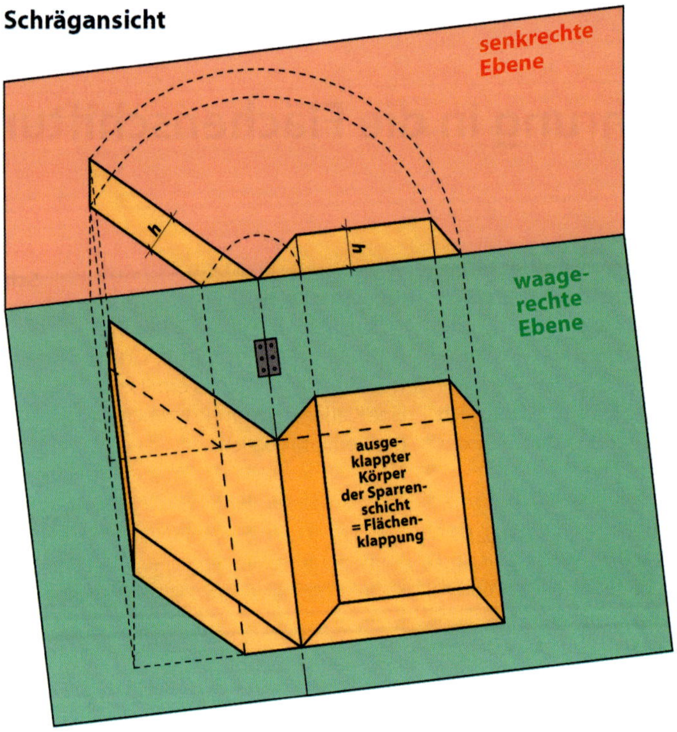

Bild 15: *Eine geneigte Dachflächenschicht (braun) mit der „Dicke"* ***h****=Sparrenhöhe wird um die Klappachse in die Grundrissebene (grün) gedreht. Dort liegt sie in ihren wahren Maßen vor. Das „Scharnier"-Zeichen ist Symbol für die Klappachse.*

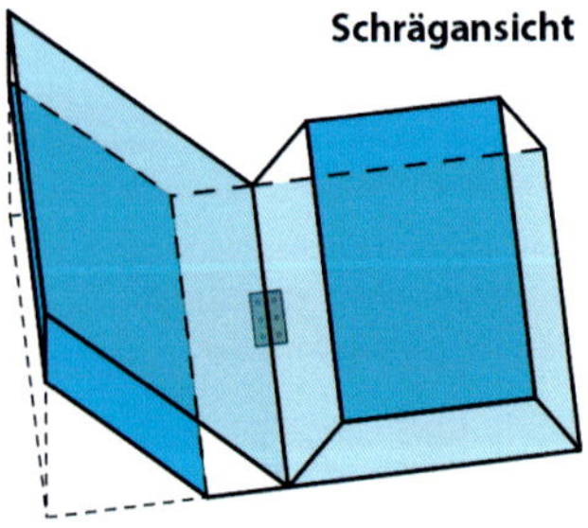

Bild 16: *Kennzeichnet man die geneigten Flächen (blau) farblich unterschiedlich, so erkennt man, dass die Lage der Sparrenuntersicht nach der Klappung dem Betrachter näher liegt und die Fläche der Sparrenoberseite auf dem Reißboden zu liegen kommt.*

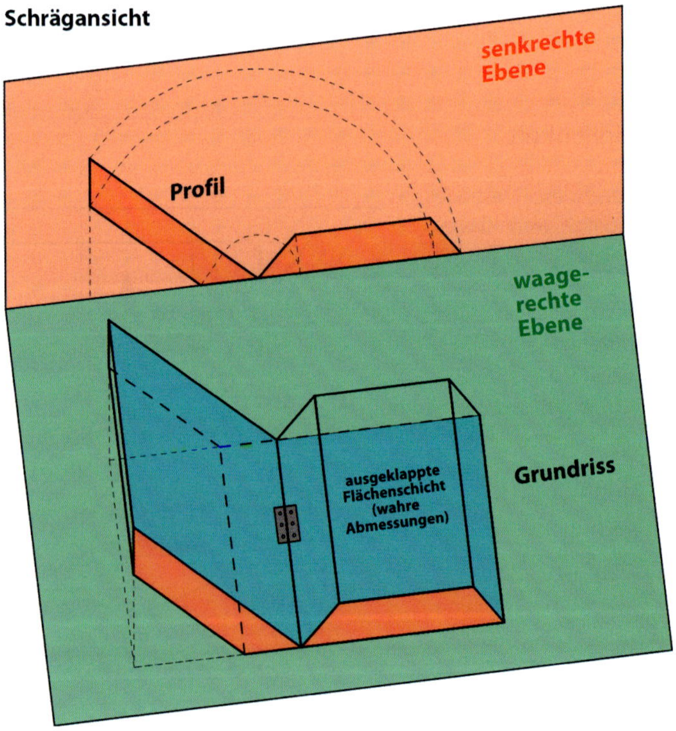

Bild 17: *Für die vorliegende Darstellung sind zur Ermittlung wahrer Maße die senkrechte Ebene (rot) und die waagerechte Ebene (grün) besonders gut geeignet.*

Bild 17 zeigt in räumlicher Darstellung zwei gut geeignete Abbildungsebenen, in denen wahre Maße der geneigten Fläche (der Dachfläche) und der darin liegenden Körper (Hölzer) verfügbar sind: Die senkrecht stehende Profilebene (rot) und die waagerecht liegende Grundrissebene (grün). Es liegt immer am „Benutzer", die Lage der für ihn am besten

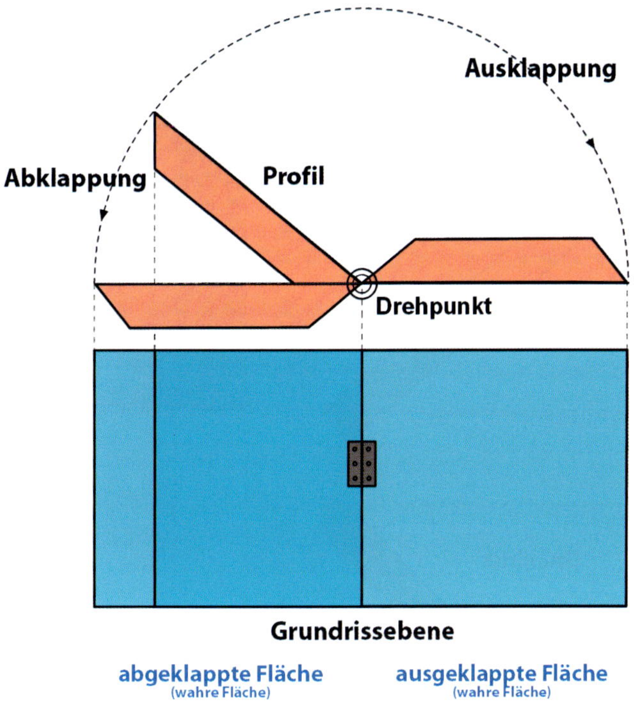

Bild 18: *Die Begriffe* ***„Ausklappung"*** *und* ***„Abklappung"*** *verdeutlichen die Richtung der Klappung.*

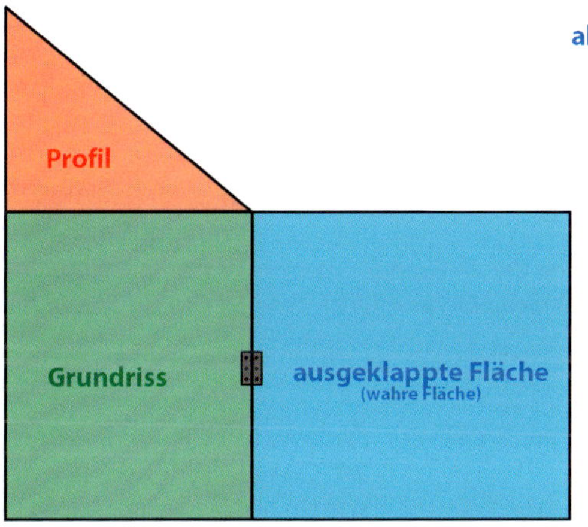

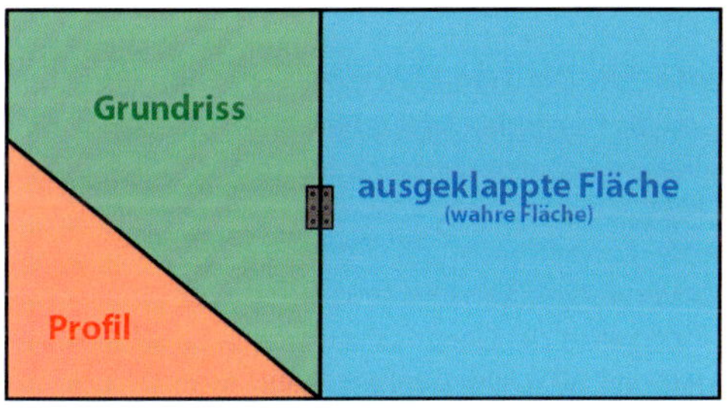

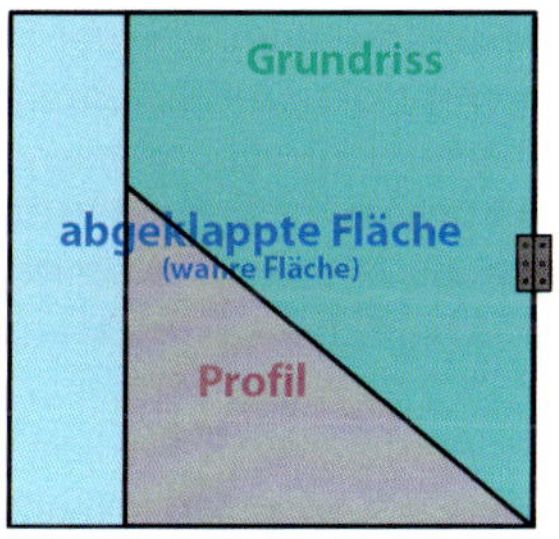

Bild 19: *Nicht besonders platzsparend, aber übersichtlich: Die Dachfläche ist ausgeklappt, das Profil unmittelbar an den Grundriss angeschlossen*

Bild 20: *Schon etwas platzsparender: Die Dachfläche ist ausgeklappt, das Profil in den Grundriss gezeichnet.*

Bild 21: *Sehr platzsparend aber wenig übersichtlich: Die Dachfläche ist abgeklappt und „liegt" auf Grundriss und Profil.*

geeigneten Abbildungsebene zu wählen und die Klappung entsprechend vorzunehmen.
Die Erfahrung zeigt jedoch, dass man mit der Grundrissebene als „Zielebene" für die Klappung sehr oft die besten Erfolge erzielt, nicht zuletzt, weil man die anzureißenden Hölzer bequem auflegen und die Maße übertragen kann.

Das grundlegende System der Klappung

In welche Richtung gedreht (geklappt) wird, ist beliebig wählbar. Genauso beliebig ist auch die Wahl der Drehachse. Theoretisch ist die Verwendung verschiedenst angeordneter Ebenen zwar möglich, sie reduzieren sich jedoch unter dem Aspekt der Praxisorientierung auf wenige.

Den Vorgang der Drehung oder Klappung kann man je nach Drehrichtung unterscheiden, indem die Begriffe „**Abklappung**" und „**Ausklappung**" eingeführt werden (**Bild 18**).

Wird die Flächenschicht in Richtung des Grundrisses abgeklappt, so wird die Grundrissebene von ihr überlagert beziehungsweise wird die Flächenschicht räumlich unter ihr angeordnet. Beim Vorgang der Ausklappung wird die Flächenschicht weg vom Grundriss in die horizontale Ebene gedreht.

Geklappte Flächen lassen sich in der Abbildungsebene sehr platzsparend „ineinander" und „aufeinander" zeichnen. Beispiele hierfür zeigen die **Bilder 19** bis **21**.

Dem Vorteil der Platzersparnis steht der Nachteil der Unübersichtlichkeit gegenüber, da eine Verwechslung bei einer Anhäufung von Linien leichter möglich wird. Eine strenge Begrenzung des für den Aufriss zur Verfügung stehenden Platzes wird es in der Praxis selten geben.
Insbesondere beim Arbeiten mit dem CAD-Programm gibt es kein Platzproblem, weil die Ebenen auf unterschiedliche Layer gelegt werden können
Anders kann es in der Ausbildung, bei Prüfungen und Wettkämpfen sein. Dann lohnt sich eine genaue Überlegung, wo was noch mit hinreichender Übersichtlichkeit (und Nachvollziehbarkeit!) hingezeichnet werden kann.

Von räumlichen Überlegungen zum Aufriss

In dieser Folge geht es um die Verschneidung einer senkrechten Flächenschicht mit einer senkrechten Ebene.
Als Vorüberlegung sollen am einfachen Beispiel einer senkrechten Flächenschicht allgemeine geometrische Zusammenhänge veranschaulicht werden, die dann beim späteren Vorgang der Klappung weitergeführt werden.

Es werden im Grundriss zwei zueinander parallele Ebenen gewählt, die als Abstand ein Maß (Breite oder Höhe) des zu ermittelnden Holzes – in unserem Beispiel die Breite ***b*** des Schifters – aufweisen (**Bild 22**).

Damit liegt der zu ermittelnde Schifter mit seinen Ausdehnungen in einer im Grundriss senkrecht gestellten „theoretischen" Flächenschicht. Die begrenzenden Ebenen (Projektionsebenen) der Flächenschicht sind zur Verdeutlichung farblich unterschiedlich gekennzeichnet (**Bild 23**).

Die Ausdehnung der Projektionsebenen ist, wie aus dem Grundriss ersichtlich, größer dimensioniert als die Flächenschicht, um den räumlichen Abstand der Ebenen deutlicher hervorzuheben (**Bild 23**).

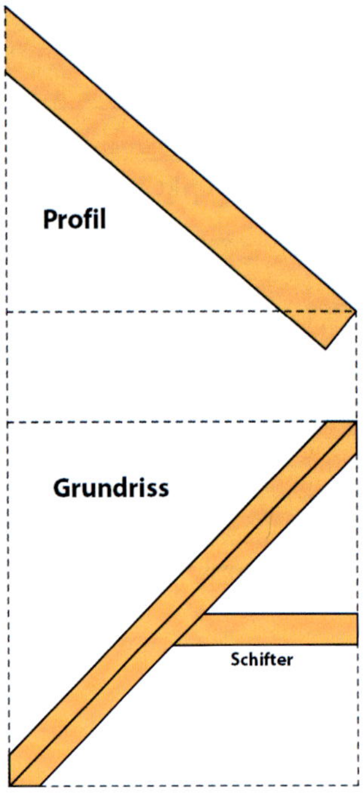

Bild 22: Die Seitenflächen des Schifters befinden sich innerhalb zweier senkrechter Ebenen.

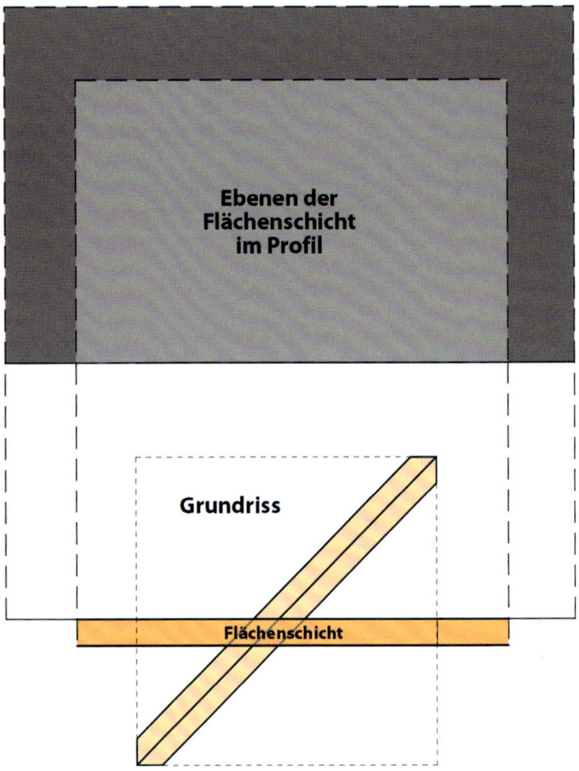

Bild 23: Darstellung der im Grundriss senkrecht stehenden, in ihrer Ausdehnung beliebigen Flächenschicht, sowie deren Ansicht in der Profilebene

Festlegungen und Bezeichnungen der Ebenen

Diese Ebenen werden nun zu ihrer Unterscheidung bezeichnet. Es empfehlen sich Namen beziehungsweise Symbole, die kurz und unverwechselbar sind und sinnvollerweise die Gegensätzlichkeit betonen. Als solche Symbole sollen hier die mathematischen Zeichen **+** (plus) und **–** (minus) dienen. Die Verwendung dieser Symbole geht zurück auf Michael Riggenbachs „Schiften mit System".
Ebenso ist eine Festlegung der **B**lick**r**ichtung **BR** sehr hilfreich, da hiermit sogleich über sichtbare und unsichtbare Kanten entschieden werden kann.
Die der **BR** nähere Ebene (Seite der Flächenschicht) erhält zu ihrer Kennzeichnung den Namen $\oplus$, die dahinter liegende Ebene (Seite der Flächenschicht) den Namen $\ominus$ (**Bild 24**).

Verschneidung der Flächenschicht

Die Flächenschicht (in ihr befindet sich der Schifter) wird mit der im Grundriss senkrechten Ebene, die die Innenkante des Gratsparrens (auf der Schifterseite) beinhaltet, verschnitten.

Es ergibt sich dadurch jeweils eine Verschneidungslinie auf der $\oplus$-Ebene und der $\ominus$-Ebene der Flächenschicht (**Bilder 24, 25** und **26**). Diese Verschneidungslinien werden als Begrenzungslinien in der jeweiligen Projektionsebene sichtbar. Sie sind die gesuchten Anreißlinien.

Einzeichnen der Schifterlage

Mit dem Einzeichnen der Schifterlage in das Profil – unter Verwendung der Dachneigung und des Grundmaßes – ist der Aufriss beendet und das Anreißen ist möglich (**Bild 27**).

Begriffe und Symbole zu „Von räumlichen Überlegungen zum Aufriss"

Ebene
Eine Ebene kann bestimmt sein durch
- zwei sich schneidende Geraden,
- drei nicht auf einer Geraden liegende Punkte,
- zwei parallele Geraden,
- eine Gerade und einen nicht auf ihr liegenden Punkt.

Fläche
Durch Linien eindeutig begrenzter und geschlossener Teil einer Ebene.

◎ Drehpunkt (in Richtung der Klappachse gesehen)

BR ↗ Blickrichtung

∦ parallel

„Scharnier", symbolisiert die Klappachse

$\oplus$ $\oplus$- Linien („Pluslinien") oder $\oplus$-Ebenen („Plusebenen") liegen auf der Seite der Flächenschicht, die dem Betrachter zugewandt ist.

$\ominus$ $\ominus$- Linien („Minuslinien") oder $\ominus$-Ebenen („Minusebenen") liegen auf der Seite der Flächenschicht, die dem Betrachter abgewandt ist.

Farbgebung für Holzbauteile

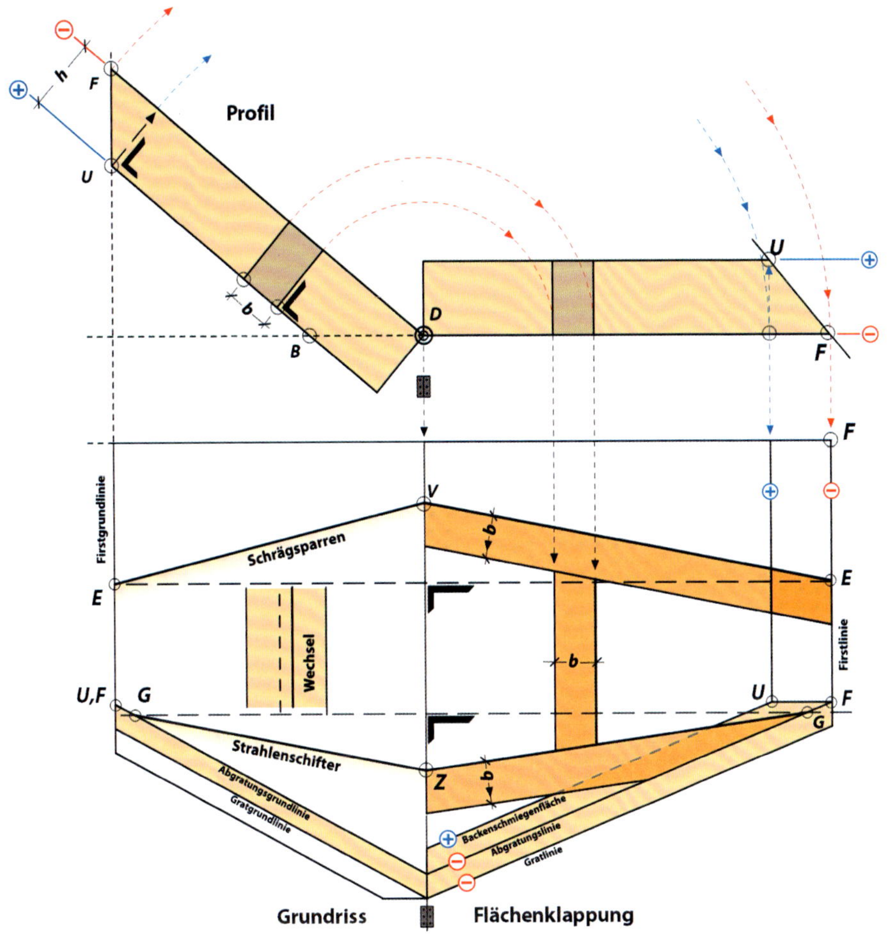

***Bild 45:** Die Punkte **E** und **G** im Grundriss werden rechtwinklig zur Klappachse in die Ausklappung gebracht. Die Punkte **V** und **Z** sind Fixpunkte und bleiben auf der Klappachse unverändert. Auf das Einzeichnen der Zapfen am Wechsel wurde verzichtet.*

Lösungsschritte

Vorbereitende Erklärungen:
Die Flächenschicht ist bereits ermittelt und dargestellt. Sie zeigt die Grat- und Abgratungslinie als ⊖-Linien in der Ausklappung.

Die Fläche zwischen der Abgratungslinie ⊖ und der korrespondierenden ⊕-Linie ist die Schifterbackenschmiegenfläche. Das heißt, es ist die Fläche, mit der die Sparrenschicht am Gratsparren anschließt.

Mögliche Vorgehensweise beim verkanteten Schrägsparren (Merksätze M1 bis M6 siehe Seite 23):

1. **E** im Grundriss mittels Merksatz **M1** in die Ausklappung übertragen. Die Firstlinie liegt parallel zur Klappkante (**Bild 45**).
2. **E** der Ausklappung mit **V** der Klappachse verbinden (**Bild 45**). Die Punkte auf der Klappachse sind Fixpunkte, das heißt, sie sind in ihrer Lage auch für die Ausklappung unveränderlich (Merksatz **M6**).
3. Die Sparrenbreite wird in die Ausklappung eingetragen (**Bild 45**). Die Sparrenbreite ist bei einem verkanteten Stab nur in der Ausklappung in wahrer Lage und Größe zu sehen.
4. Der Firstabschnitt liegt durch die Firstabschnittsebene, ⊕- und ⊖-Linien, bereits vor.

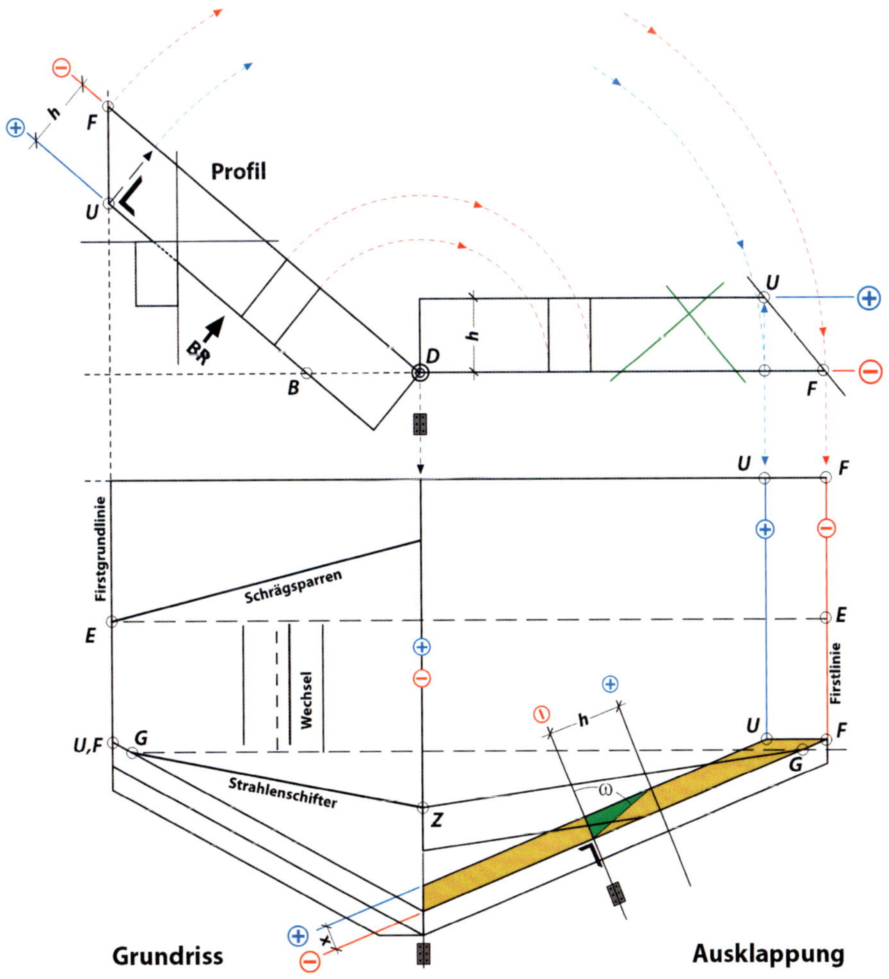

***Bild 46:** Zur Ermittlung des Maschinenwinkels für den Strahlenschifter wird in der Ausklappung an einer beliebigen Stelle rechtwinklig zur Abgratungslinie eine Schnittebene gelegt. Klappt man diese in wahrer Größe aus, erhält man den Maschinenwinkel ω.*

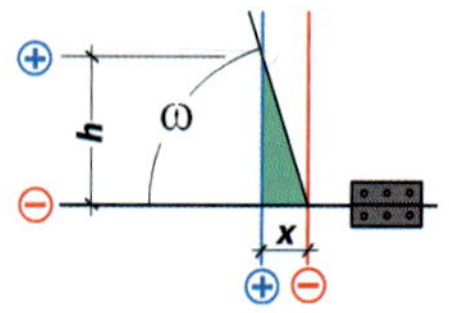

*Bild 47: Der Winkel ω ergibt sich aus dem Zusammenhang: Die Flächenschichtdicke ist **h**. Sie wird rechtwinklig zum „Abstand" **x** abgetragen. (**x** = der rechtwinklige Abstand zwischen der ⊕- und der ⊖-Linie).*

Mögliche Vorgehensweise beim verkanteten Strahlenschifter:

1. ***G*** im Grundriss mittels **M1** in die Ausklappung eintragen. ***G*** liegt auf der Abgratungslinie, das heißt auf der ⊖-Ebene (**Bild 45**).
2. ***G*** der Ausklappung nach **M6** mit ***Z*** der Klappachse verbinden (**Bild 45**).
3. Die Sparrenbreite wird in die Ausklappung eingezeichnet (**Bild 45**).

Wechsel:
Wechsellage aus dem Profil in die Ausklappung überführen (**Bild 45**). Die Abschnitte sind rechtwinklig, da der Schrägsparren, der Strahlenschifter und auch der Wechsel mit der Kantholzbreite plan in der ⊖-Ebene liegen. Die Kantholzhöhen liegen dadurch in der Ausklappung senkrecht.

Der Maschinenwinkel

Jede ⊕-Linie ist Bestandteil der ⊕-Ebene und liegt somit räumlich um die Kantholzhöhe ***h*** über der ⊖-Ebene. In der ⊖-Ebene befindet sich jede ermittelte ⊖-Linie.

Legt man in der Ausklappung, wie in **Bild 46** gezeigt, eine senkrechte Schnittebene im Bereich des Gratsparrenanschlusses rechtwinklig zu den zwei sich entsprechenden ⊕- und ⊖-Linien (Abgratungslinie und Unterkante-Sparrenschicht, sie repräsentieren die Backenschmiegenebene in der Ausklappung), so wird durch Ausklappen dieser Schnittebene der gesuchte Maschinenwinkel ω sichtbar (**Bild 47**).
Der Ort der Schnittführung ist entlang der Backenschmiegenfläche frei wählbar (**Bild 48**).

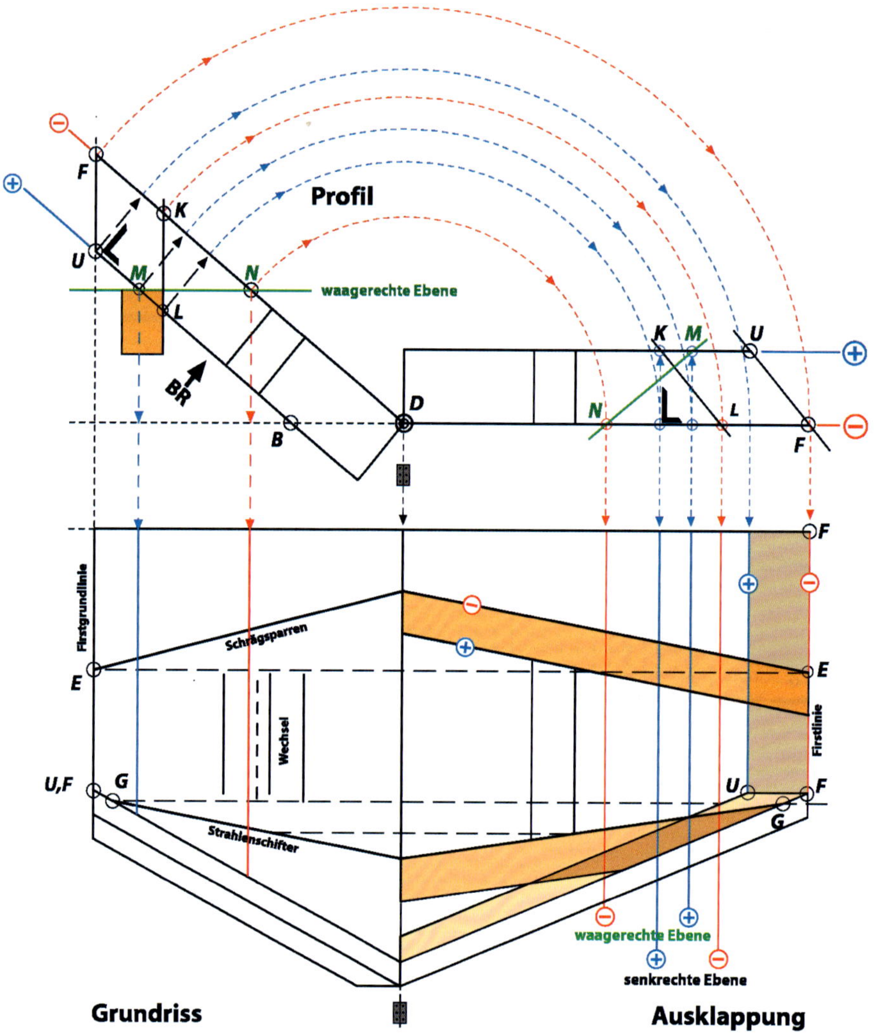

*Bild 48: Mit der Ermittlung der Sattellage in der Ausklappung erhalten alle Hölzer, die von den Anreißlinien des Sattels erfasst werden, ihren Sattel zugewiesen. Aus Gründen der Übersichtlichkeit sind nur die Verschneidungskanten der waagerechten Ebene (**N**, **M**,) zur Sattelermittlung im Grundriss eingezeichnet. Die Verschneidungskanten der senkrechten Ebene wurden nicht in den Grundriss eingezeichnet. Die Anreißlinien in der Ausklappung wurden verlängert, um sie anschaulich bezeichnen zu können.*

Der Sattel

Ein Sattel (Kerve, Kerbe) entsteht, wenn sich zwei unterschiedlich geneigte Ebenen innerhalb einer Sparrenschicht verschneiden (kreuzen) und die Verschneidungskante in einem parallelen Abstand zur Sparrenschichtfläche verläuft (Obholz). Im Regelfall stehen diese Ebenen rechtwinklig aufeinander.
Die lastabtragenden Hölzer (Pfetten) sind im Normalfall rechtwinklig und senkrecht stehend angeordnet. Die Oberkante der Pfette im Profil ist somit in der Regel in einer waagerechten Ebene eingebunden und die Seitenfläche der Pfette in einer senkrechten Ebene (**Bild 48**).
Ist die Höhenlage von OK-Pfette maßgebend (zum Beispiel durch Vorgabe eines Höhenmaßes), wird entsprechend im Profil eine waagerechte Ebene in dieser Höhe eingerissen.
Diese ***W-Ebene*** verschneidet die Sparrenschicht und erzeugt an den Durchdringungsstellen der Sparrenschicht im Profil den ⊕-Punkt ***M*** beziehungsweise den ⊖-Punkt ***N*** (**Bild 48**).
Räumlich betrachtet erklären sich diese Punkte als Verschneidungslinien, die im Grundriss darstellbar sind (**Bild 48**). Werden diese Linien, wie bereits mehrfach ausgeführt, vom Profil ausgehend konstruiert, mit Merksatz **M2** in die Ausklappung gebracht, so gelten diese Verschneidungslinien als Anreißlinien zum Anreißen der Pfettenlage (OK-Pfette) für alle von den Anreißlinien erfassten Hölzer der Flächenschicht (**Bild 48**).
Die Übertragung der senkrechten Ebene aus dem Profil, die die Vorderkante der Pfette beinhaltet, in die Ausklappung vollzieht man in gleicher Weise. Im vorliegenden Fall werden der Schrägsparren und der Strahlenschifter von den Sattelanreißlinien erfasst.

Das heißt: die Verschneidungspunkte ***K*** ⊕ beziehungsweise ***L*** ⊖ der Sparrenschicht im Profil lösen ebenso im Grundriss parallele Verschneidungslinien aus, die mit Merksatz **M2** in die Ausklappung gebracht werden.
In **Bild 48** sind diese Linien als Anreißlinien ⊕ und ⊖ in der Ausklappung dargestellt.

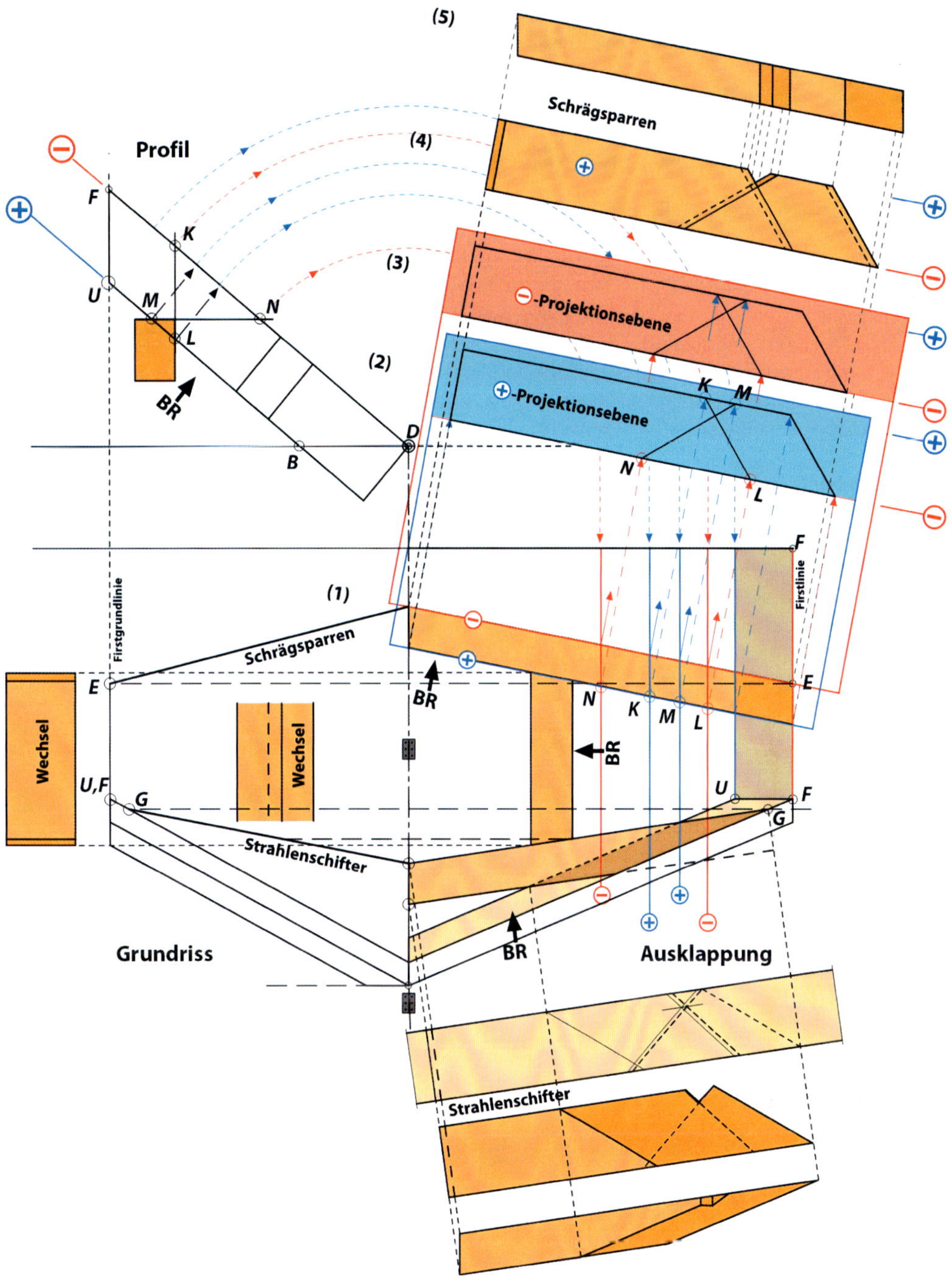

***Bild 49:** Die rechtwinklige Projektion der ⊕-Punkte **K**, **M** in Höhe der Sparrenschichtdicke **h** auf die betrachternähere ⊕-Projektionsebene ergibt mit der Übertragung der ⊖-Punkte **N**, **L** auf die selbe ⊕-Projektionsebene (Seite des Kantholzes) den Anriss (die Ansicht) von der Betrachterseite.*
Die Ansicht der betrachterabgewandten Seite (der ⊕-Projektionsebene) erhält man unter Beibehaltung der gleichen Vorgehensweise. Beide Ergebnisse der Projektionsebenen ⊕ und ⊖ im Abstand der Sparrenbreite hintereinander gelagert stellen die gewünschte Darstellung mit sichtbaren und unsichtbaren Kanten dar.

Der Vorgang in Kurzform (Anwendung der Merksätze von Seite 23):

1. **K** mit **M2** und **M1** in die Ausklappung bringen.
2. **L** mit **M2** und **M1** in die Ausklappung bringen.

Die Ermittlung der Ansichten

Zur Vertiefung und Ergänzung des bisher Gezeigten eignet sich die Entwicklung der Ansichten vom Anreißen bis zur Darstellung des ausgearbeiteten Kantholzes. Es ist vorteilhaft, für die Ermittlung der Ansicht den Ort zu wählen, an dem das Objekt in wahrer Größe vorliegt.

In **Bild 49** sind die wahren Längen in der Ausklappung zu finden.

Jeder Eintrag eines Blickrichtungspfeils **BR** zeigt zum einen die Richtung der Projektionsstrahlen (Konstruktionslinien) an und legt zum anderen gleichzeitig die Benennung der Projektionsebenen ⊕ und ⊖ fest. Es kann so über sichtbare und unsichtbare Kanten entschieden werden. (Siehe hierzu auch Seite 20 ff.).
Um keine Verzerrungen (Winkelveränderungen) in der Darstellung der Ansichten hervorzurufen, müssen die Projektionsstrahlen senkrecht vom Objekt der Darstellung zur bilderstellenden Projektionsebene verlaufen. Diese Bildebene kann in Richtung der **BR** hinter dem darzustellenden Objekt (Schrägsparren) oder davor (Strahlenschifter) angeordnet werden.

Die Übersichtlichkeit, die Nachvollziehbarkeit und der Platzbedarf werden die Wahl des Darstellungsortes auf der Zeichnung festlegen (**Bild 49**).

Die Vorgehensweise zur Darstellung des Schrägsparrens:

Die Ermittlung des Schrägsparrens wird exemplarisch nur auf der ⊕-Projektionsebene vorgenommen, damit die Übersichtlichkeit gegeben und ein Nachvollziehen möglich bleibt.
Mit dem Eintrag des Blickrichtungspfeils **BR** in die Ausklappung liegt die Projektionsrichtung und die Kennzeichnung der ⊕-Projektionsebene fest **(1)**.

Damit wurde festgelegt, dass die Punkte **K**, **M** der ⊕-Linien auf der betrachternäheren ⊕-Projektionsebene in Höhe der Sparrenschichtdicke **h** auf der Oberseite des Kantholzes und die Punkte **N**, **L** der ⊖-Linien ebenso auf der betrachternäheren ⊕-Projektionsebene aber an die Unterseite des Kantholzes eingetragen werden **(2)**. Siehe hierzu auch Seite 21.

Die Darstellung der Ansicht auf der ⊖-Projektionsebene wird mit der gleichen Vorgehensweise gewonnen **(3)**.

Werden die Projektionsebenen im Abstand der Sparrenbreite hintereinander angeordnet, erhält man die Ansicht des komplett angerissenen Schrägsparrens **(4)**.

(5) gibt durch die Umkantung nach vorne Einblick in den Sattel.

Beispiele: Gratklauenschifter und Gratklauenwechsel

In dieser Folge wird die Aufgabe (**Bild 14**) bearbeitet und unter Anwendung des bisher Dargestellten gelöst.
Der Ablauf der Zeichnungsfolge ist entwickelnd aufgebaut und zeigt einen Weg zur Lösung der Schifter- und Klauenschifteraufgabe auf.

Aufgabenstellung ohne Klaue

Die Aufgabenstellung zeigt das Normalprofil und die Festlegung der Ebenenbezeichnung ⊕ und ⊖ (**Bild 50**). Die Traufabschnittsrichtung beträgt 60° zur Waagerechten. Im Grundriss ist ein Gratsparren zwischen ungleich geneigten Dachflächen nach der Gratgrundverschiebung eingezeichnet. Die Gratsparrenhöhe ist in Abhängigkeit von der Höhe des Normalsparrens zu bestimmen. Das bedeutet, dass hier an Schifter, Strahlenschifter und Gratwechsel **keine** Klaue entsteht.
Die Konstruktionshölzer Schifter, verkanteter Strahlenschifter und Gratwechsel werden unter Anwendung der Ausklappung ermittelt. Die Hinweise **M1** bis **M6** weisen jeweils auf die Merksätze hin, wie sie in **Bild 32** auf **Seite 23** aufgeführt sind.

Gegeben: Maße nach **Bild 50**,
- Gratsparren ***b***=16 cm (Grundverschiebung durchführen),
- Schwelle ***b***=12 cm, ***h***=12 cm,
- Sparren ***b***=10 cm, ***h***=18 cm.

Gesucht: Austragung von Schifter, verkantetem Strahlenschifter und Gratwechsel.

Ermittlung der Anreißlinien

Die Anreißlinien für die Anschlussfläche der Schifter am Gratsparren (Backenschmiegenfläche) können wie folgt ermittelt werden (**Bild 51**):

⊖-Ebene:

1. ***F*** (im Abstand $\boldsymbol{n_1}$) um ***D*** drehen.
2. ***F*** der Ausklappung mit ***T*** der Ausklappung verbinden. Dies ist die Gratlinie (**M2**).

Die Abgratungslinie liegt im Grundriss parallel zur Gratlinie. Das heißt: eine Parallele zur Gratlinie der Ausklappung durch ***A*** liefert die Abgratungslinie in der Ausklappung (**M3**).

⊕-Ebene:

Die waagerechte Ebene $\boldsymbol{W_0}$ schneidet die Sparrenschicht im Profil in ***D*** ⊖ und ***B*** **(+)** und löst damit im Grundriss die Verschneidungslinie ⊕ und ⊖ (=Trauflinie) aus.

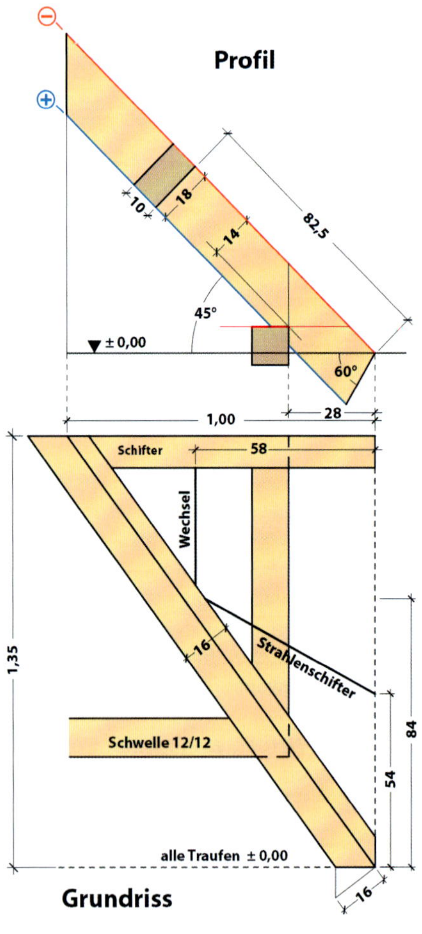

Bild 50

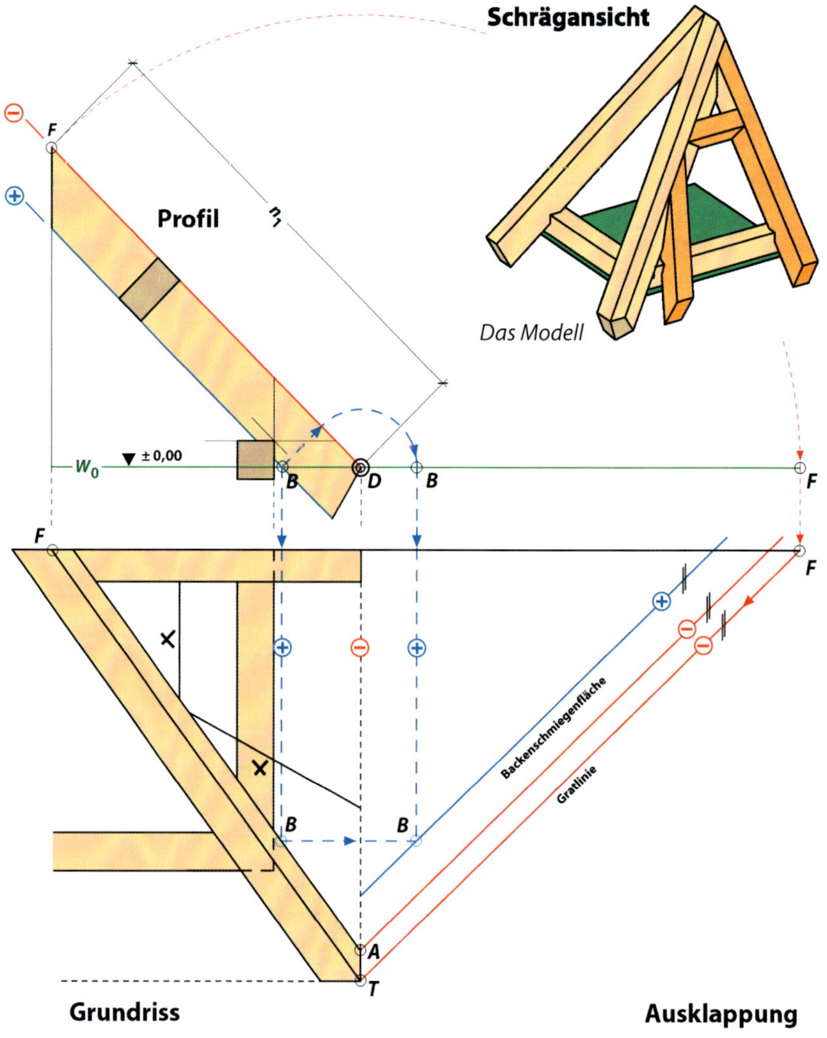

Bild 51

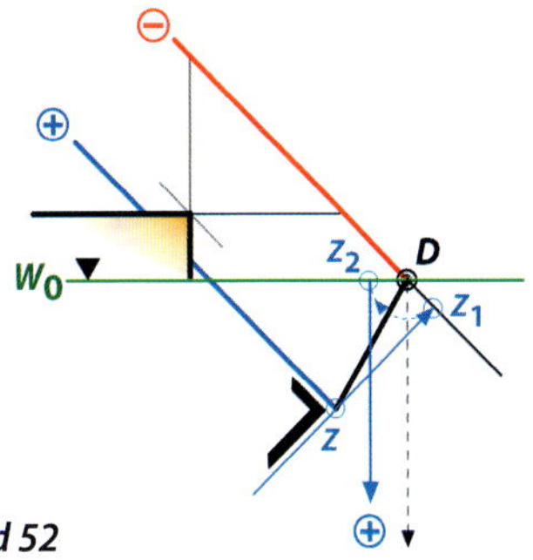

Bild 52

Die Länge dieser Linien bestimmt im Grundriss die Außenkante des Gratsparrens, da sich die Sparrenschicht am Gratsparren verschneidet. Die Übertragung von ***B*** des Grundrisses in die Ausklappung legt damit diese ⊕-Linie in Lage und Länge fest (**M2**, **M3**). Die Kennzeichnung erfolgt nach **M5**.

Ermittlung des Traufabschnitts

Alle Punkte der ⊖-Ebene im Profil müssen zunächst nach **M2** rechtwinklig auf die ⊖-Ebene projiziert werden, in der der Drehpunkt liegt (**Bild 52**). Der Punkt ***Z*** liegt auf der ⊕-Ebene, der Drehpunkt in der ⊖-Ebene. ***Z*** muss somit rechtwinklig auf die ⊖-Ebene nach Z_1 projiziert werden (es wird eine Ausklappung durchgeführt) und im Drehsinn der Klappung und im Abstand ***D***–Z_1 auf die waagerechte Ebene W_0 nach Z_2 gebracht werden. Der Ablauf ist mit Pfeilen dargestellt.

Die Parallele zur Trauflinie durch Z_2 ergibt für die Ausklappung die ⊕-Abschnittsanreißlinie.
Die Abschnittsebene liegt somit zwischen dieser ⊕-Abschnittsanreißlinie und der ⊖-Linie (=Trauflinie, Klappachse). Die Abschnittsfläche liegt in der Ausklappung als unsichtbare Fläche vor (**Bild 54**).

Konstruktion der Sattelanreißlinien

Unter Zuhilfenahme von einer waagrechten Ebene (Oberkante-Schwelle) und einer senkrechten Ebene (Vorderkante-Schwelle) werden die Anreißlinien des Sattels ermittelt (**Bild 53**). Beide Ebenen schneiden im Profil durch die Sparrenschicht. Die anfallenden Punkte werden mit **M2** in die Ausklappung gebracht. Die Kennzeichnung erfolgt nach **M5**.

Anordnung der Konstruktionshölzer

Die Positionierung der Hölzer (Gratwechsel, Schifter, verkanteter Strahlenschifter) in der Ausklappung für das Anreißen erfolgt unter Beachtung der Merksätze **M1** und **M2** (**Bild 54**).

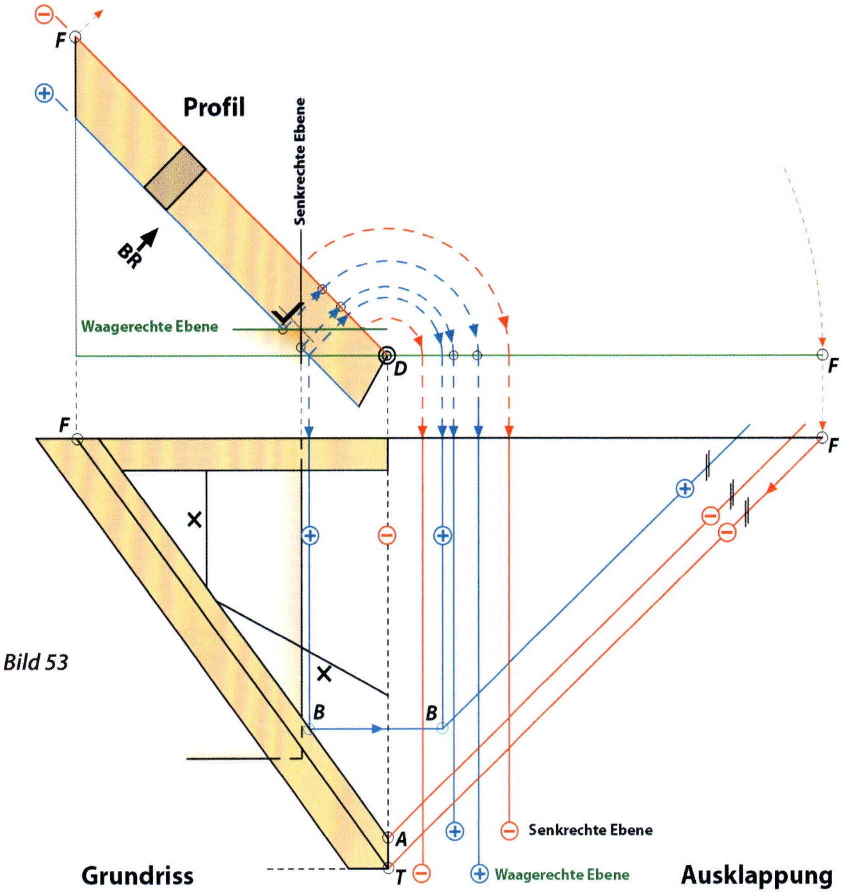

Bild 53

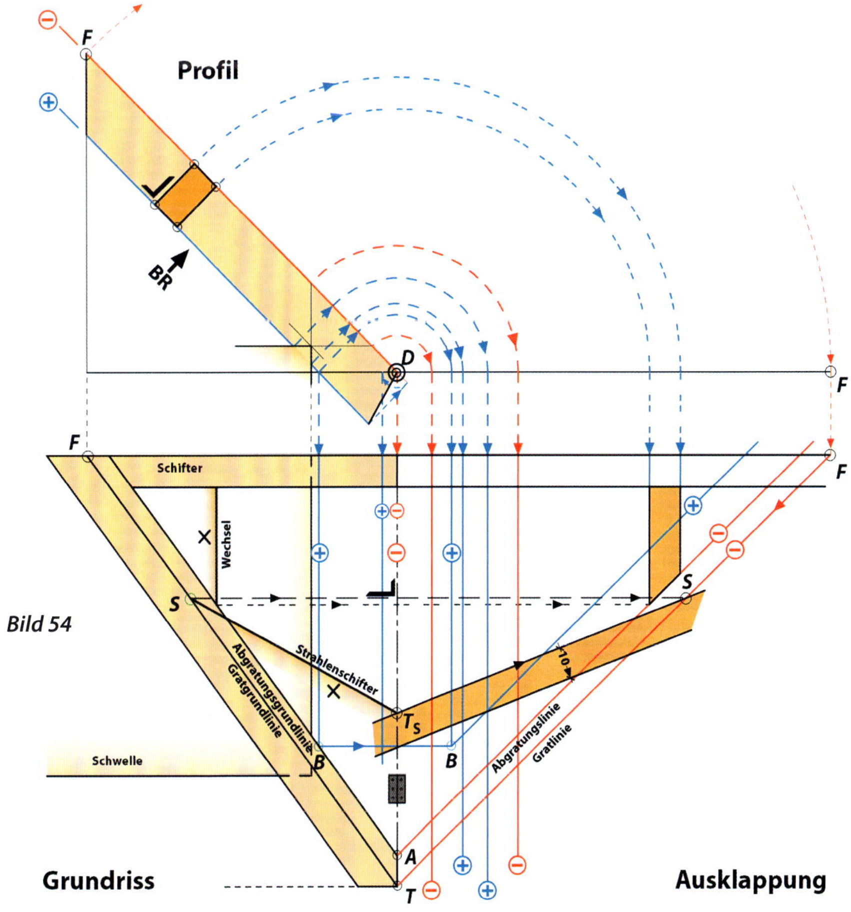

Bild 54

Beim Strahlenschifter:

S bewegt sich auf einer rechtwinkligen Linie zur Trauflinie von der Gratlinie im Grund auf die Gratlinie in der Ausklappung.
Der Traufpunkt des Strahlenschifters T_S ist ein Fixpunkt. Die Verbindung von T_S mit ***S*** der Ausklappung ergibt die Lage des Strahlenschifters in der Ausklappung. Die „Sprungrichtung" des Holzes des Strahlenschifters (Holzbreiteneintrag in der Ausklappung) wird vom Grundriss übernommen.

Die Aufgabenlösung

Die komplette Darstellung der Aufgabenlösung mit Austragung der Hölzer und dem Teilprofil des Gratsparrens ist in **Bild 55** zu sehen.

Aufgabenstellung mit Klaue

Die Aufgabenstellung entspricht **Bild 50**. Die Traufabschnittsrichtung beträgt 60° zur Waagerechten. Im Grundriss ist ein Gratsparren zwischen ungleich geneigten Dachflächen nach der Gratgrundverschiebung eingezeichnet. **Der Gratsparren ist mit einer Höhe *h*=18 cm vorgegeben.** Die Konstruktionshölzer sind unter Anwendung der Ausklappung zu ermitteln.

Gegeben: Maße nach **Bild 50:**

- Gratsparren ***b***=16 cm, ***h*=18 cm** (Grundverschiebung durchführen),
- Schwelle ***b***=12 cm, ***h***=12 cm,
- Sparren ***b***=10 cm, ***h***=18 cm.

Gesucht: Austragung von Schifter, verkantetem Strahlenschifter und Gratwechsel.

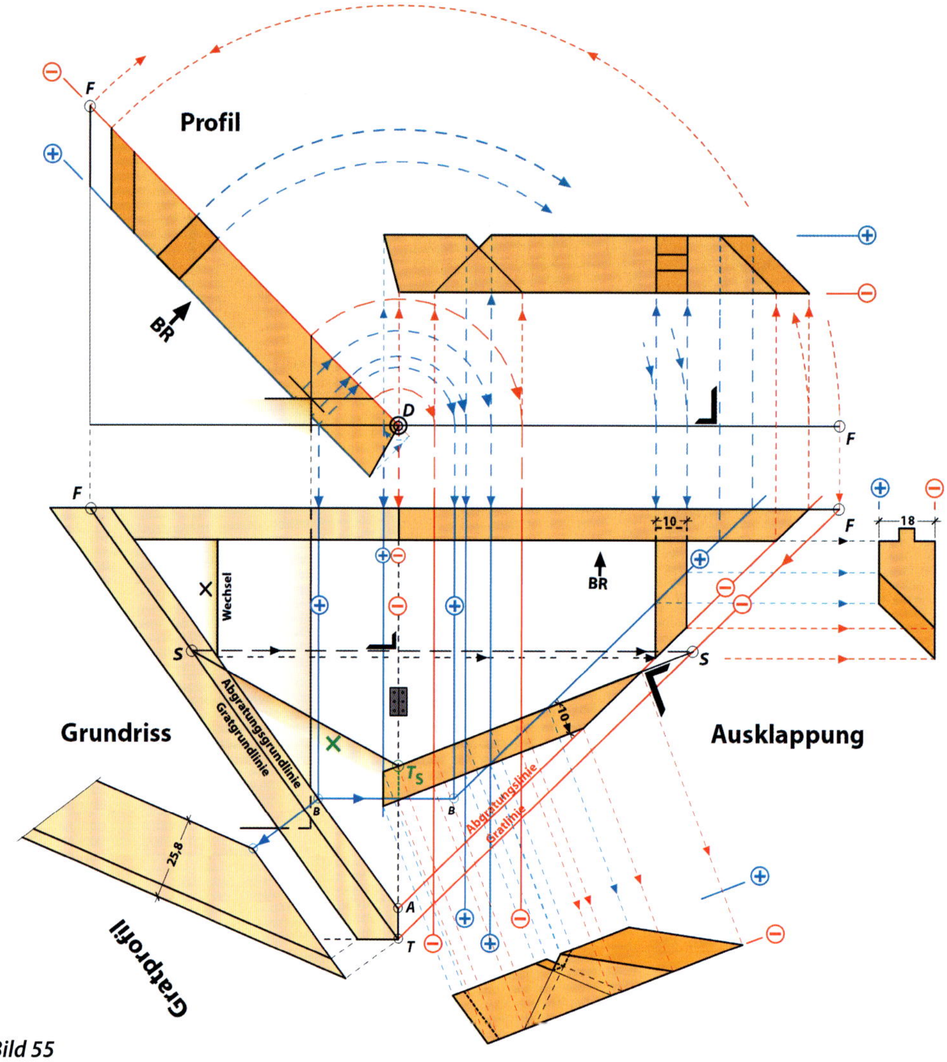

Bild 55

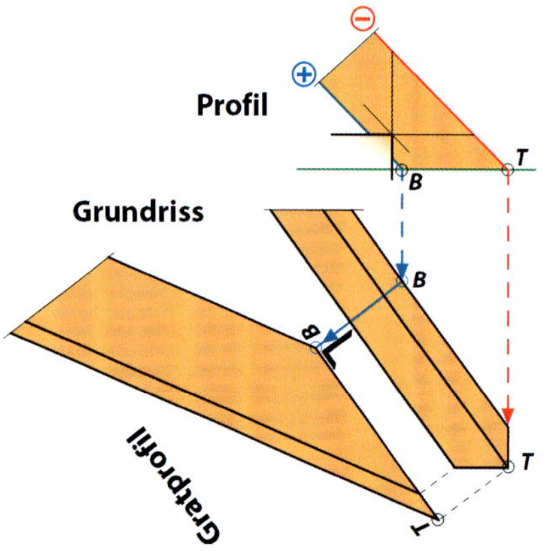

Bild 56: *Die Gratsparrenhöhe ist hier der Sparrenhöhe angepasst, es entsteht keine Klaue an den Schiftern.*

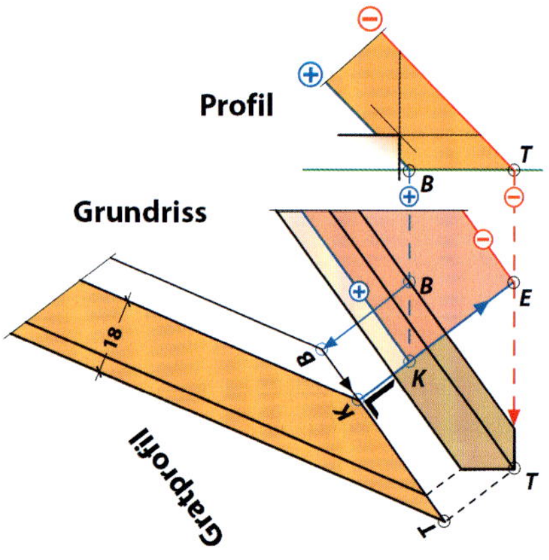

Bild 57: *Die Gratsparrenhöhe ist hier mit **18 cm** vorgegeben, es entsteht eine Klaue an den Schiftern.*

Ermittlung der Anreißlinien

Die Vorgehensweise zur Ermittlung der Anreißlinien ist die gleiche wie die unter **Bild 51** dargestellte. Es ist für diese Anreißlinien der Backenschmiege unerheblich ob es gilt, einen Klauenschifter zu ermitteln oder nicht. Es wird immer durch die gesamte Sparrenschichtdicke konstruiert, indem eine Schnittebene gelegt wird (in diesem Fall eine senkrechte Ebene entlang der Außenkante des Gratsparrens), damit auf Außenkante Sparrenholz angerissen werden kann. Die Kennzeichnung erfolgt nach **M5**.

Abhängigkeit 1 des Gratsparrens von der Sparrenschichtdicke (Bild 56)

Soll der Gratsparren in Punkt ***B*** mit Unterkante Sparrenschicht bündig anschließen, so fordert das, dass die Unterkante Sparrenschicht ⊕ und die Unterkante Gratsparren im Grundriss den Punkt ***B*** gemeinsam besitzen.
w
Die rechtwinklige Übertragung von ***B*** in das grundrissbezogene Gratprofil zeigt die Unterkante Gratsparren und liefert somit durch ***B*** zum einen:

- die Festlegung der Gratsparrenhöhe

und zum anderen

- die Abbildung der waagrechten Schnittfläche des Gratsparrens im Grundriss.

Die Hinterkante dieses Gratsparrens verläuft im Grundriss rechtwinklig zu seiner Außenkante.

Abhängigkeit 2 des Gratsparrens von der Sparrenschichtdicke

Wird die Gratsparrenhöhe reduziert, bewegt sich die Hinterkante Gratsparren (***B***) in Richtung Traufe und die ⊕-Linie der Sparrenschicht in den Gratsparren hinein (**Bild 57**). Dies bedeutet, dass die Sparrenschicht in Form einer Klaue unter den Gratsparren greift. Liegt dieser Sachverhalt vor, so fällt ein Grat***klauen***schifter an. Der Verschneidungspunkt ***K*** stellt den Anfangspunkt der Verschneidung der Sparrenschicht unter dem Gratsparren in Richtung First dar (Klauenschifterverschneidungslinie unter dem Gratsparren: ⊕-Linie).
Durch diese variable Handhabung kann auch die Verschneidungslinie mit dem Gratsparren im Grundriss im Voraus exakt bestimmt und dazu die Gratsparrenhöhe konstruiert werden. Die Parallele zur Gratlinie durch ***K*** ergibt im Gratprofil die Unterkante des Gratsparrens (**Bild 57**).

Wird dieses Wissen zu einer Ebenenverschneidung benutzt, so lässt sich daraus eine allgemeine Nutzung ableiten.

Die Verschneidungslinie der Sparrenschicht unter dem Gratsparren „spannt" im Grundriss mit der Hinterkante des Gratsparrens (Strecke ***K–E***) eine Ebene auf, die die Sparrenschicht im Grundriss in den Punkten ***K*** und ***E*** durchstößt und parallele Verschneidungslinien zur Gratlinie auf den Flächen der Sparrenschicht erzeugt (**Bild 58**). ***E*** ist Ausgangspunkt der ⊖-Linie. ***K*** ist Ausgangspunkt der ⊕-Linie. Die Übertragung dieser Verschneidungslinien in die Ausklappung (**M3**) stellt als Ebene die Schmiegenfläche der Hölzer dar, die als Klauenfläche unter den Gratsparren greift (**Bild 58**).

Konstruktion der Sattelanreißlinien

Die Konstruktion der Anreißlinien für den Sattel (die Pfettenkerve) ist bereits in **Bild 55** gezeigt.

Ermittlung der Klauenanreißlinien

Die Sparrenschicht verschneidet sich im Grundriss unter dem Gratsparren (**Bild 58**). Die Verschneidungslinie ist eine ⊕-Linie und liegt im Grundriss parallel zur Gratlinie.
Punkt ***K*** liegt auf der ⊕-Linie und ist Ausgangspunkt der Verschneidungslinie. ***K*** wird mit **M1** (Rechtwinklige Linie zur Trauflinie) in die Ausklappung gebracht. Die Parallele zur Gratlinie (**M3**) durch ***K*** der Ausklappung legt die ⊕-Verschneidungslinie in der Ausklappung fest.
Die Parallele zur Gratlinie (**M3**) durch ***E*** in der Ausklappung legt die ⊖-Verschneidungslinie in der Ausklappung fest. Die Kennzeichnung erfolgt nach **M5**. Das Anreißen der senkrechten Backenschmiegenfläche ist bereits in **Bild 55** verdeutlicht. **Bild 59** zeigt die für das Anreißen der Unterklaue erforderlichen Schritte.

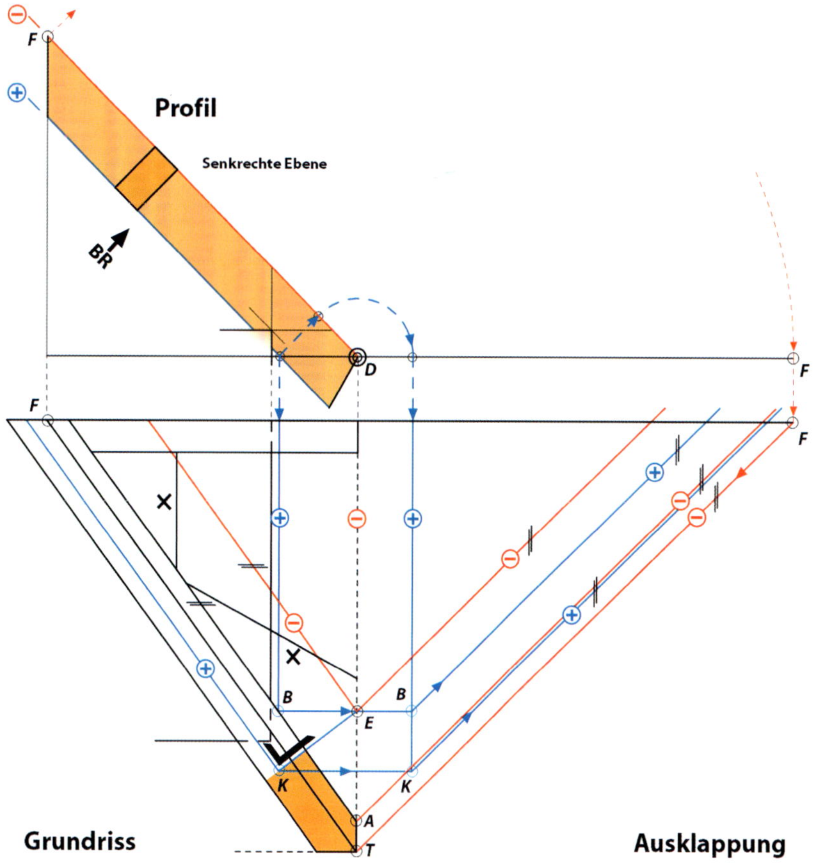

Bild 58

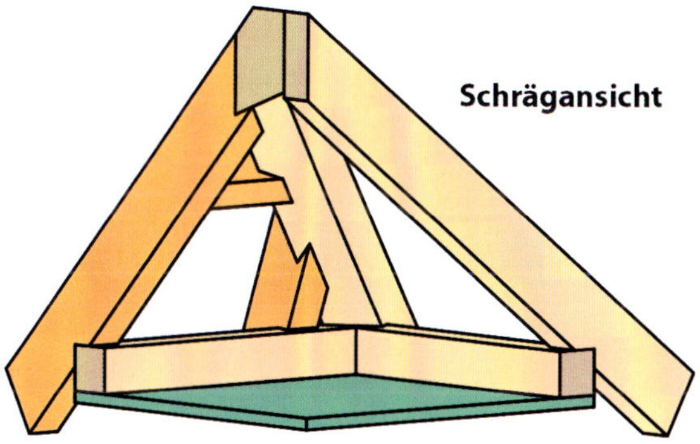

Bild 58a: Schrägansicht der Klauen.

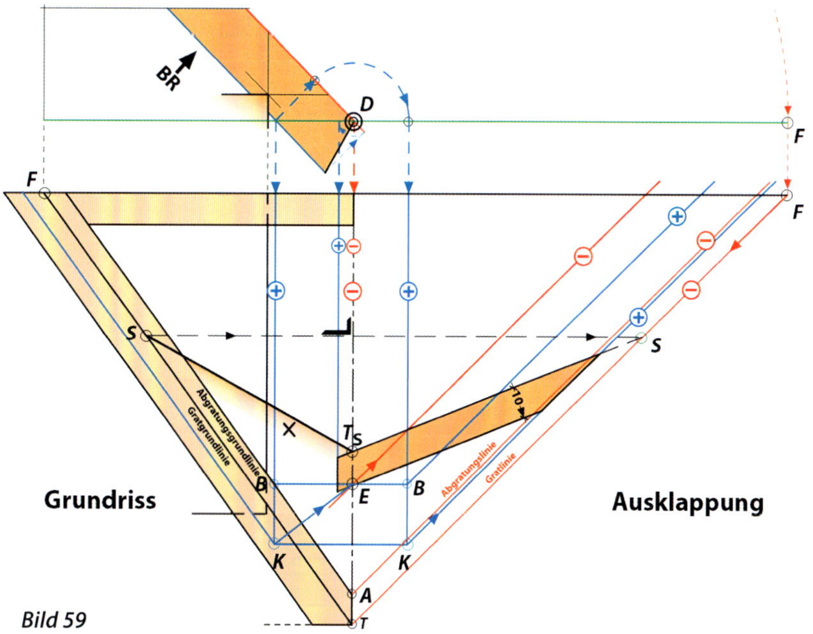

Bild 59

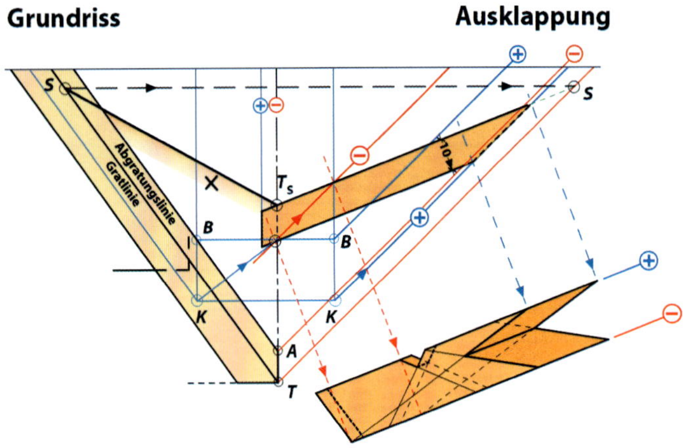

Bild 60

Bild 63: *Das fertig zusammengebaute Modell*

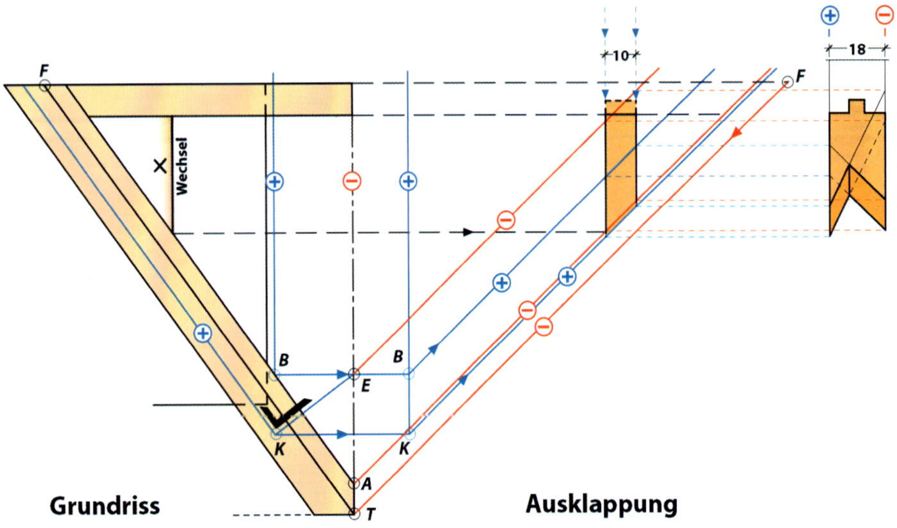

Bild 61

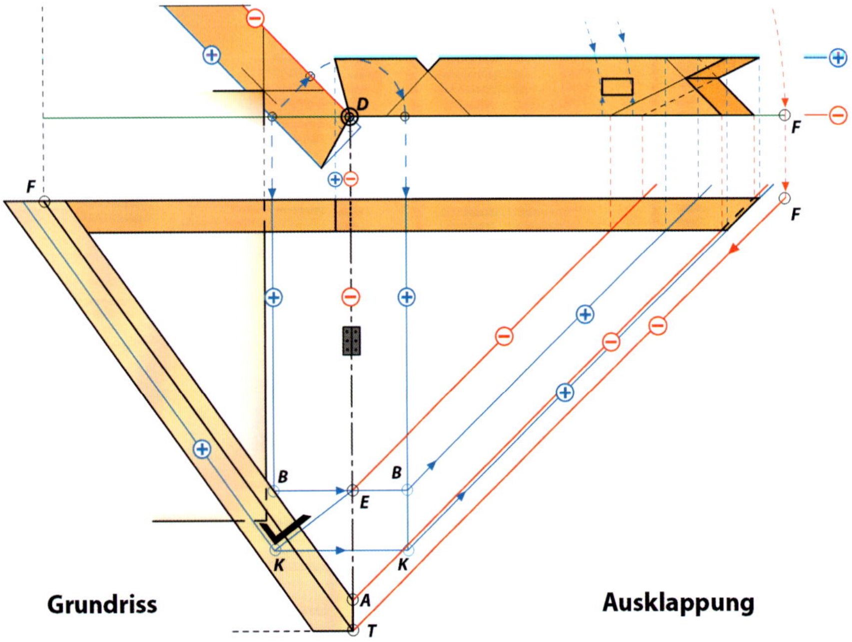

Bild 62

Anreißen des Klauen-Strahlenschifters

Zum Anreißen des Strahlenschifterholzes wird dieses in die in der Ausklappung eingezeichnete Lage positioniert. Die ⊖-Seite liegt auf der Aufriss-Grundlage, die -Seite enthält die Pfettenkerve. Das Zustandekommen der Klauenschmiegenfläche verdeutlicht **Bild 60** mit der herausgezeichneten Umkantung des fertig ausgearbeiteten Klauen-Strahlenschifters.

Anreißen des Gratklauenwechsels

Bild 61 zeigt die für das Anreißen des Gratklauenwechsels erforderlichen Linien.

Anreißen des Gratklauenschifters

In **Bild 62** ist der Gratklauenschifter um den Drehpunkt ***D*** ausgeklappt dargestellt. In dieser Weise wird er auf den Aufriss gelegt und angerissen.

Bild 63 zeigt das fertige Modell.

In der Praxis befinden sich in der Regel alle für das Anreißen der einzelnen Hölzer erforderlichen Linien auf einem Aufrissblatt. Dann sind Sauberkeit und Beschränkung auf das Wesentliche der Schlüssel zum Erfolg.

Beispiel: Klauenkopfband an Gratstrebe

Im Folgenden wird eine Aufgabe gelöst, die ein Klauenkopfband zwischen einer Gratstrebe und einer Pfette zum Inhalt hat.

Aufgabenstellung

Das fertige Modell im Maßstab 1:5 soll aussehen wie in **Bild 64** gezeigt. Die Aufgabenstellung (**Bild 65**) zeigt das Profil und den Grundriss von Pfettenkranz, Gratstrebe und Klauenkopfband.

Gegeben sind die Maße nach **Bild 65**, Gratstrebe ***b***=16 cm, ***h***=20 cm, Klauenkopfband ***b***=12 cm, ***h***=16 cm, Pfette ***b***=16 cm, ***h***=20 cm.
Gesucht ist die Austragung des Klauenkopfbandes einschließlich des Zapfens am Anschluss zur Gratstrebe. Die Aufgabe soll unter Anwendung der Ausklappung gelöst werden.

Die Hinweise **M1** bis **M6** weisen jeweils auf die Merksätze hin, wie sie auf Seite 23 aufgeführt sind.

__Bild 64:__ Die Aufgabe: Ein Klauenkopfband als aussteifendes Element zwischen einer Gratstrebe und einer Pfette

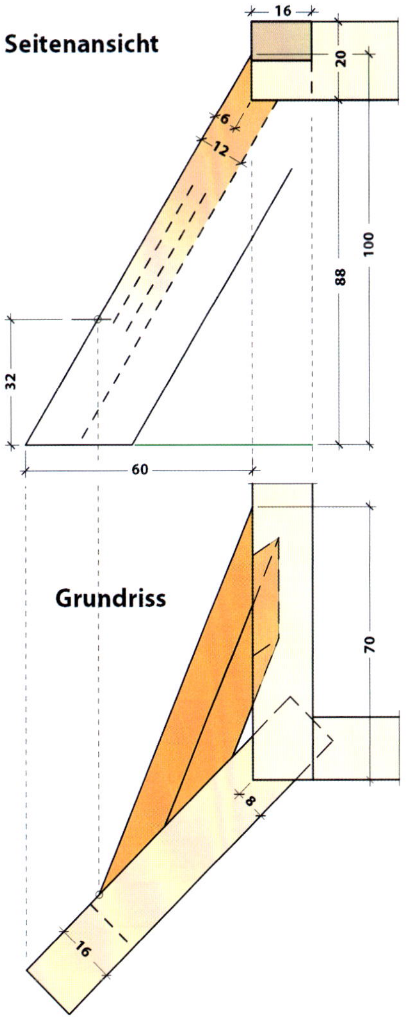

__Bild 65:__ Die Aufgabenstellung

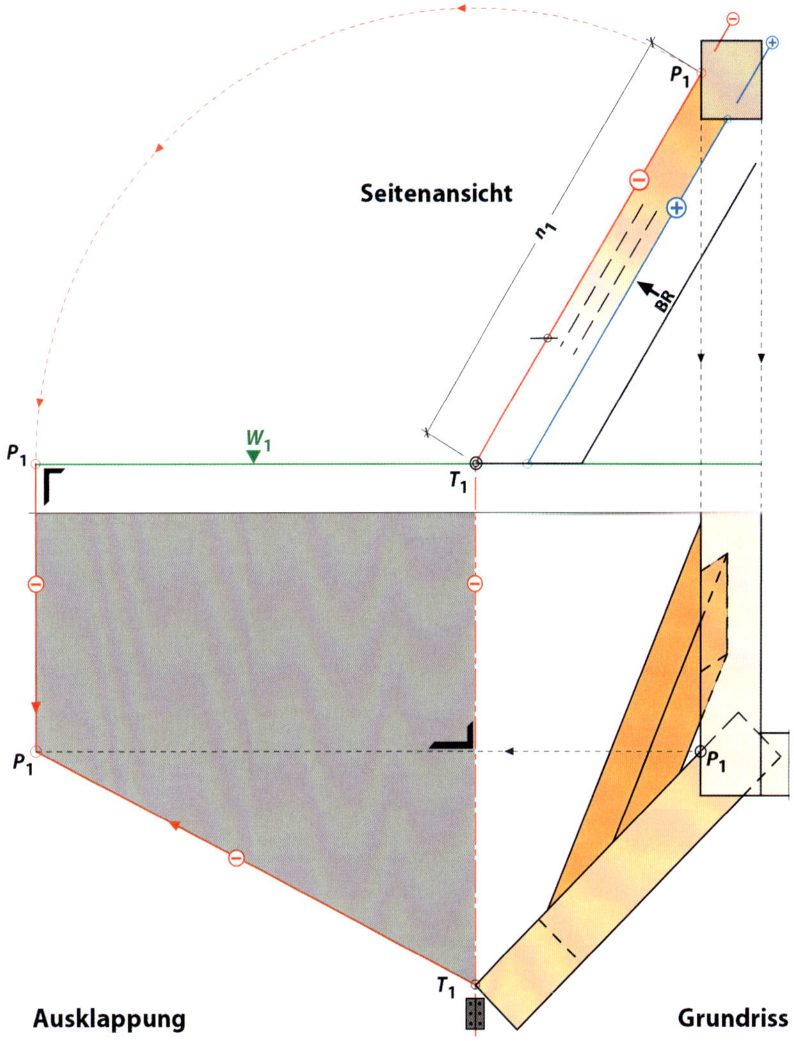

__Bild 66:__ Festlegung von Blickrichtung __BR__, ⊕- und ⊖-Ebene und Klapprichtung

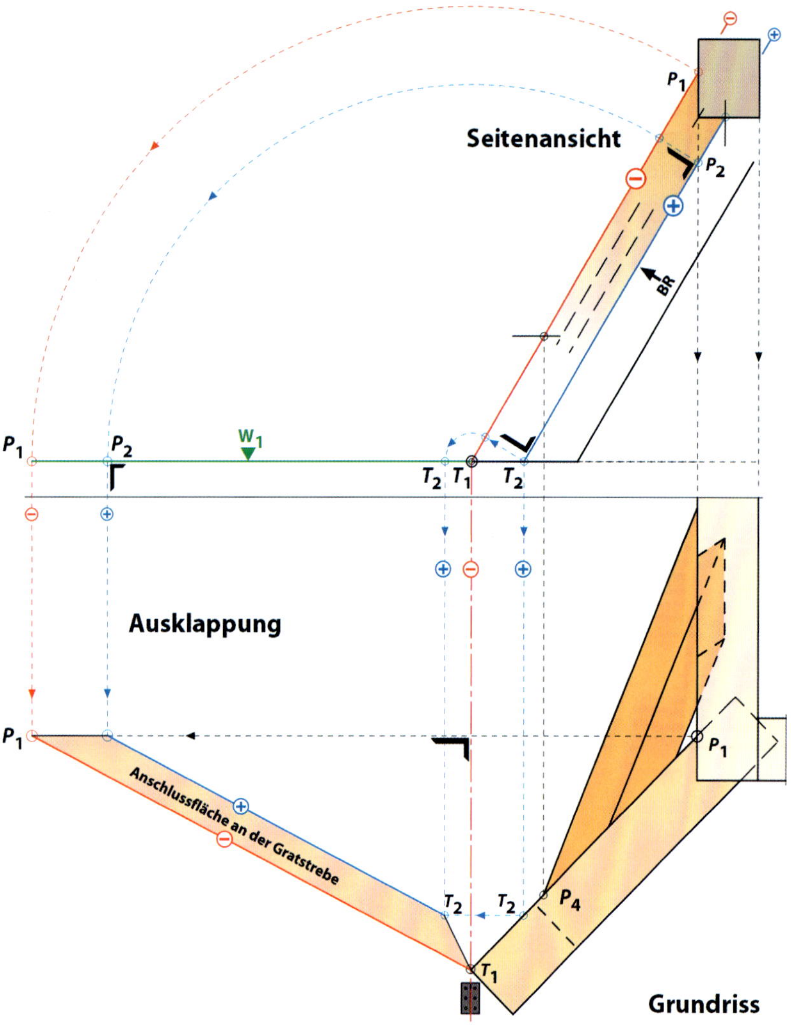

Bild 67: So wird die Anschlussfläche für das Kopfband an der Gratstrebe in der Ausklappung sichtbar.

Vorüberlegungen zur Lage der Klappachse

Stellt man sich das Klauenkopfband als Element einer Flächenschicht vor, so bedarf es lediglich der Ermittlung dieser Flächenschicht und darauffolgend der Positionierung des Kopfbandes (Feststellung der Lage des Kopfbandes in dieser Bauteilschicht). Werden die Flächen der Bauteilschicht in wahrer Größe ermittelt, so erhält man neben den wahren Längen auch die wahren Flächenwinkel und die Voraussetzungen für die Ermittlung der Maschinenwinkel (siehe auch Seite 28).

Durch den Eintrag der Blickrichtung **BR** werden ⊕ - und ⊖-Ebene festgelegt. Dies bedeutet in diesem Fall eine Ausklappung (**Bild 66**).
Als Klappachse wird die Verschneidungslinie der ⊖-Fläche der Bauteilschicht mit der waagerechten Ebene $\boldsymbol{W_1}$ verwendet. Es entsteht der Punkt $\boldsymbol{T_1}$ im Profil und im Grundriss (**Bild 66**).
Durch Übertragung von Punkt $\boldsymbol{P_1}$ mit Radius $\boldsymbol{n_1}$ um Drehpunkt $\boldsymbol{T_1}$ aus dem Profil in die Ausklappung und die Verbindung von $\boldsymbol{P_1}$ der Ausklappung mit $\boldsymbol{T_1}$ in der Ausklappung ergibt sich die gewünschte ⊕ -Ebene und somit die Ebene, in der die Außenfläche des Kopfbandes liegt (rot schraffiert in **Bild 66**). Die waagerechte Ebene $\boldsymbol{W_1}$ schneidet im Profil die ⊕ -Ebene der Flächenschicht (in der das Kopfband liegt) im Punkt $\boldsymbol{T_2}$ (**Bild 67**).

Die Hilfslinie von $\boldsymbol{T_2}$ (Profil) nach $\boldsymbol{T_2}$ (Grundriss) liegt im Grund parallel zur Klappkante und ist bereits in wahrer Größe sichtbar (die Flächenschicht verschneidet sich an der Gratstrebe). Diese Hilfslinie wird (Merksatz **M2**) in die Ausklappung gedreht und liegt dort nun ebenso in wahrer Größe vor.

Da es bei der Ausklappung um die Behandlung von Flächenschichten geht (siehe **Seiten 17** bis **19**), wird dies nachfolgend verdeutlichend dargestellt (**Bild 68**).
Durch die Übertragung von $\boldsymbol{P_2}$ im Profil (rechtwinklig auf die ⊖-Ebene und anschließender Drehung (**M2**) in die Ausklappung) sowie das jeweilige Einzeichnen einer Parallele zur Klappachse durch $\boldsymbol{P_2}$ und eine Parallele zur Strecke $\boldsymbol{P_1}$–$\boldsymbol{T_1}$ in der Ausklappung durch $\boldsymbol{T_2}$ (**M3**) liegt die Flächenschicht in **Bild 68** auch fast räumlich erkennbar vor (**M2**, **M3**).

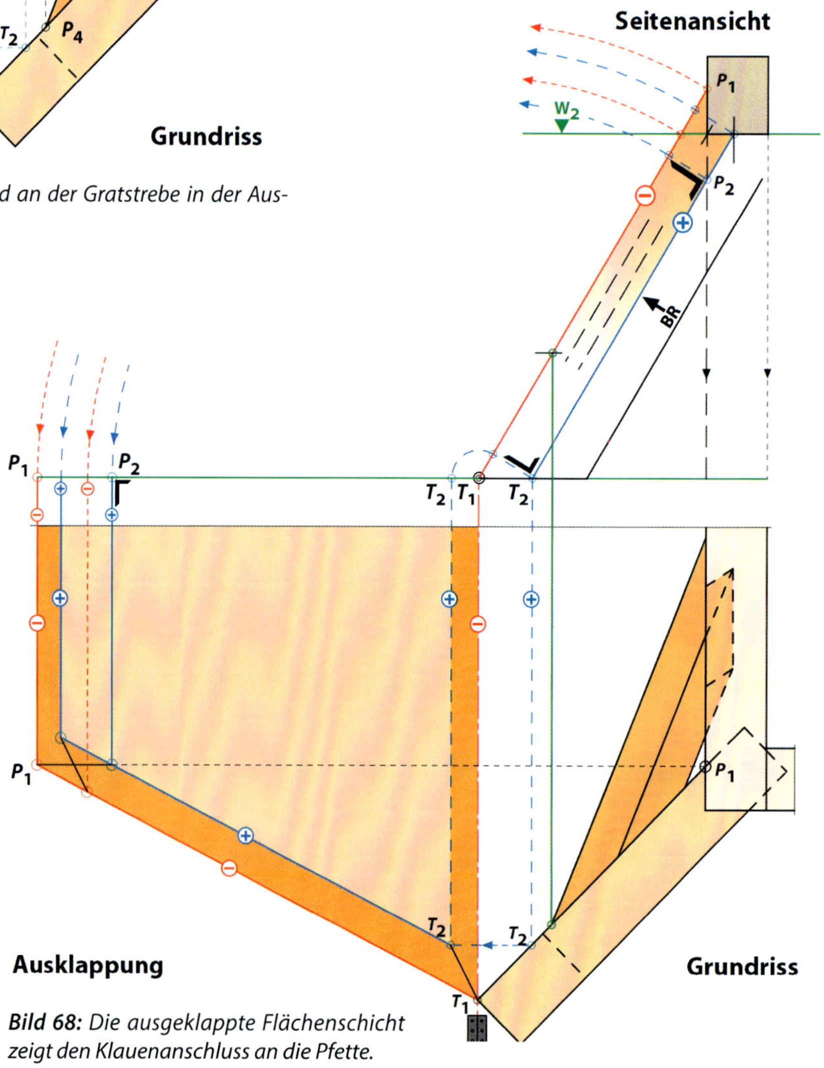

Bild 68: Die ausgeklappte Flächenschicht zeigt den Klauenanschluss an die Pfette.

Wird bei der Übertragung der weiteren Klauenverschneidungspunkte im Profil in gleicher Weise verfahren, liegen alle notwendigen Anreißlinien für die Klaue fest.

Überlegungen zur Flächenschicht

Die Flächenschicht wird in ihrer Dicke von den beiden Ebenen ⊕ und ⊖ begrenzt. Sind diese in ihrer Größe maßgenau ermittelt und übereinander angeordnet, so ergibt sich das gesuchte räumliche Gebilde, in dem das zu ermittelnde Element liegt.

Die Begrenzungslinien der jeweiligen Fläche ⊕ oder ⊖ liegen somit stets räumlich um die Dicke der Flächenschicht von einander entfernt, das heißt, jede ⊕-Linie hat stets den rechtwinkligen Abstand der Dicke der Flächenschicht von der ⊖-Ebene.

Da dies einer Dimension des zu ermittelnden Holzes entspricht, in unserem Falle der Breite ***b***=12 cm des Klauenkopfbandes, ist nur noch die Lage des Kopfbandes einzuzeichnen, um es – noch ohne Zapfen – anreißen zu können.

Einreißen des Kopfbandes

Der Punkt **P_3** ist Bestandteil der ⊖-Ebene. Er liegt auf der Begrenzungslinie der ⊖-Ebene. Er muss deshalb nach der Übertragung (**M1**) in die Ausklappung auf dieser ⊖-Linie liegen.

Verlängert man die Richtung des Klauenkopfbandes im Grundriss bis zum Schnitt mit der Klappachse, so erhält man den Punkt **T_3** (**M6**).

Die Verbindung von **T_3** mit **P_3** in der Ausklappung ist die Anlegekante des Kopfbandes (**Bild 69**). Alternativ kann die Kopfbandlage in der Ausklappung unter Anwendung von **M1** gewonnen werden: **P_3** wird durch rechtwinklige Übertragung zur Klappkante in die Ausklappung gebracht. Mit dem Einzeichnen der Kopfbandhöhe ***h***=16 cm in Richtung **P_1** ist die Einzeichnung der Lage des Holzes abgeschlossen.

Der Zapfen

Legt man durch die Flächenschicht eine Schnittebene, die rechtwinklig zur Anschlussfläche der Gratstrebe liegt (**Bild 70**), so erhält man mit der Darstellung der Schnittfläche dieser Ebene die Ausgangsbasis für die Ermittlung des Zapfens.

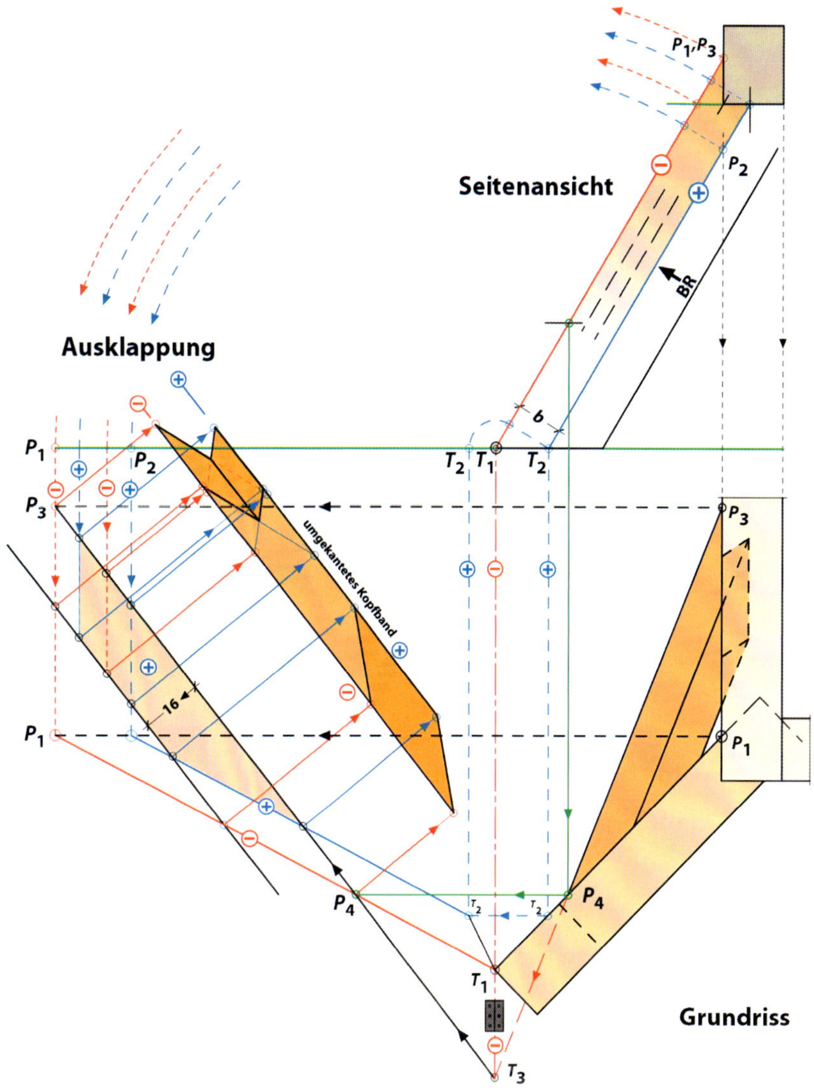

*Bild 69: Das Einreißen des Kopfbandes in der Ausklappung geschieht durch rechtwinkliges Abtragen des Holzmaßes **h=16 cm** von der Strecke **T_3-P_3** aus. Die ⊕-Fläche des Kopfbandes ist blau schraffiert dargestellt und das Kopfband nach rechts umgekantet herausgezeichnet.*

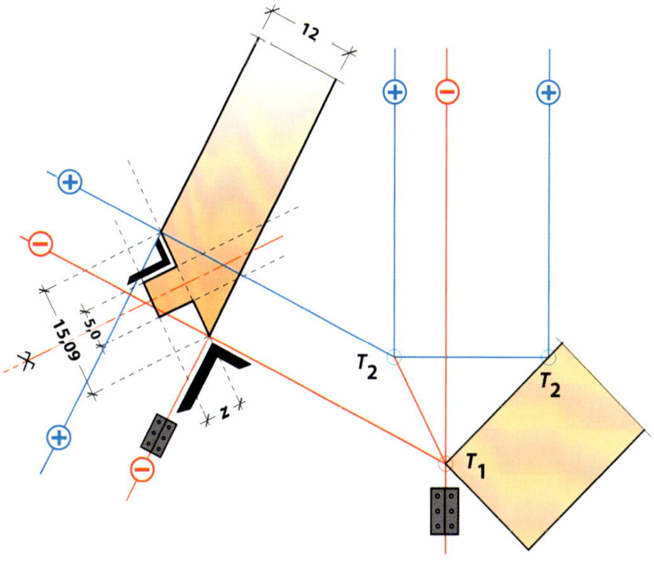

Bild 70: Das Einreißen des Zapfens wird in der Schnittdarstellung vorgenommen. Der Schnitt selbst erfolgt rechtwinklig zur Anschlussfläche der Gratstrebe in der Ausklappung.

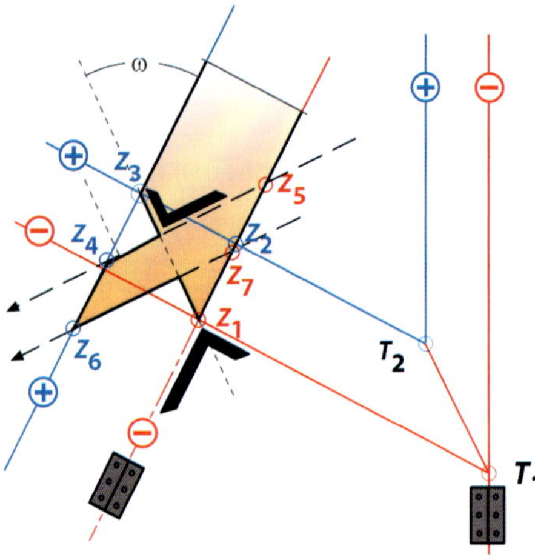

__Bild 71:__ Der Zapfen steht senkrecht und mittig auf der Neigungslänge (hier __15,09 cm__) der Anschlussfläche der Gratstrebe. Die Zapfenrichtungen werden bis zur Verschneidung der ⊕- beziehungsweise der ⊖-Ebene geführt.

__Bild 72:__ Lage des Zapfens: links fertig ausgearbeitet, rechts: Schnittbild passend zu __Bild 70.__

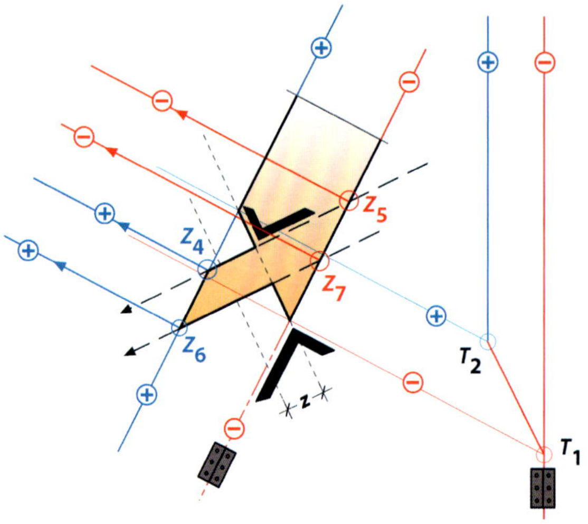

__Bild 73:__ Aus $\boldsymbol{Z_4}$ und $\boldsymbol{Z_6}$ auf der ⊕-Ebene und $\boldsymbol{Z_5}$ und $\boldsymbol{Z_7}$ auf der ⊖-Ebene werden Verschneidungslinien parallel zur Strecke __T₁-P₂__ gezogen.

Bei unserem Modell soll das Zapfenloch rechtwinklig in die Gratstrebe eingearbeitet werden. Dies bedeutet, dass der Zapfen am Kopfband auf der Anschlussfläche der Gratstrebe senkrecht stehen muss.

Der Schnitt rechtwinklig zur Anschlussfläche liefert das Neigungsmaß (Breite der Anschlussfläche) in wahrer Größe (**Bild 70** und **Bild 72**). In unserem Fall sind dies 15,09 cm. Der 5 cm breite Zapfen wird symmetrisch zur Mitte des Neigungsmaßes angeordnet (**Bild 70**). Die Lage und die Richtung des Zapfens lassen sich natürlich bei dieser Vorgehensweise auch jeglichen anderen Vorgaben anpassen.

Das Finden der Neigungslänge entspricht dem Vorgang der Ermittlung des Maschinenwinkels ω (siehe **Seite 28**). Die Neigungslänge (Strecke $\boldsymbol{Z_1}$–$\boldsymbol{Z_3}$) liegt in der Umklappung in wahrer Größe vor. Auf die Neigungslänge kann der Zapfen in der gewünschten Länge ***z*** „aufgebaut" werden (**Bild 70**).

Auf das Einreißen der Zapfenlänge ***z*** wird in der Darstellung verzichtet, da die Zapfenlänge in der Praxis vorteilhafter erst nach der Ausarbeitung des Zapfens nachgeschnitten wird.

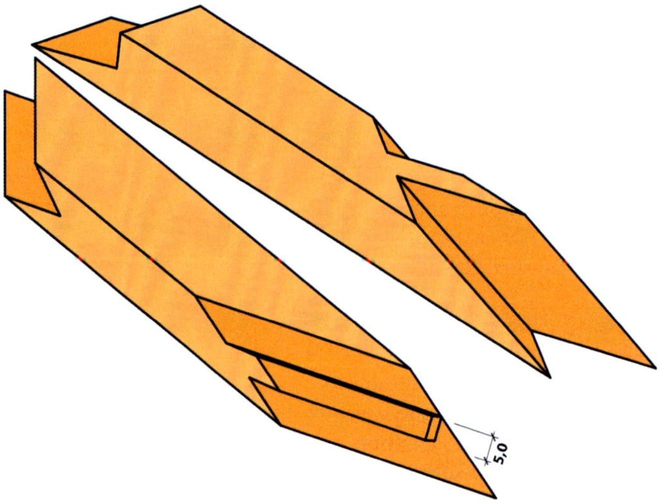

__Bild 74:__ Dreidimensionale Ansicht der Anschlussseite des Klauenkopfbandes mit dem Zapfen. Links: fertig abgesetzter Zapfen; Rechts: „Rohzustand" vor dem Ablängen und Absetzen.

Ermittlung der Zapfenanreißpunkte

Werden die Zapfenfluchtlinien des Zapfens (die rechtwinklig zur Schmiegenebene $\boldsymbol{Z_1}$–$\boldsymbol{Z_3}$ liegen) bis zum Schnitt mit der ⊕-Ebene bzw. ⊖-Ebene geführt, so erhält man auf der ⊕-Ebene die Punkte $\boldsymbol{Z_4}$ und $\boldsymbol{Z_6}$, auf der ⊖-Ebene $\boldsymbol{Z_5}$ und $\boldsymbol{Z_7}$ (**Bild 71**).

Einzeichnen der Anreißlinien für die Zapfenfluchten

Da die Zapfenlage parallel der Begrenzungslinien der Anschlussfläche liegt (**Bild 74**), erhält man die Anreißlinien der Zapfen als Parallelen dazu (**Bild 73**).

Das Zustandekommen der Anschlussfläche und ihrer Begrenzungslinien lässt sich in **Bild 67** und **Bild 69** noch einmal vergegenwärtigen.

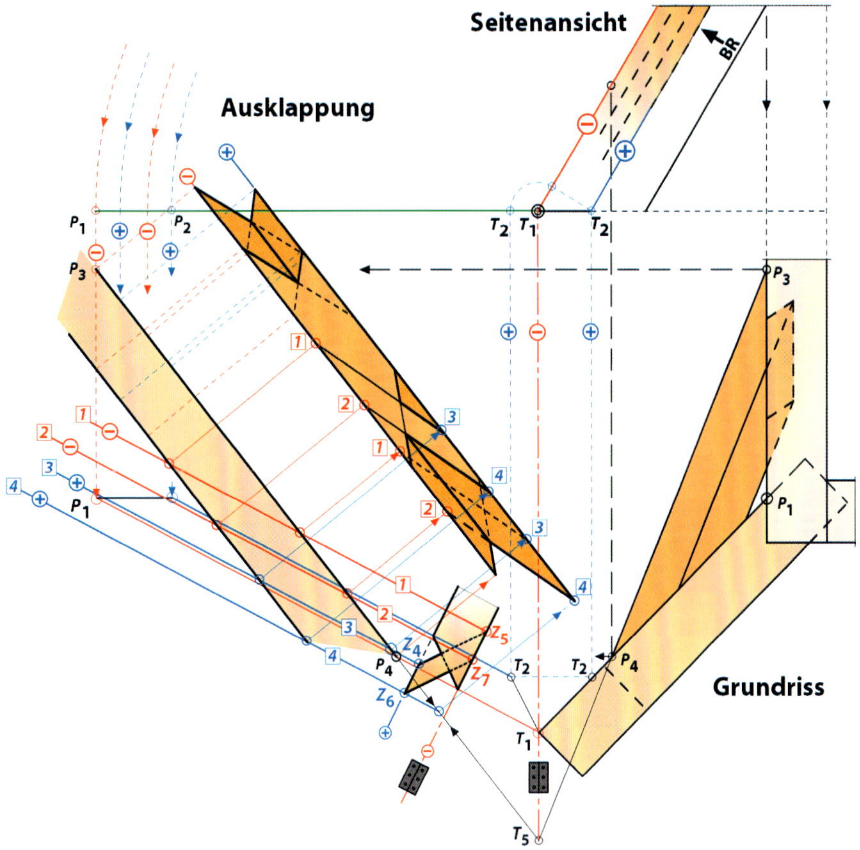

Bild 75: *Das Anreißen des Zapfens ist hier durch eine Umkantung des Kopfbandholzes leichter nachvollziehbar.*

Den gesamten Vorgang verdeutlichen **Bild 74** und **Bild 75**.

Zur besseren Orientierung bei der zeichnerischen Umkantung sind die Verschneidungslinien aus den Punkten Z_5 und Z_7 in **Bild 75** mit den Ordnungszahlen 1 und 2 bezeichnet.

In gleicher Weise haben die Verschneidungslinien aus Z_4 und Z_6 die Ordnungszahlen 3 und 4 erhalten.

Das daneben herausgezeichnete Kopfbandholz ist nach rechts umgekantet und man kann unschwer erkennen, dass der Zapfen noch nicht abgelängt ist und bis zur ⊕-Ebene durchläuft.

Die komplette Aufgabenlösung

Bild 76 zeigt die vollständige Lösung der Aufgabe in einer Zeichnung. Die Verwendung von Farben ist sicherlich hilfreich, allerdings lassen sich falsch gerissene farbige Linien nur sehr mühsam (oder gar nicht) wieder entfernen oder korrigieren.

Wird nur mit Blei gearbeitet, ist eine genaue und übersichtliche Kennzeichnung der Punkte und Verschneidungslinien unerlässlich.

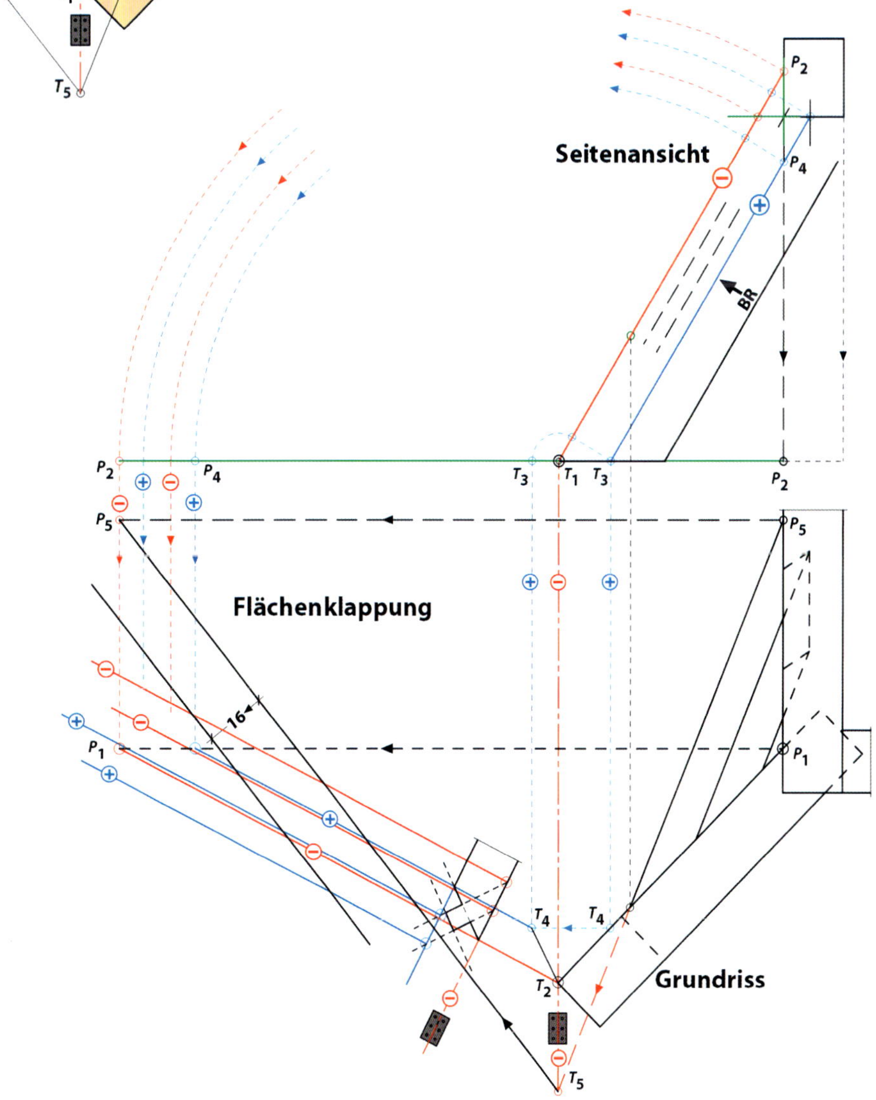

Bild 76: *Der für den Anriss des Klauenkopfbandes fertige Aufriss*

Schiftmethoden im Vergleich

Bei der Schiftung eines Holzbauteiles kann man oft auf mehreren verschiedenen Wegen zum Ziel gelangen. Welcher Weg für die jeweilige Situation der beste, genaueste und schnellste ist, kann man nur entscheiden, wenn man die Wege auch kennt. Im Folgenden werden verschiedene Wege oder „Schiftmethoden" anhand eines Klauenschifters aufgezeigt.

Bild 77: Das Modell mit Schwellen, zwei Normalsparren, dem Gratsparren und einem Nebendach-Klauenschifter in einer Schrägansicht.

Das Modell

Damit die verschiedenen Schiftungen auch praktisch nachvollzogen werden können, wird ein Modell vorgeschlagen, wie es in **Bild 77** in einem Schrägbild dargestellt ist. Das Modell beinhaltet zwei ungleich geneigte Dachflächen (Haupt- und Nebendach), jeweils einen Normalsparren, den Gratsparren und einen Klauenschifter in der Nebendachfläche. Die Maße für das Modell sind der Aufgabenstellung in **Bild 78** zu entnehmen.

Die verwendeten Holzdimensionen lassen sehr gut auch eine Ausführung des Modells in den Maßstäben 1:2 oder 1:5 zu.

Bild 78: Die Modellmaße, ersichtlich aus Grundriss, Hauptdach-Normalprofil und Nebendach-Normalprofil.

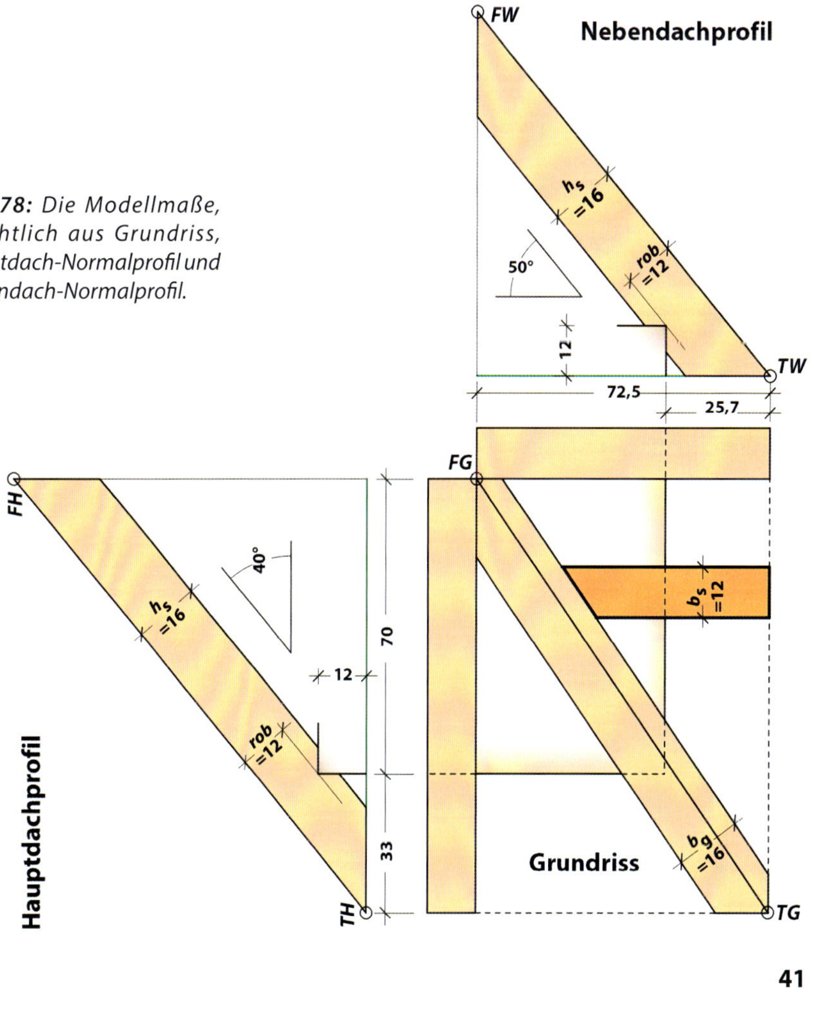

Es werden folgende „Methoden" gezeigt:

- **A Methode mit Senkellängen**
- **B Methode mit Gratsparrenquerschnitt**
- **C Methode mit Höhenlinien**
- **D Methode mit Verschneidungslinien**
- **E Methode mit ausgeklappten Verschneidungslinien**
- **F Methode mit abgeklapptem Gratsparrenquerschnitt**

Das Gratsparrenprofil

Für die Anwendung der verschiedenen Methoden sind Hauptdachprofil, Nebendachprofil und Gratsparrenprofil („Gratprofil") erforderlich. Haupt- und Nebendachprofil sind bereits in der Aufgabenstellung in **Bild 78** aufgerissen. Das Gratsparrenprofil muss noch ausgetragen werden. Ob dies mit dem Zirkel geschieht (wie in **Bild 79** gezeigt) oder mit Maßlatten ist „Geschmacksache" und soll dem Einzelnen überlassen bleiben.

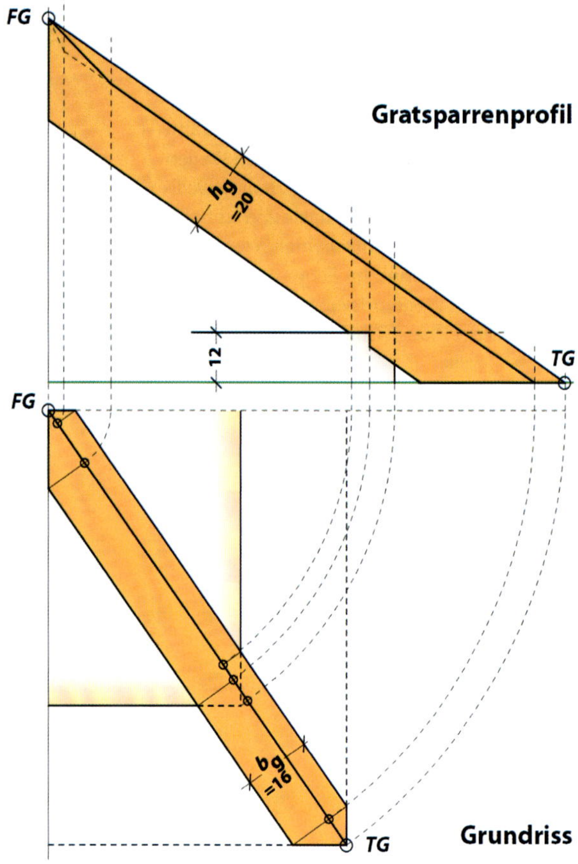

Bild 79: Austragen des Gratsparrens mit Hilfe von Zirkelschlägen

A Methode mit Senkellängen

Die „Methode mit Senkellängen" beruht darauf, dass die Längen (die Maße) von senkrechten Strecken in allen senkrechten Profilen unverzerrt, also in wahrer Länge, darzustellen sind. Damit lassen sich Punkte festlegen, deren Verbindungslinien Verschneidungslinien zweier Körper sind.

Beim Gratklauenschifter angewendet stellt sich die Methode dar wie in **Bild 80** gezeigt:

- Im Grundriss wird eine Außenkante des Schifters „provisorisch" bis zur Gratlinie verlängert.
- Aus den entstandenen Schnittpunkten werden senkrechte Linien in das Nebendachprofil gerissen, wo sie an der Oberkante des Sparrens zwei weitere Schnittpunkte erzeugen.
- Aus diesen Schnittpunkten sind waagerechte Linien in das Gratsparrenprofil zu ziehen, wo sie die „zugehörigen" Linien, nämlich Abgratungslinie und Gratlinie, schneiden.
- Die aus beiden Schnittpunkten gefällten Lote erzeugen an der „unteren Gratlinie" zwei weitere Schnittpunkte.
- Die Waagerechten aus diesen Punkten werden mit den Senkrechten im Nebendachprofil geschnitten.
- Die Verbindungslinie dieser beiden Punkte beschreibt die wahre Richtung und Lage der Klaue an der Außenseite des Schifters.
  Wie die räumliche Darstellung in **Bild 80** rechts unten zeigt, spielt sich das alles in zwei senkrechten Ebenen (nämlich den Ebenen der Schifter-Seitenflächen) ab.

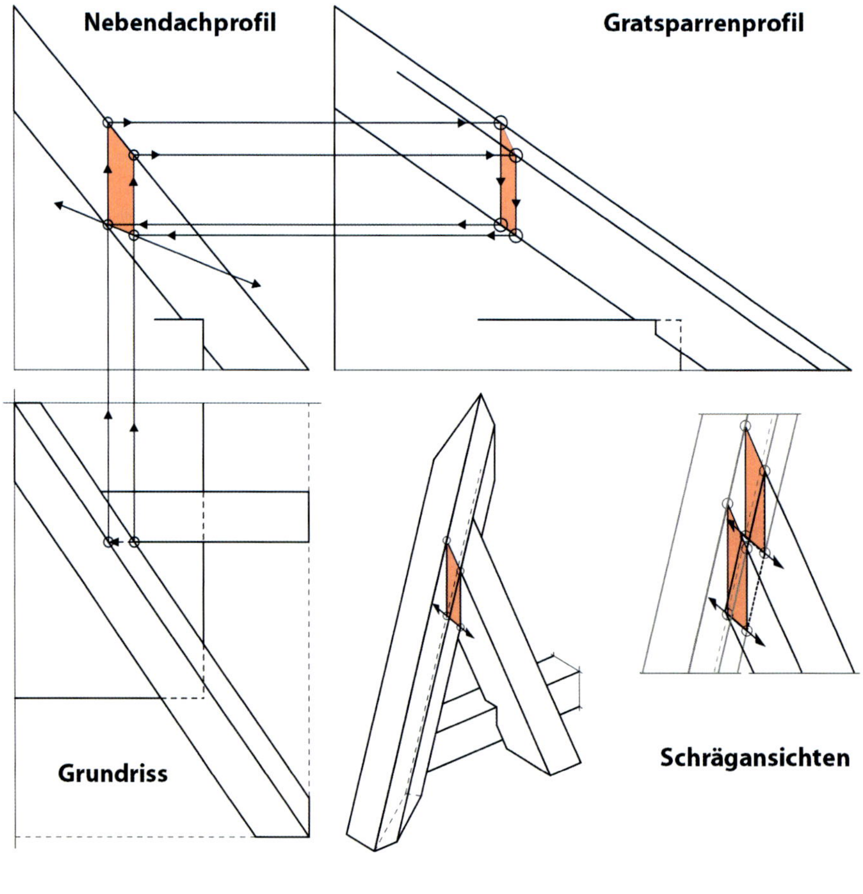

Bild 80: Methode mit den Senkellängen. Die räumlichen Bilder verdeutlichen den Vorgang.

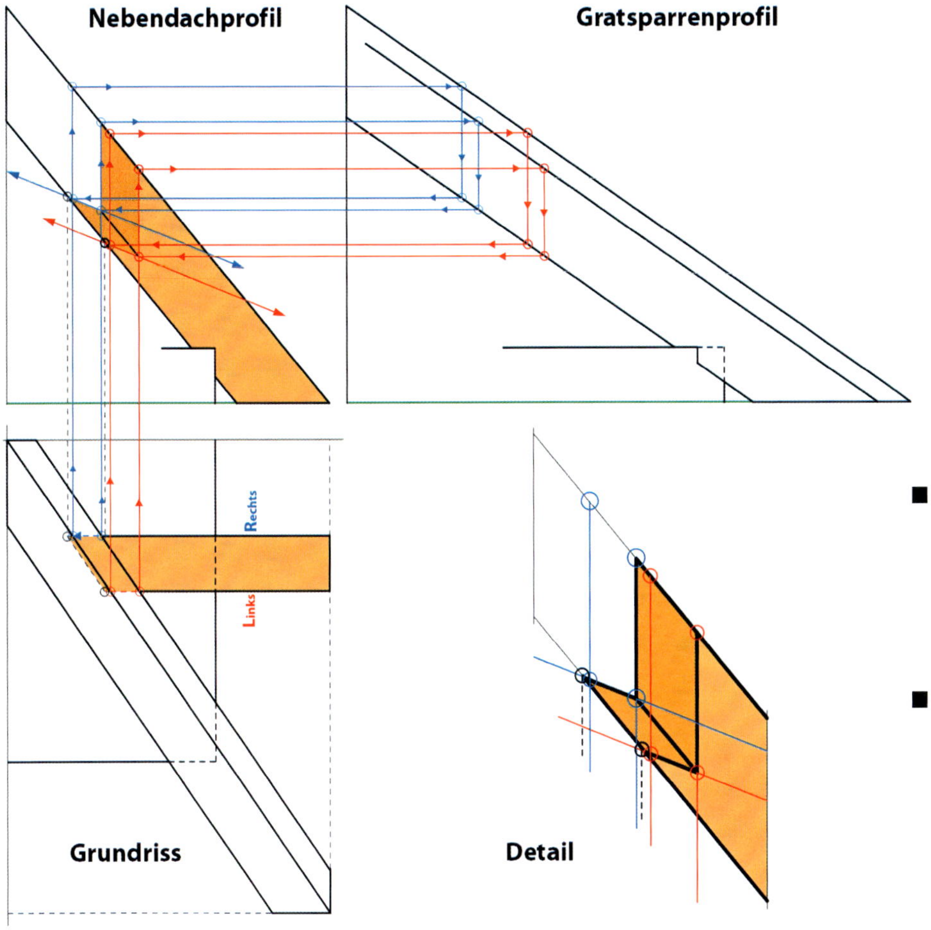

Bild 81: Die Schnittpunkte von Vorderkante (rot) und Hinterkante (blau) des Klauenschifters legen die Richtung der Unterklauenschmiege fest. Die Abschlusskante der Unterklaue im Grundriss ist abhängig von der Schifterhöhe h_S. Sie wird aus dem Nebendachprofil in den Grundriss konstruiert.

Damit ist die Lage und Richtung der Klaue auf der einen Kante des Schifters festgelegt. Für die andere Kante ist der gleiche Vorgang auszuführen. **Bild 81** zeigt den Aufriss nach der Ausführung der Methode bei beiden Kanten des Schifters.

Mit der Lage und der Richtung der Klauenschmiegen lässt sich das Klauenschifterholz anreißen, indem es auf den Aufriss aufgelegt und die Schnittpunkte auf das Holz übertragen werden.
Dies gelingt nur dann reibungslos, wenn die erforderlichen Risse weit genug über die Schifterkanten im Profil „hinausgezogen" wurden. Außerdem ist zu beachten, wo „oben" (Oberkante, OK) und „unten" (Unterkante, UK) gerissen werden muss, denn davon ist abhängig, ob ein „linker" oder „rechter" Schifter entsteht.

Die Darstellung der Abschlusskante der Klaue im Grundriss wird aus dem Nebendachprofil entwickelt:

- die „Richtungslinien" der Klauenschmiegen schneiden sich mit der Unterkante des Schifters in zwei Punkten.
- aus diesen Punkten werden zwei senkrechte Hilfslinien in den Grundriss gezeichnet.
- Sie schneiden sich mit den seitlichen Begrenzungslinien des Schifters im Grundriss in zwei weiteren Punkten. Diese beiden Punkten bezeichnen jeweils den Ort im Grundriss, wo Außen- und Innenkante des Schifters „in das Gratsparrenholz von unten eindringen".

Das vergrößert herausgezeichnete Detail in **Bild 81** rechts unten verdeutlicht noch einmal, wie die Klaue zustande kommt.

B Methode mit Gratsparrenquerschnitt

Diese Methode geht aus vom Querschnitt des Gratsparrens, der im Gratsparrenprofil mit den aus dem Grundriss entnommenen Maßen $\boldsymbol{b_g}$, $\boldsymbol{g_1}$ und $\boldsymbol{g_2}$ eingezeichnet wird:

- Der Schifter schließt in Verlängerung der Abgratung an den Gratsparren an. Seine Klaue ergibt sich aus der Schifterhöhe $\boldsymbol{h_s}$ (**Bild 82** auf **Seite 44**). Durch den Gratpunkt im Gratsparrenquerschnitt (dem Ort, durch den die Gratline führt) wird eine Achse parallel zu den Gratsparren-Seitenflächen gezogen.
- Im Grundriss ist nun eine beliebige Strecke ***a*** vom Grat-Traufpunkt rechtwinklig zur Gratgrundlinie anzutragen. Durch ihren Endpunkt wird eine Parallele zur Gratgrundlinie gezogen, die sich mit der Nebendach-Trauflinie schneidet und das Maß ***b*** ergibt (**Bild 82** links unten).
- Dieses Maß ***b*** wird nun im Gratsparrenprofil vom Grat-Traufpunkt aus waagerecht abgetragen. Die durch ihren Endpunkt gezogene Parallele zur Gratlinie schneidet die Oberkante des Schifters in einem Punkt. Mit dem Kontrollmaß ***a*** kann die Konstruktion überprüft werden (**Bild 82** rechts oben). An der Gratsparren-Unterkante beziehungsweise seiner Verlängerung ergeben sich die Grundmaße ***c*** und ***d***. Eine räumliche Darstellung der Ermittlung der Maße ***c*** und ***d*** zeigt **Bild 83**.
- Die Maße ***c*** und ***d*** werden im Grundriss rechtwinklig zur Achse (Gratgrundlinie) angetragen und aus ihren Endpunkten parallele Linien zur Gratgrundlinie bis über den Grundriss des Schifters hinaus gezeichnet (**Bild 84**).
- Es entstehen im Grundriss vier Schnittpunkte an den Außenkanten des Schifters.
- Diese Punkte werden mittels senkrechter Hilfslinien in das Nebendachprofil projiziert.
- Wie die 3D-Darstellung des Vorganges in **Bild 85** verdeutlicht, wird die Richtung der Klauenschmiege an Vorder- und Hinterkante des Schifters durch je zwei Punkte bestimmt, die auf dessen Oberbeziehungsweise Unterkante liegen.
- Die senkrechten Backenschmiegenkanten des Schifters ergeben sich, wie in **Bild 82** und **Bild 85** dargestellt, durch Übertragung der Schnittpunkte des Schifters mit der Gratsparren-Außenkante im Grundriss in das Nebendachprofil.

Bild 86 verdeutlicht schließlich den ganzen Vorgang noch einmal durch die Darstellung des fertigen Klauenschifters in seiner Lage am Gratsparren.

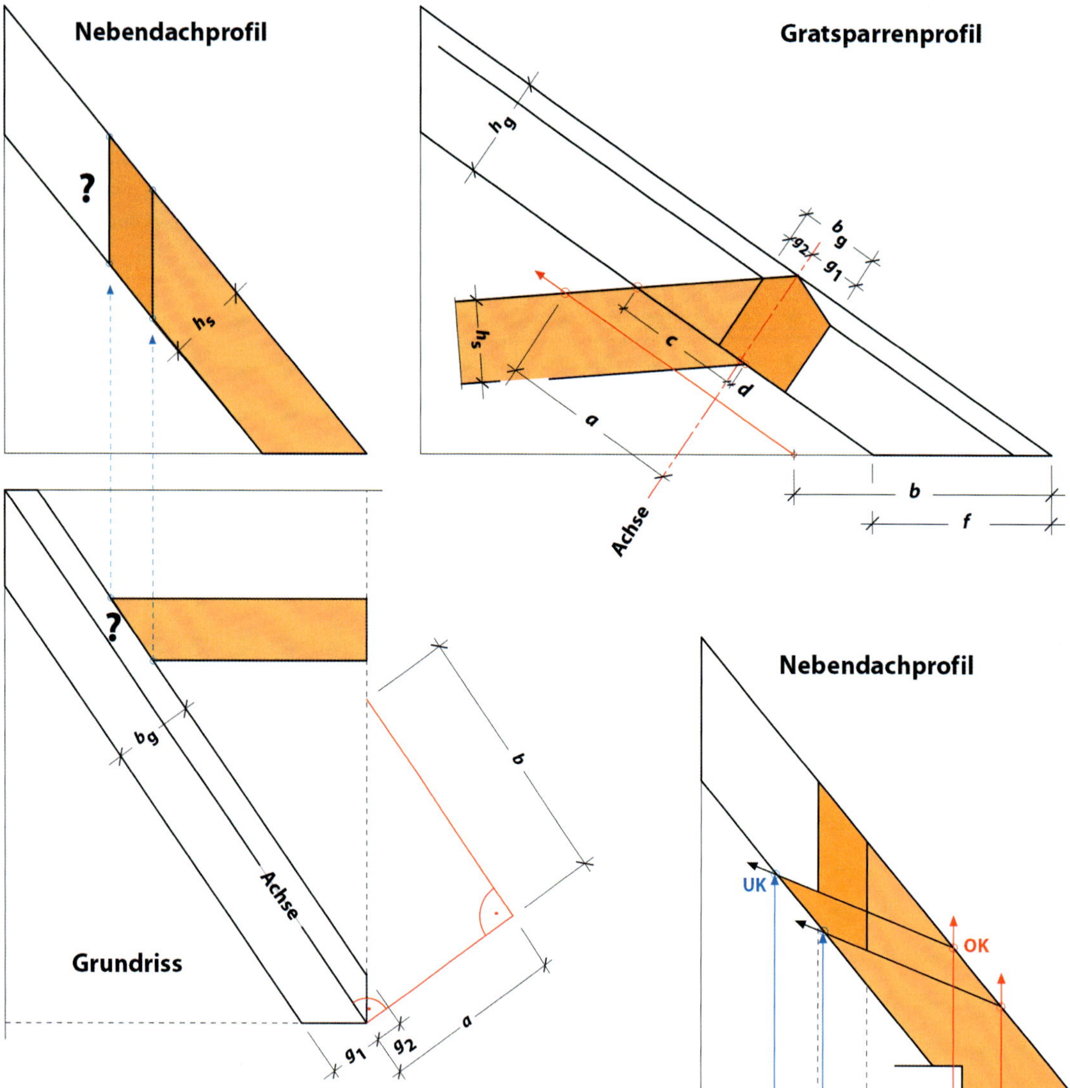

Bild 82: Methode mit Gratsparrenquerschnitt. Die Klaue muss in der Abbildungsebene Nebendachprofil sichtbar gemacht werden, damit das Schifterholz angerissen werden kann. In Grundriss und Nebendachprofil ist die Klaue hier noch unbekannt (?), dagegen ist sie im Gratsparrenprofil bereits zu sehen.

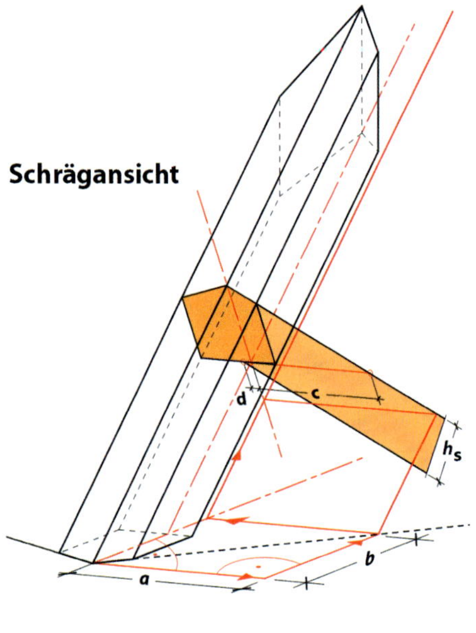

Bild 83: Räumliche Darstellung der Methode mit dem Gratsparrenquerschnitt.

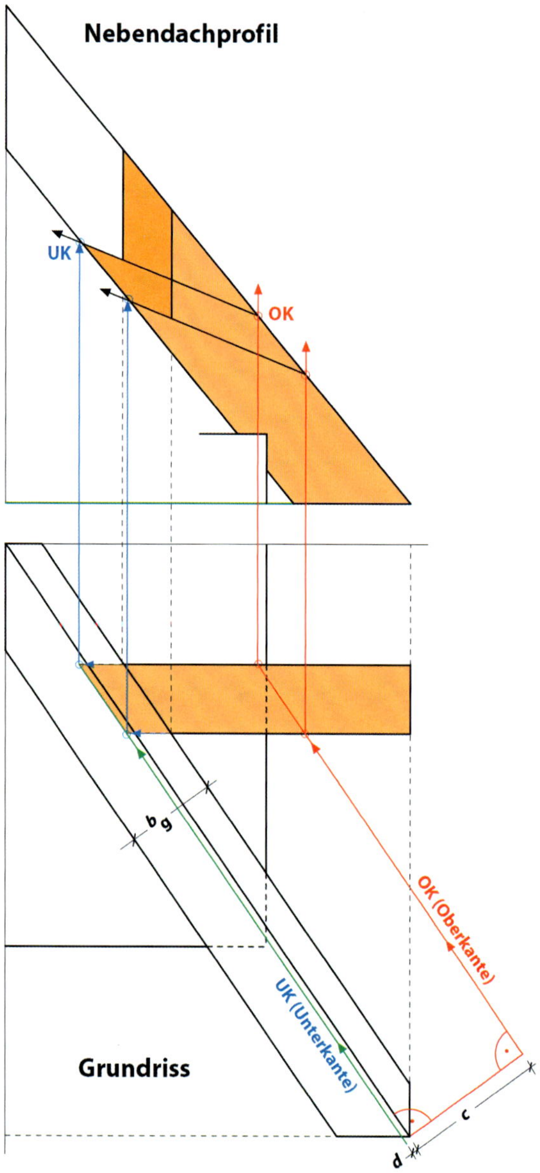

Bild 84: Die Maße **c** und **d** werden in den Grundriss übertragen. Die Schnittpunkte mit den Schifter-Außenkanten sind nun senkrecht in das Nebendachprofil zu projizieren. Damit stehen die Schnittkanten der Unterklaue fest und können auf das Holz übertragen werden.

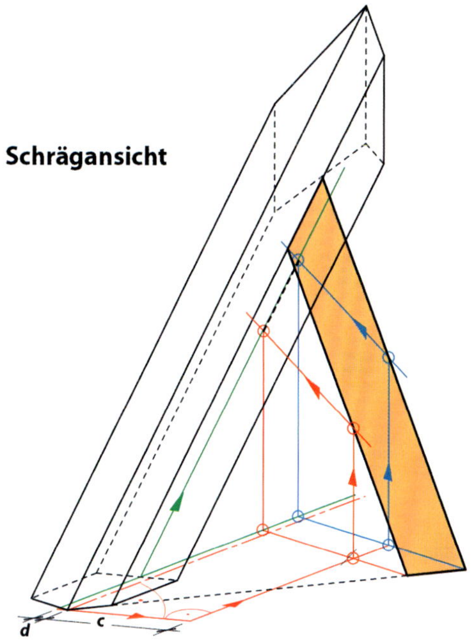

Bild 85: *Räumliche Darstellung der Übertragung der Maße **c** und **d** in den Grundriss und Projektion der Schnittpunkte in das Schifterprofil. Verbindet man die Schnittpunkte jeweils miteinander, entstehen die „Richtungslinien" für die Klauenschmiege.*

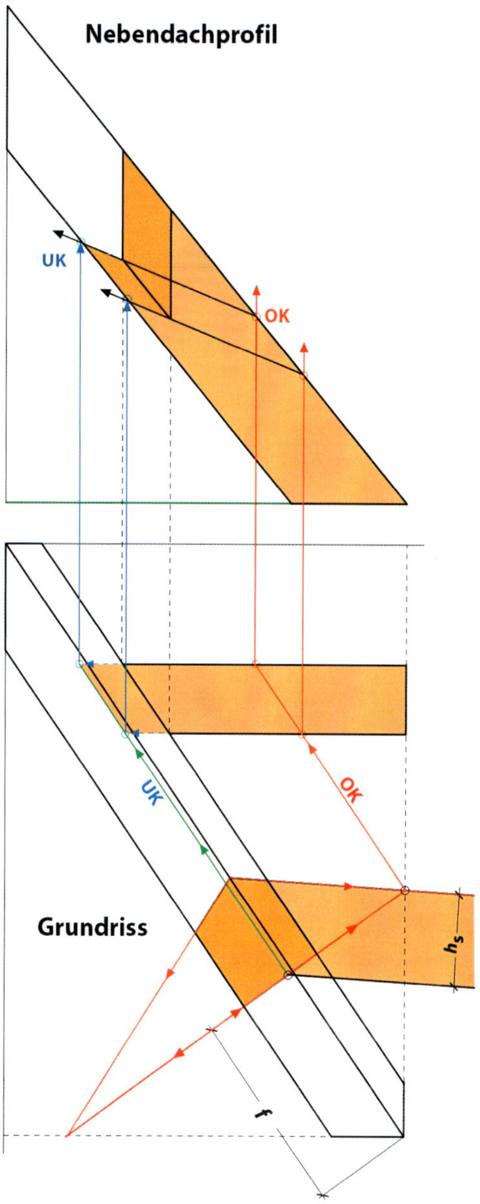

Bild 87: *„Verkürzte" Version der Methode: Der Gratsparrenquerschnitt ist in die Traufebene abgeklappt.*

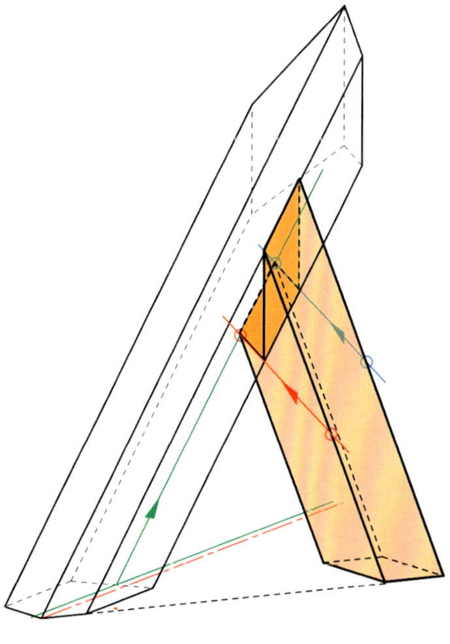

Bild 86: *Der fertige Schifter (hier ohne Pfettenklaue dargestellt) mit der fertigen Klaue am Gratsparren.*

Das Anreißen des Klauenschifterholzes erfolgt in der Abbildungsebene Nebendachprofil (**Bild 85**). Dort werden das Holz aufgelegt, die Kantenanfallspunkte übertragen und die Abschnittsrisse durch Verbinden der Anfallspunkte erzeugt.

Schließlich soll in **Bild 87** noch eine „verkürzte" und verblüffend einfach erscheinende Version der Methode gezeigt werden. Hier ist der Gratsparrenquerschnitt an der Verschneidungslinie der unteren Kantenfläche des Gratsparrens mit der waagerechten Traufebene in die Traufebene abgeklappt. Alle weiteren Vorgänge spielen sich im Prinzip ab wie bereits gezeigt.

C Methode mit Höhenlinien

Für die Ausführung dieser Methode werden Gratsparren- beziehungsweise Klauenschiftergrundriss, Gratprofil und Nebendachprofil benötigt. Sie können so aufgerissen werden, wie dies in **Bild 88** dargestellt ist.

Das Gratsparrenprofil wird dabei rechtwinklig zur Gratgrundlinie ausgetragen. Wird auf einen besonders übersichtlichen Aufriss Wert gelegt, sollte für die Konstruktion von Hilfslinien genügend Platz gelassen werden.

Schrittweise nachvollzogen kann der Aufriss mit der Höhenlinienmethode wie folgt aussehen:

- Das Gratsparrenprofil wird rechtwinklig zur Gratgrundlinie ausgetragen (**Bild 88** rechts oben).
- Im Gratprofil werden zwei waagerechte Höhenlinien in beliebigen Höhen (die eine im oberen, die andere im unteren Bereich des Profils) eingezeichnet. Diese schneiden die Unterkante des Gratsparrens in den zwei Punkten H_1 und H_2.
- Aus den Punkten H_1 und H_2 werden senkrechte Hilfslinien („senkrecht" auf das Gratprofil bezogen) in den Grundriss gezogen.
- Gleichzeitig werden **rechte** Kante (***R***)und **linke** Kante (***L***) des Klauenschifters so verlängert, dass sie die beiden Senkrechten in den Punkten H_{1re} und H_{1li} beziehungsweise H_{2re} und H_{2li} schneiden.
- Im Nebendachprofil werden die beiden Höhenlinien im Abstand h_1 beziehungsweise h_2 eingezeichnet.

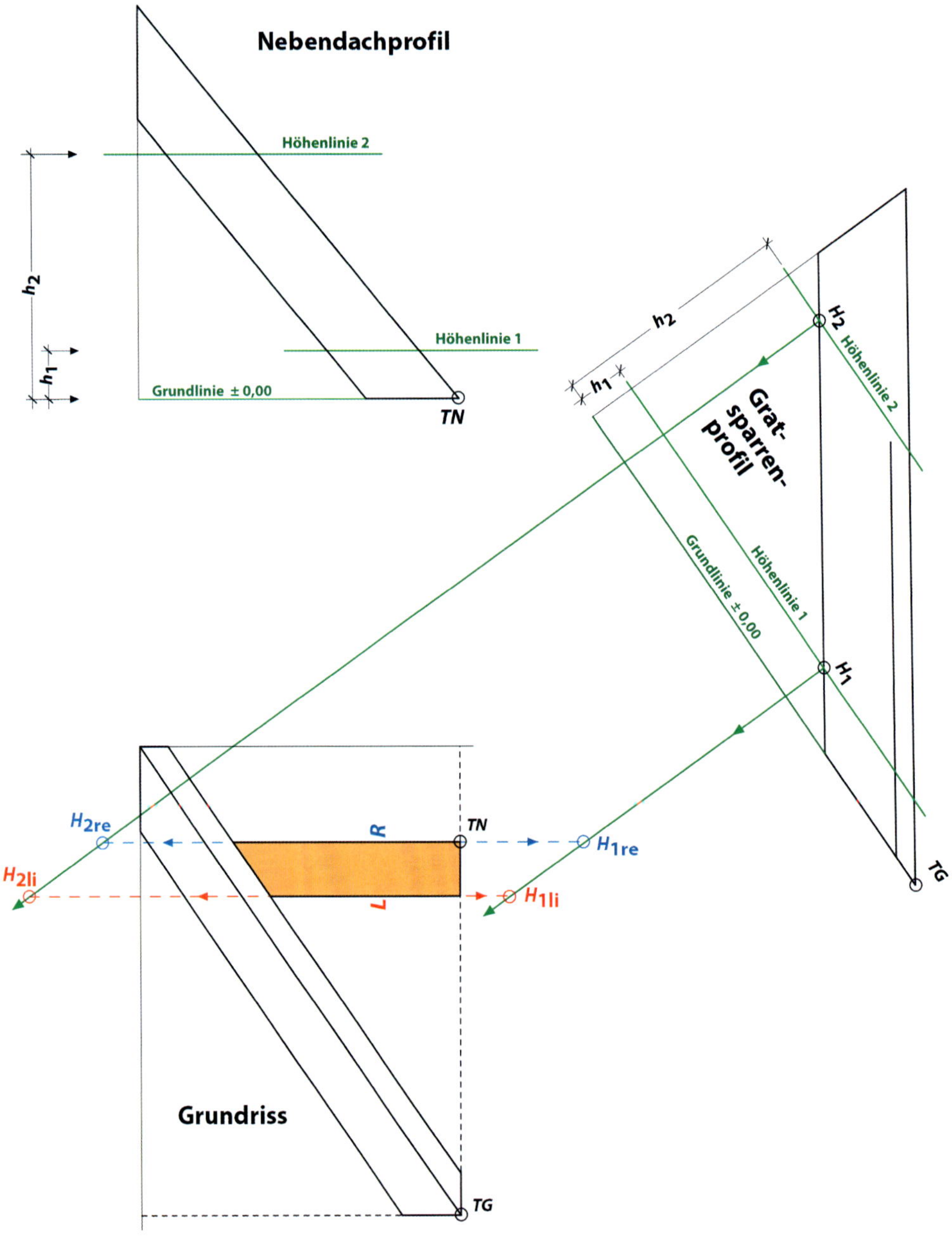

Bild 88: *Mögliche Anordnung von Grundriss und Profilen für die Durchführung der Methode mit Höhenlinien*

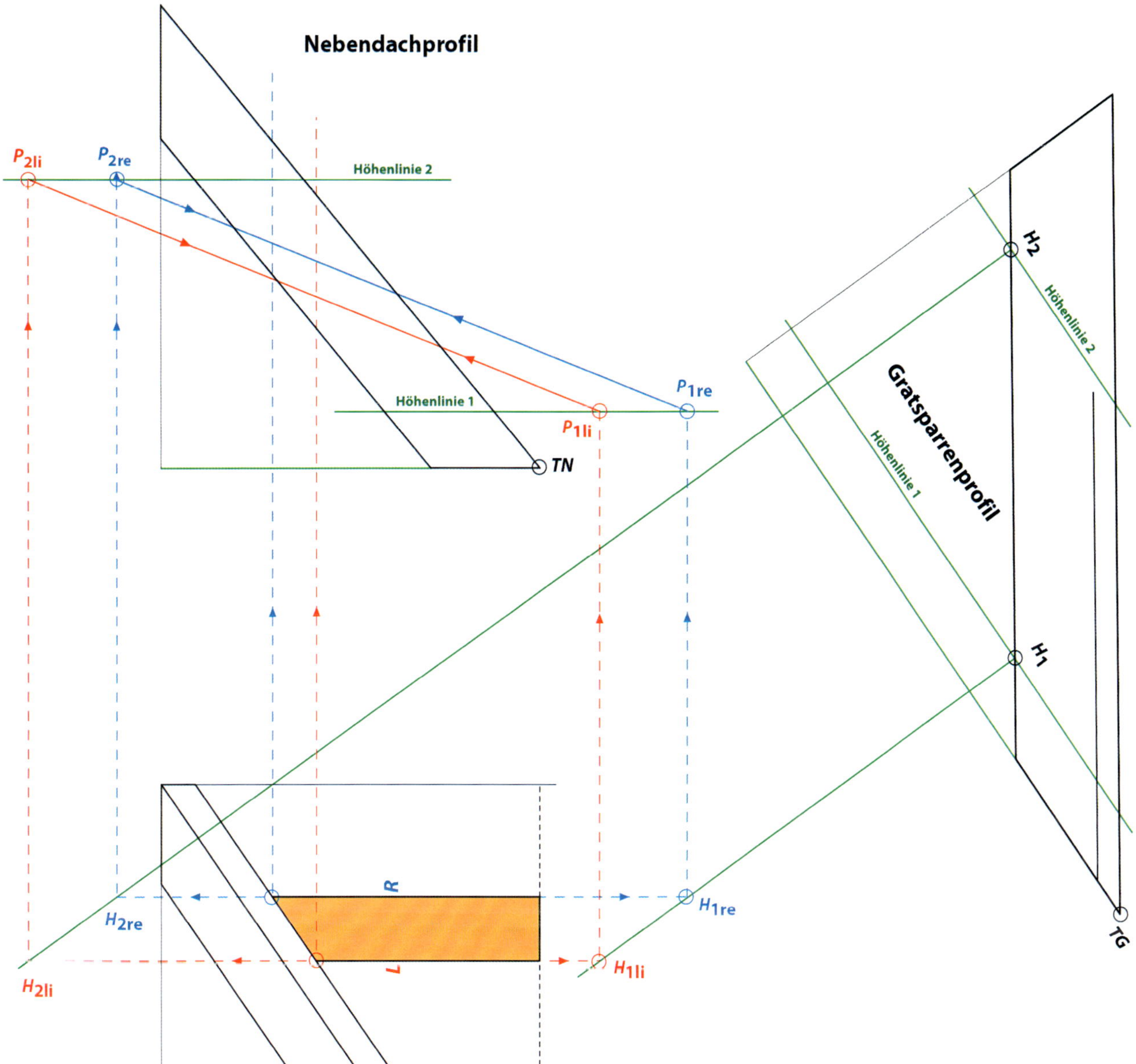
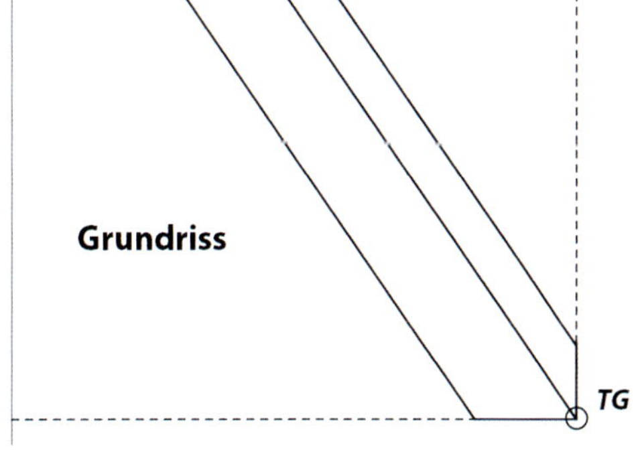

Bild 89: Entwicklung der Anreißlinien für die Klauenschmiege mit Hilfe der Höhenlinien-Methode

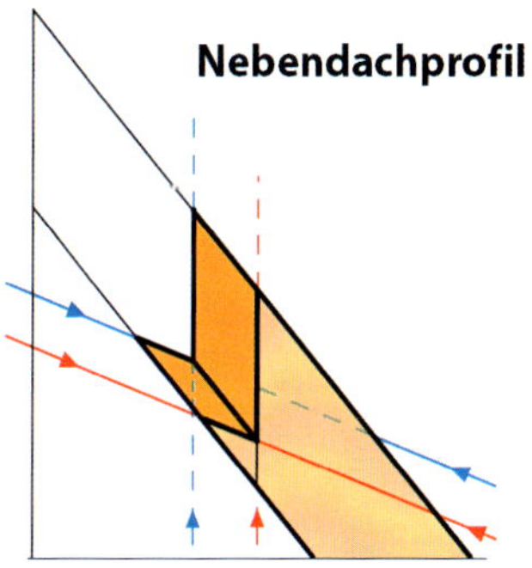

Bild 90: Ansicht der ausgearbeiteten Klaue im Nebendachprofil

- Senkrechte Hilfslinien aus den Punkten H_{1re}, H_{1li}, H_{2re} und H_{2li} schneiden diese Höhenlinien in den Punkten P_{1re}, P_{1li}, P_{2re} und P_{2li} (**Bild 89**).
- Die Verbindungslinien zwischen den Punkten P_{1re} und P_{2re} beziehungsweise P_{1li} und P_{2li} sind die Anreißlinien für die Richtung der Klauenschmiege an Innen- beziehungsweise Außenkante des Klauenschifters.
- Die Abschnittslinien der senkrechten Schifterschmiege werden – wie bereits aus den schon gezeigten Methoden bekannt – unmittelbar aus dem Grundriss in das Nebendachprofil übertragen.

Bild 90 zeigt im Detail die Ansicht der ausgearbeiteten Klaue im Nebendachprofil.

D Methode mit Verschneidungslinien

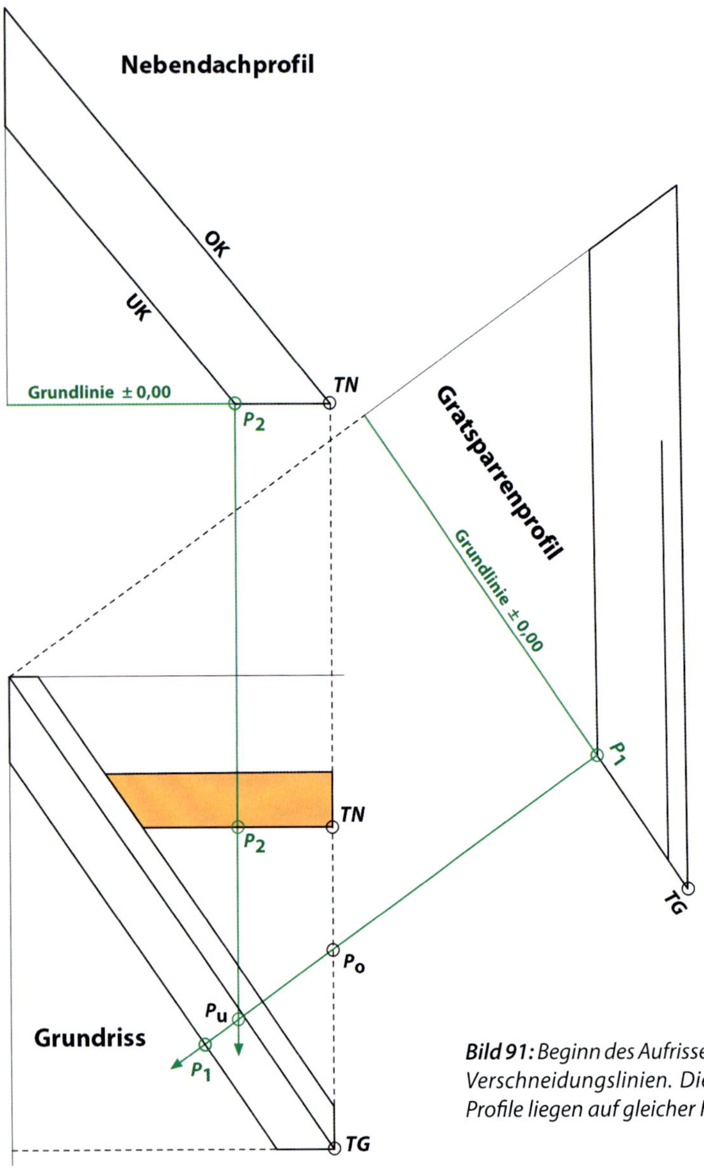

Bild 91: Beginn des Aufrisses zur Methode mit Verschneidungslinien. Die Grundlinien der Profile liegen auf gleicher Höhe!

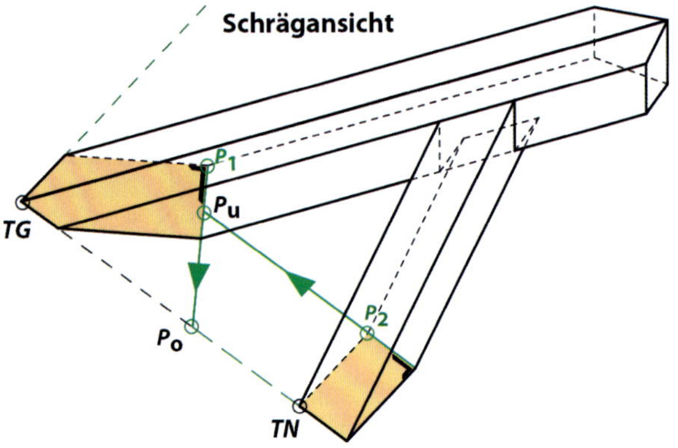

Bild 92: *Schrägansicht des Reißvorganges in* ***Bild 91****: Es spielt sich noch alles in der Ebene der Profil-Grundlinien ab.*

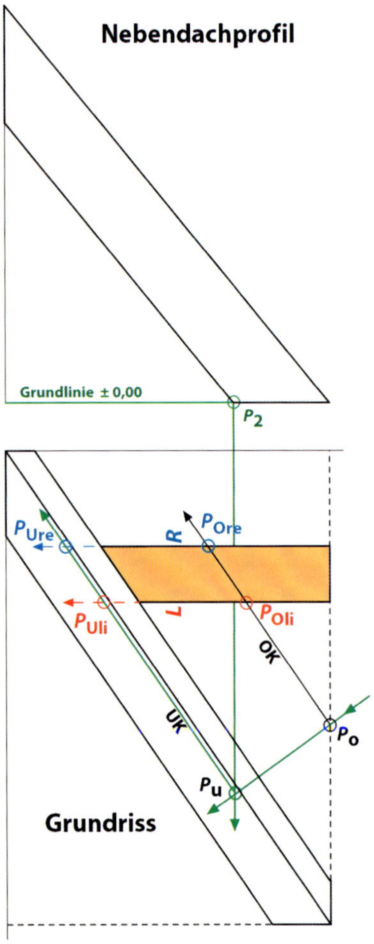

Bild 93: *Weiterführung des Aufrisses im Grundriss. Das Gratprofil ist weggelassen, weil es für die weiteren Schritte nicht mehr benötigt wird.*

Die Methode mit Verschneidungsliniengeht zurück auf Michael Riggenbachs„Schiften mit System". Sie geht ebenfalls aus von Grundriss, Nebendach- und Gratprofil. Sie werden aufgerissen, wie bereits in **Bild 88** gezeigt.
Der Aufriss kann folgendermaßen vor sich gehen (**Bild 91**):

- Aus dem Punkt, in dem die Unterkante des Gratsparrens und die waagerechte Grundlinie durch den Traufpunkt sich schneiden, wird eine senkrechte Hilfslinie („senkrecht" im Sinne des Gratprofils) in den Grundriss gezogen. Sie schneidet die Traufgrundlinie des Nebendaches im Punkt **P_o**.
- Aus dem Punkt, in dem die Unterkante des Nebendachsparrens und die waagerechte Grundlinie durch den Traufpunkt sich schneiden, wird eine senkrechte Hilfslinie („senkrecht" im Sinne des Nebendachprofils) in den Grundriss gezogen. Sie schneidet die Senkrechte aus dem Gratprofil im Punkt **P_u**. Eine Schrägansicht dieses Vorganges zeigt **Bild 92**.
- Parallel zur Gratgrundlinie wird eine Gerade **OK** (= **O**ber**k**ante) durch Punkt **P_o** gezogen. Diese Gerade schneidet die rechte Kante und die linke Kante des Klauenschifters in den Punkten **P_{Ore}** (***R***) und **P_{Oli}** (***L***) (**Bild 93**).
- Parallel zur Gratgrundlinie wird eine Gerade **UK** (= **U**nter**k**ante) durch Punkt **P_u** gezogen. Sie schneidet die im Grundriss verlängerten Kanten des Klauenschifters in **P_{Uli}** und **P_{Ure}** (**Bild 93**).

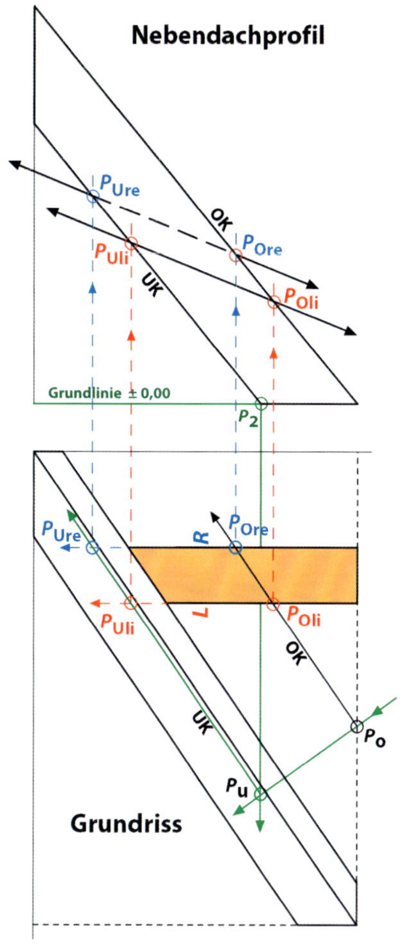

Bild 94: *Übertragung der „Richtungspunkte" in das Nebendachprofil. Die Richtung der Klaue ist damit von der Schifter-Oberkante (**OK**) zur Schifter-Unterkante (**UK**) hin festgelegt (siehe auch **Bild 97**).*

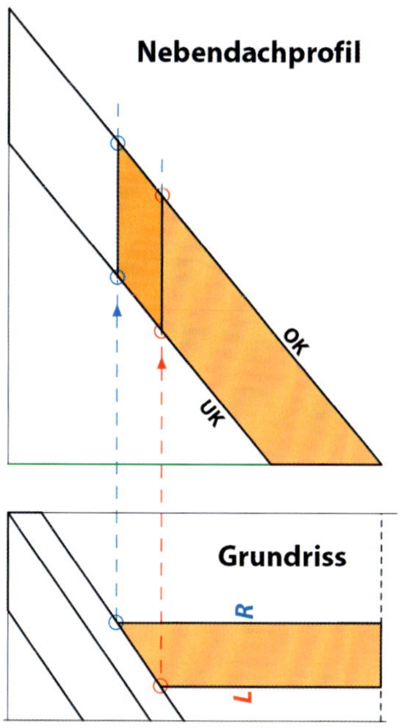

Bild 96: *Festlegung der Senkelschmiege des Schifters aus dem Grundriss (siehe auch **Bild 98**)*

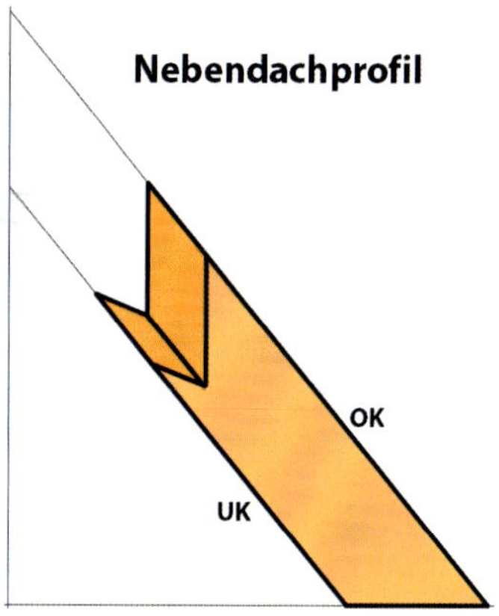

Bild 98: *Ansicht des ausgearbeiteten Klauenschifters im Nebendachprofil*

- Aus P_{Oli}, P_{Ore}, P_{Uli} und P_{Ure} werden nun senkrechte Hilfslinien in das Nebendachprofil gerissen. Es entstehen je zwei Punkte auf der Oberkante und auf der Unterkante des Klauenschifters.
- Verbindet man die zusammengehörigen Punkte P_{Oli} und P_{Uli} beziehungsweise P_{Ore} und P_{Ure}, so erhält man die Anreißlinien der Klauenschmiege auf Vorder- und Hinterkante des Klauenschifters (**Bild 94** und **Bild 95**).
- Die Anreißlinien für die senkrechte Schifterschmiege werden wieder senkrecht aus dem Grundriss in das Nebendachprofil übertragen (**Bild 96** und **Bild 97**).

Bild 98 schließlich zeigt die ausgearbeitete Klaue in der Ansicht des Nebendachprofils.

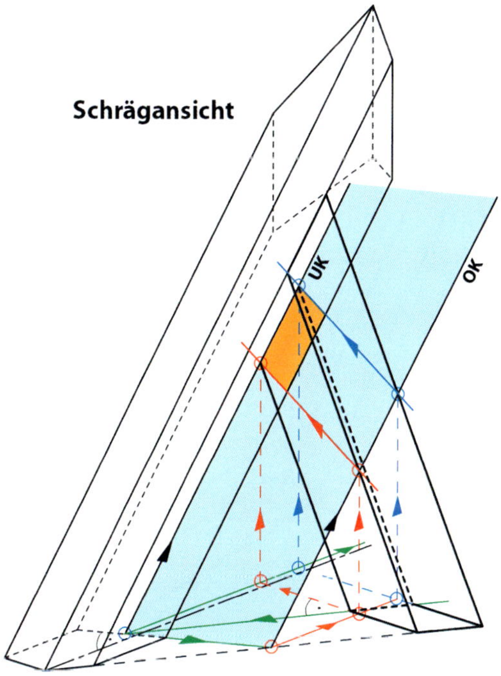

Bild 95: *Die Abschnittsfläche der Klaue (braun angelegten) liegt in der konstruierten und hellblau angelegten Schnittfläche.*

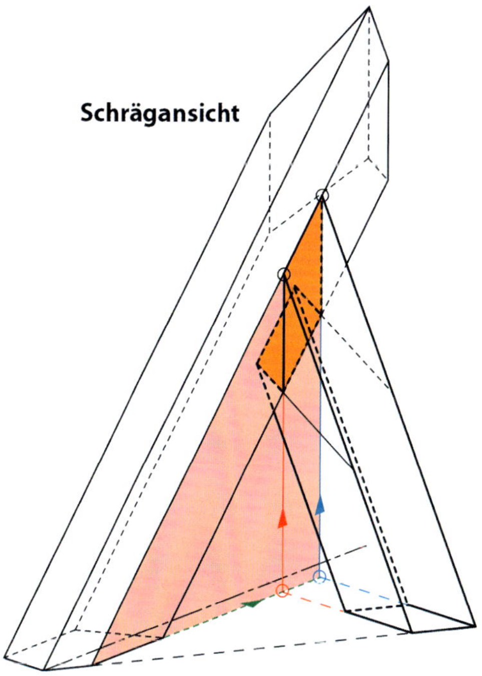

Bild 97: *Die Senkelschmiege des Schifters liegt in der Ebene der Seitenfläche des Gratsparrens.*

E Methode mit ausgeklappten Verschneidungslinien

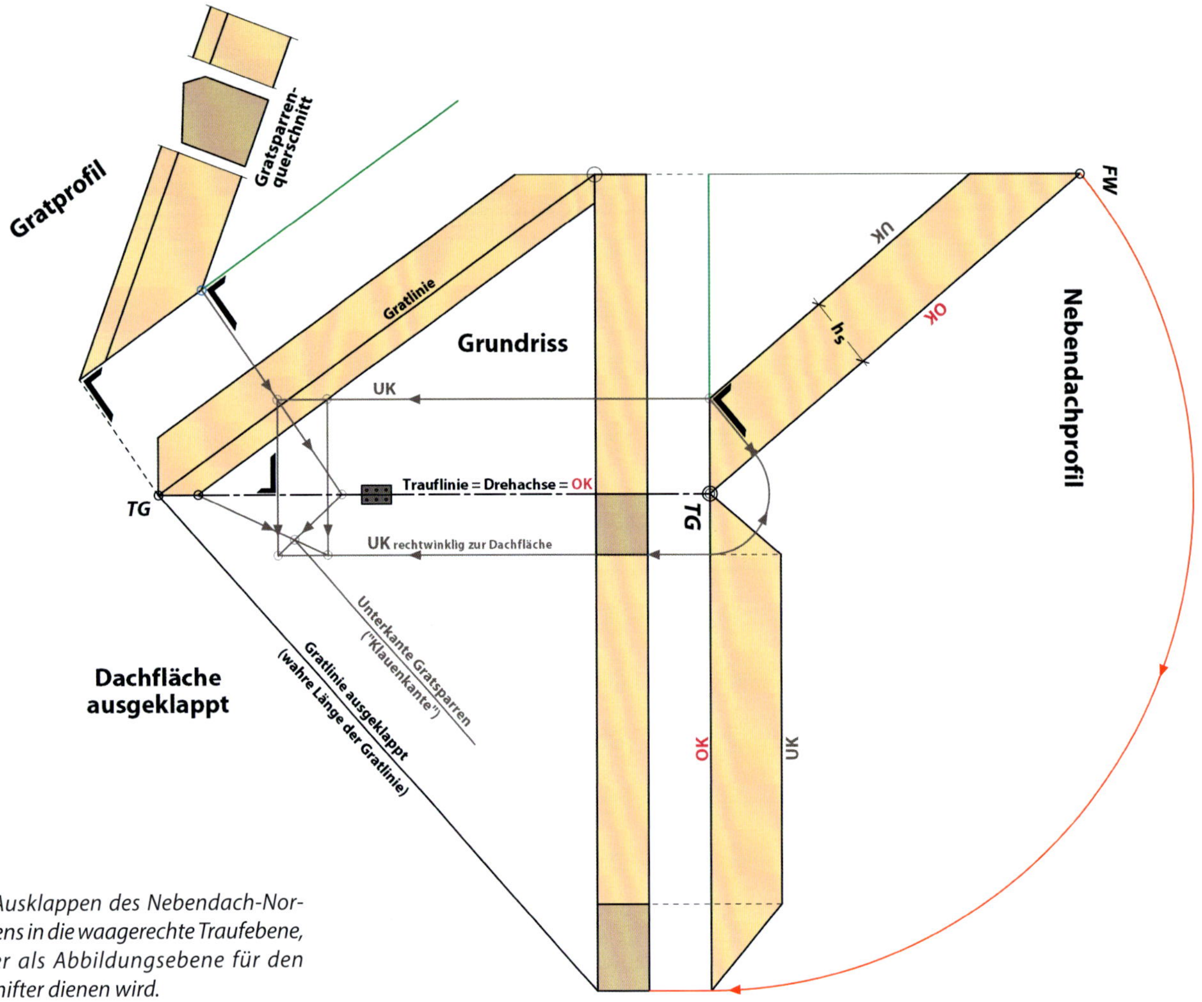

Bild 99: Ausklappen des Nebendach-Normalsparrens in die waagerechte Traufebene, die später als Abbildungsebene für den Klauenschifter dienen wird.

Wie **Bild 99** zeigt, ist bei dieser Methode die Nebendachfläche in die waagerechte Ebene der Trauflinie gedreht.
Die Methode geht auf Michael Riggenbachs „Schiften mit System" zurück.

Bild 100 verdeutlicht den Vorgang anhand des Nebendach-Normalsparrens.

Durch die in **Bild 99** vorgenommene Übertragung von Punkten auf Oberkante (**OK**) und Unterkante (**UK**) des Nebendach-Normalsparrens in den Grundriss lassen sich die „Kantenrichtungen" beziehungsweise Verschneidungslinien im Grundriss festlegen.

Drehachse für die Ausklappung ist die Trauflinie der Nebendachfläche.

Die Nebendachfläche wird mit der waagerechten Traufebene in Deckung gebracht. Die Traufebene kann so als Abbildungsebene für alle in der Nebendachfläche liegenden Hölzer herangezogen werden.

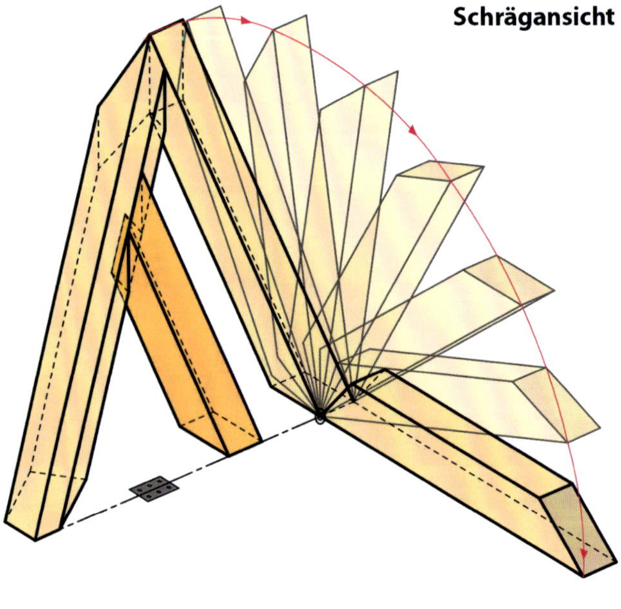

Bild 100: Ausklappen des Nebendach-Normalsparrens. Drehachse ist die Nebendach-Trauflinie.

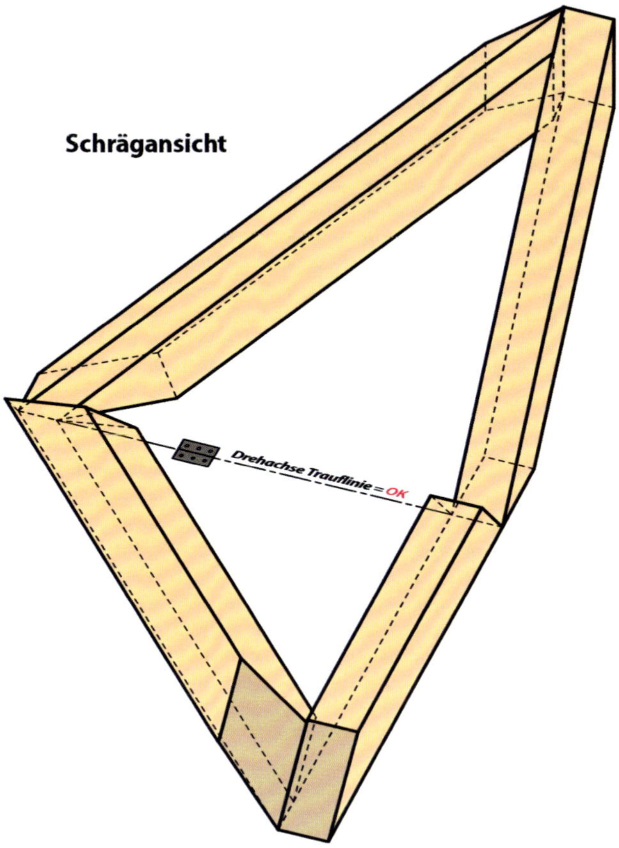

Bild 101: Hier sind Nebendach-Normalsparren und Gratsparren in die Traufebene ausgeklappt.

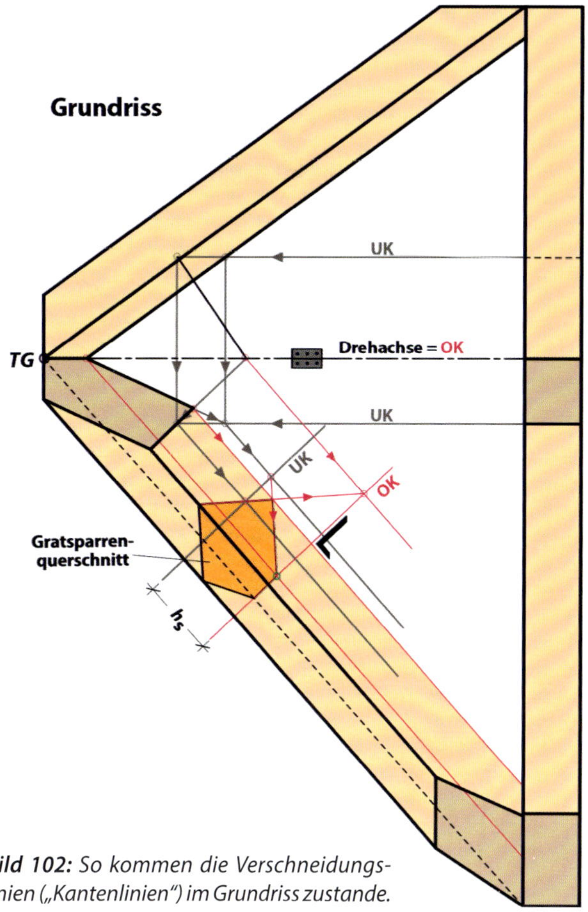

Bild 102: So kommen die Verschneidungslinien („Kantenlinien") im Grundriss zustande.

Zum besseren Verständnis ist in **Bild 101** neben dem Normalsparren auch der Gratsparren in die Abbildungsebene (die Traufebene) ausgeklappt. Betrachtet man nun den Reißvorgang von **Bild 99** anhand des in die Traufebene ausgeklappten Gratsparrens in **Bild 102**, so wird das „Entstehen" der Verschneidungslinien deutlich.

Vom Klauenschifter war bisher noch nicht die Rede, er war für die Ausklappung der Verschneidungslinien auch noch nicht erforderlich. In **Bild 103** ist er nun in den bisherigen Aufriss „eingebaut". Wie der Normalsparren ist er in die Abbildungsebene, die waagerechte Ebene durch die Traufe, ausgeklappt. Der Fußpunkt sieht aus wie beim Normalsparren. Die Klaue ergibt sich durch die eben in die Abbildungsebene entwickelten Verschneidungslinien.

Die Schnittpunkte der Außenkanten des Klauenschifters können in dieser Lage auf das Klauenschifterholz übertragen werden. Zum besseren Verständnis sind der ausgeklappte Gratsparren und der Gratsparrenquerschnitt noch einmal angedeutet. Schließlich ist der ausgearbeitete und umgekantete Klauenschifter mit den nun sichtbaren Klauenschmiegeflächen nach links herausgezeichnet.

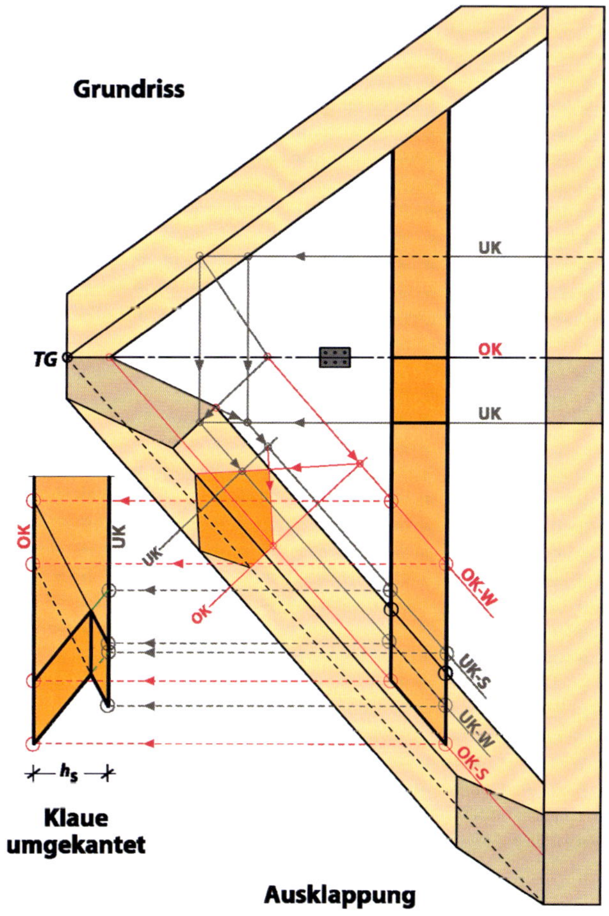

Bild 103: Mit den Verschneidungslinien kann das Schifterholz angerissen werden.

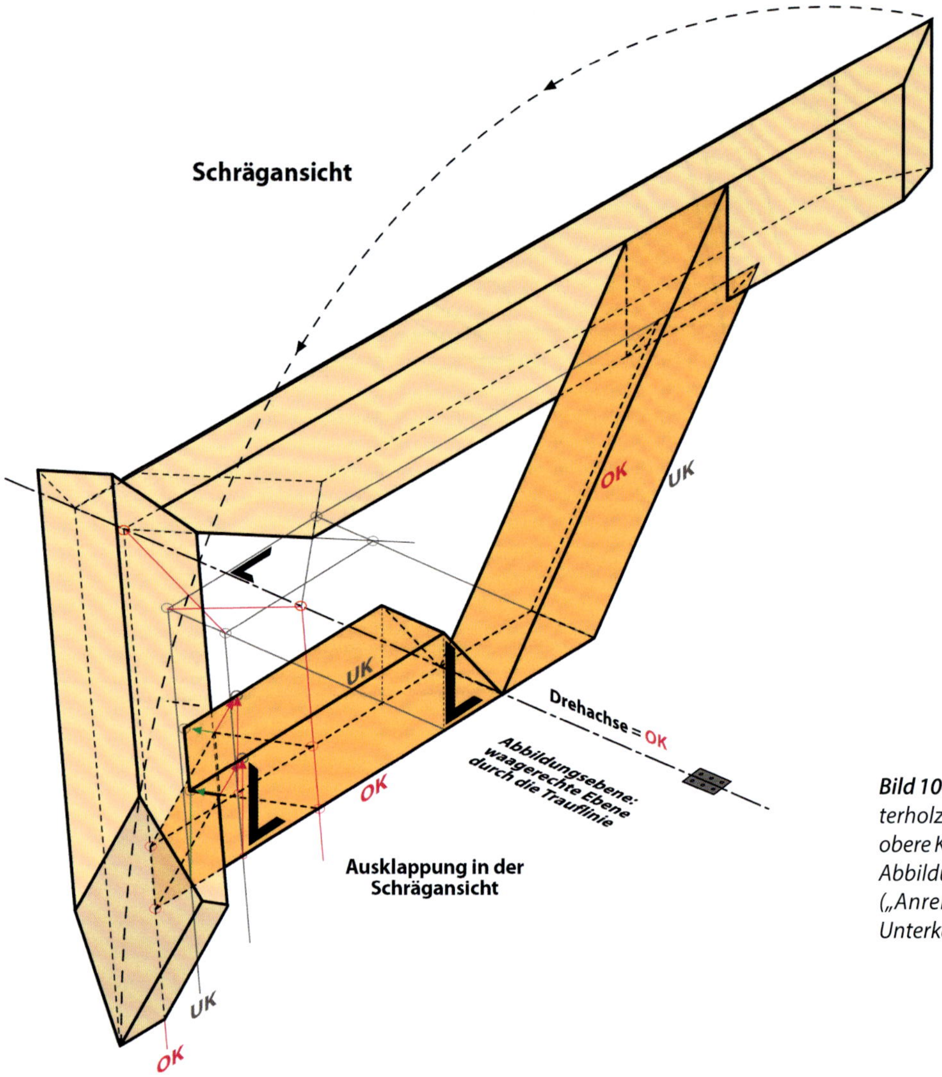

Bild 104: *Die Situation, in der das Klauenschifterholz angerissen wird: Die Oberkante (die obere Kantenfläche) des Schifters liegt auf der Abbildungsebene auf. Die Verbindungslinien („Anreißlinien") der Punkte auf Ober- und Unterkante sind grün eingezeichnet.*

Den Anreißvorgang zeigt **Bild 104** in einer Schrägansicht aus einer neuen Richtung.

Dabei sind alle beteiligten Hölzer dargestellt: Gratsparren und Klauenschifter sind in die waagerechte Traufebene (gleichzeitig Ebene der Aufrissplatte und damit Abbildungsebene) ausgeklappt.

Die obere Kantenfläche (**OK**) des Klauenschifters liegt nun unten und unmittelbar auf der Abbildungsebene.

Die Punkte auf der unteren Kantenfläche (**UK**) des Schifterholzes müssen mit Hilfe des Winkeleisens rechtwinklig von der Abbildungsebene zur Kante übertragen werden.

Bild 105 verdeutlicht den Vorgang, wobei nur noch der Grundriss aus dem Aufriss in **Bild 99** und das aufgelegte, bereits ausgearbeitete Klauenschifterholz dargestellt sind.

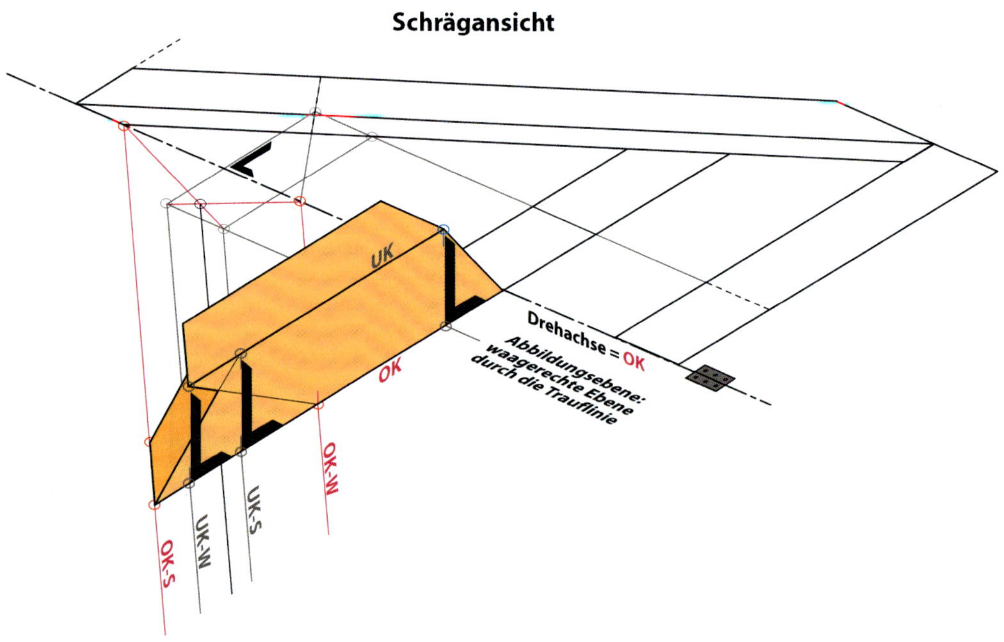

Bild 105: *Hier sind alle anderen Hölzer weggelassen. Der bereits ausgearbeitete Klauenschifter liegt auf der Abbildungsebene. Die Punkte auf der Unterkante des Klauenschifters werden mit dem Winkeleisen rechtwinklig von der Reißplatte übertragen.*

F Methode mit abgeklapptem Gratsparrenquerschnitt

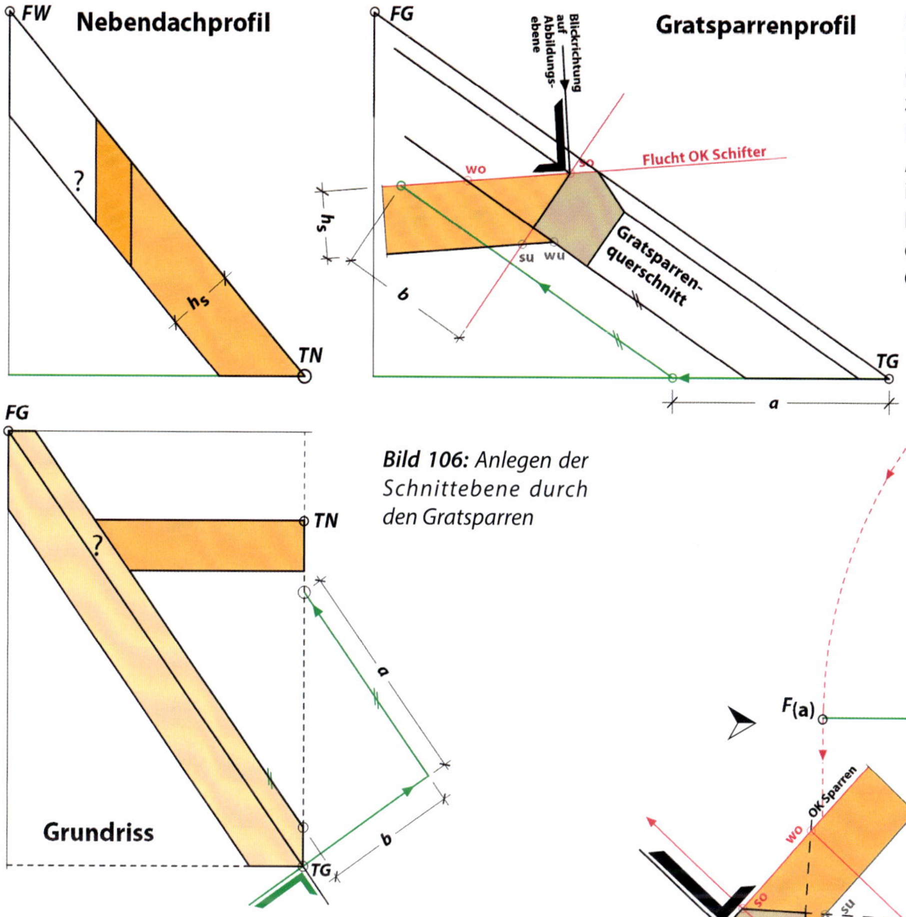

Bild 106: Anlegen der Schnittebene durch den Gratsparren

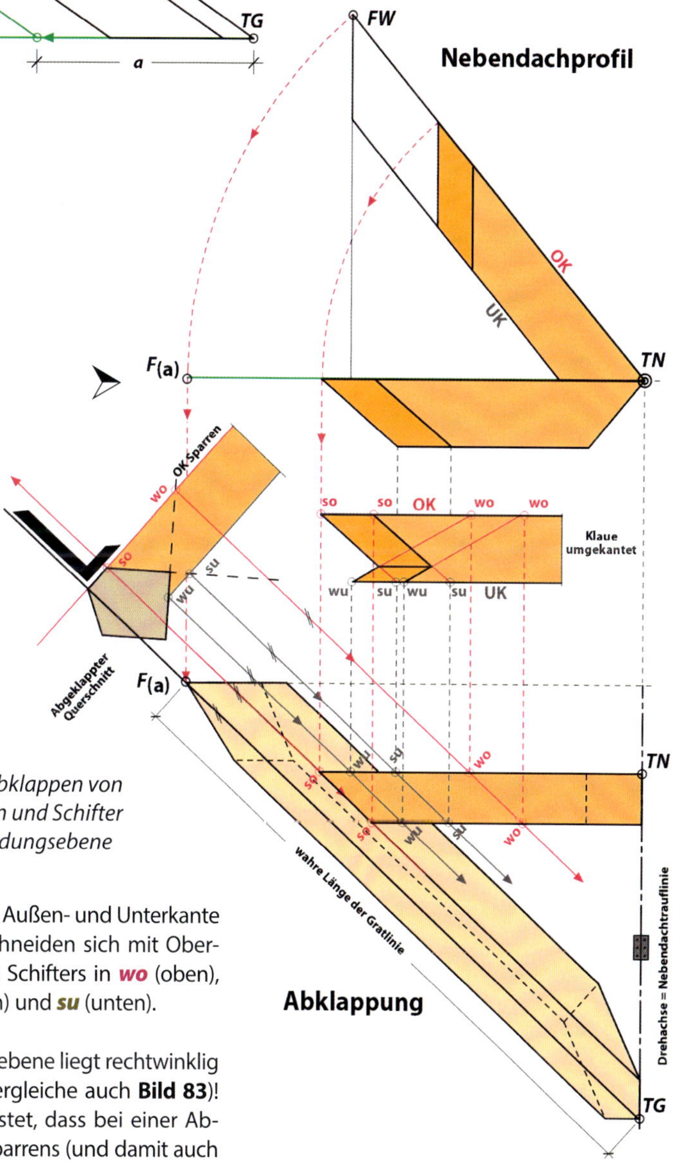

Bild 107: Abklappen von Gratsparren und Schifter in die Abbildungsebene

Bei der gerade gezeigten Methode ging es um „***aus***geklappte" Verschneidungslinien. Wenn hier nun von einem „***ab***geklappten" Gratsparrenquerschnitt gesprochen wird, verdeutlicht dies die Richtung des Klappvorganges. Beim ***Aus***klappen wird der betroffene Stab „aus der Konstruktion herausgeklappt" (vergleiche **Bild 100**). Beim ***Ab***klappen fällt der Stab sozusagen „hinab" und „in die Konstruktion hinein".

Die „Methode mit abgeklapptem Gratsparrenquerschnitt" könnte man auch kürzer „Methode mit abgeklapptem Gratsparren" nennen. Weil der Gratsparrenquerschnitt die Hauptrolle bei dieser Methode spielt, wurde die erstere Bezeichnung gewählt. Ausgangslage ist – wie gehabt – eine Anordnung von Grundriss, Nebendachprofil und Gratsparrenprofil (**Bild 106**). In das Gratsparrenprofil wird der rechtwinklig zur Gratsparrenachse angelegte Gratsparrenquerschnitt eingezeichnet. Die Richtung der Abgratung zum Klauenschifter hin wird mit den Strecken ***a*** und ***b*** und dem gezeigten Verfahren ermittelt.

An der so entstandenen Oberkante (**OK**) des Klauenschifters kann die Höhe h_s des Schifters angetragen werden. Außen- und Unterkante des Gratsparrens schneiden sich mit Ober- und Unterkante des Schifters in ***wo*** (oben), ***wu*** (unten), ***so*** (oben) und ***su*** (unten).

Wichtig: Die Schnittebene liegt rechtwinklig zum Gratsparren (vergleiche auch **Bild 83**)! Damit ist gewährleistet, dass bei einer Abklappung des Gratsparrens (und damit auch seines Querschnitts) die durch die Lage der Punkte festgelegten Richtungen der Klauenschmiegen unverändert bleiben. Nur so können in der Abbildungsebene die wahren Verschneidungslinien erzeugt werden.

Diese Erzeugung der Verschneidungslinien in der Abbildungsebene (der waagerechten Ebene durch die Trauflinie) ist in **Bild 107** gezeigt. Gratsparren und Schifter sind mit Drehachse Nebendachtrauflinie in die waagerechte Ebene durch die Trauflinie, (gleichzeitig Grundrissebene) abgeklappt. Aus dem Firstpunkt des Nebendachprofils ***FW*** wird der „abgeklappte" Firstpunkt $F_{(g)}$. Die Gratlinie in der Abklappung ist grün eingezeichnet. Rechtwinklig zu dieser Gratlinie in der Abbildungsebene (dem Grundriss) kann nun der Gratsparrenquerschnitt aus **Bild 106** mit allen zugehörigen Punkten angetragen werden. Parallelen zur abgeklappten Gratlinie durch die Punkte ***wo***, ***wu***, ***so*** und ***su*** schneiden sich mit den Außenkanten des abgeklappten Schifters.

Jetzt kann das Schifterholz auf die Abbildungsebene gelegt und angerissen werden.

Bild 108 verdeutlicht den Vorgang der Abklappung in einer dreidimensionalen Ansicht. Die Abgratungsfläche des Gratsparrens auf der Nebendachseite liegt im abgeklappten Zustand in der Abbildungsebene, dem Grundriss. Gleichzeitig wurde auch die obere Kantenfläche des Klauenschifters mit der Abbildungsebene in Deckung gebracht.

In **Bild 109** ist das Zustandekommen der Klaue durch die Darstellung des abgeklappten Gratsparrens im Grundriss besser zu erkennen.

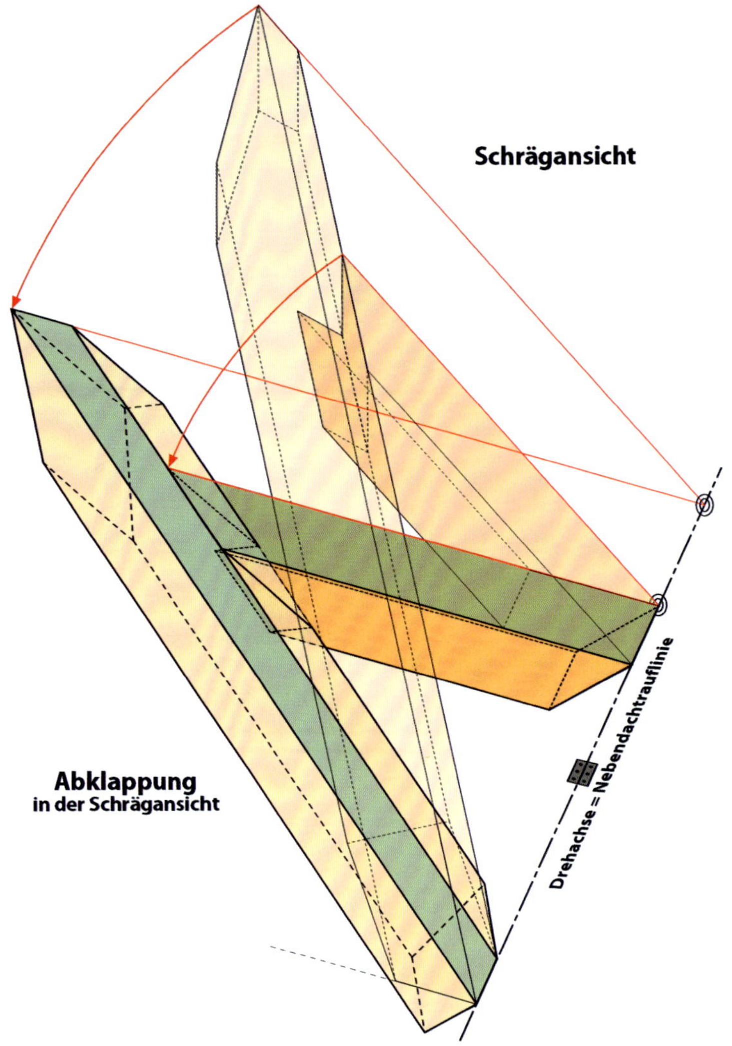

Bild 108: Der Vorgang der Abklappung von Klauenschifter und Gratsparren in die Abbildungsebene. Drehachse ist die Nebendachtrauflinie.

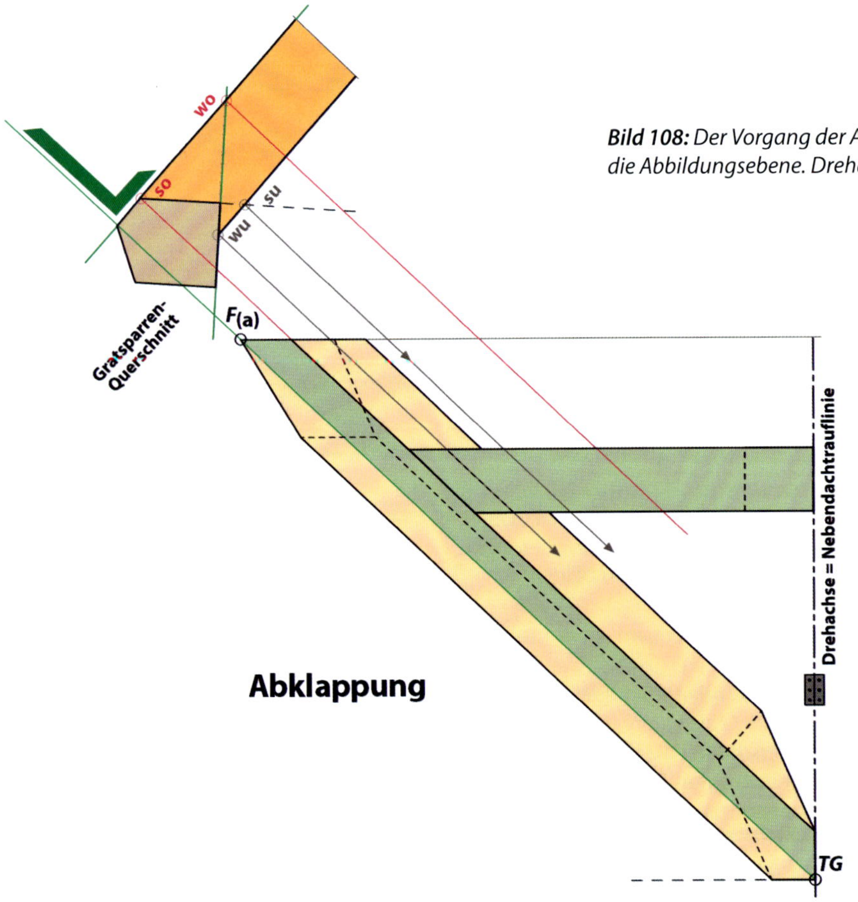

Bild 109: Darstellung der abgeklappten Hölzer mit den in der Abbildungsebene (hier ***grün*** *eingefärbt) liegenden Flächen.*

Schlussbemerkung

Alle gezeigten Methoden führen – wenn sie genau genug ausgeführt sind – zum gleichen Ergebnis. Sicherlich wurde aber auch deutlich, dass es mehr oder weniger „umständliche" Methoden gibt, um dieses Ergebnis zu erzielen.

Die „Hohe Schule des Schiftens" besteht nicht darin, den spektakulärsten, elegantesten oder gerade in Mode befindlichen Weg zu beschreiten, sondern jeweils die Methode anzuwenden, die am übersichtlichsten, sichersten und schnellsten zum Ziel führt.

Der Blick dafür, welches „Problem" mit welcher Methode optimal zu lösen ist, ist und bleibt eine Sache der Erfahrung und der eingehenden Beschäftigung mit den Grundlagen des Schiftens: der Geometrie der Ebene und des Raumes.

Klauenbug über Eck

Eine „Flächenschiftung“ mit Anleitung zum Modellbau

Ein über Eck liegender Klauenbug kann mit Hilfe des „Flächigen Schiftens“ ausgetragen und angerissen werden. Die Aufgabe ist leichter nachzuvollziehen, wenn ein Modell gebaut wird.

Thema der Schiftung ist ein „Klauenbug über Eck“, wie er in **Bild 110** in verschiedenen Schrägansichten dargestellt ist.

Zum Nachbau als Modell können folgende Holzdimensionen (***b*** × ***h*** × ***l***, Maße in mm) empfohlen werden:

Pfosten (Stab *I*):	30 × 30 × 130
Schwelle (Stab *II*):	30 × 30 × 130
Schwelle (Stab *III*):	30 × 30 × 130
Klauenbug:	25 × 25 × 180

Bild 111 zeigt die Aufgabenstellung mit der Festlegung verschiedener Punkte und den gegebenen Maßen in der Draufsicht und einer Seitenansicht.

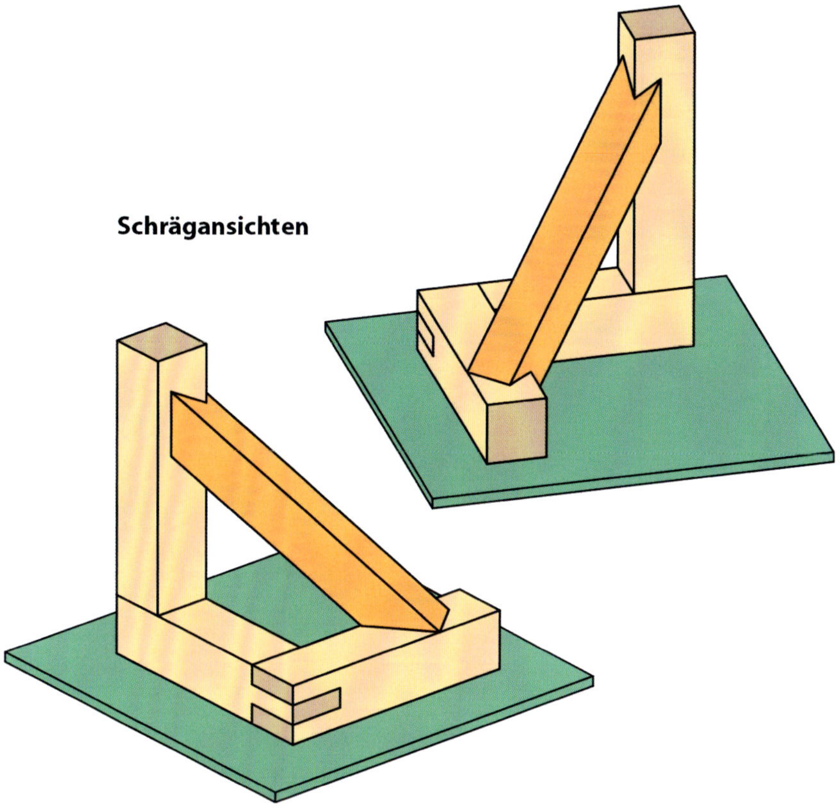

Bild 110: Das Thema der Schiftung, ein „Klauenbug über Eck“, in zwei unterschiedlichen Schrägansichten.

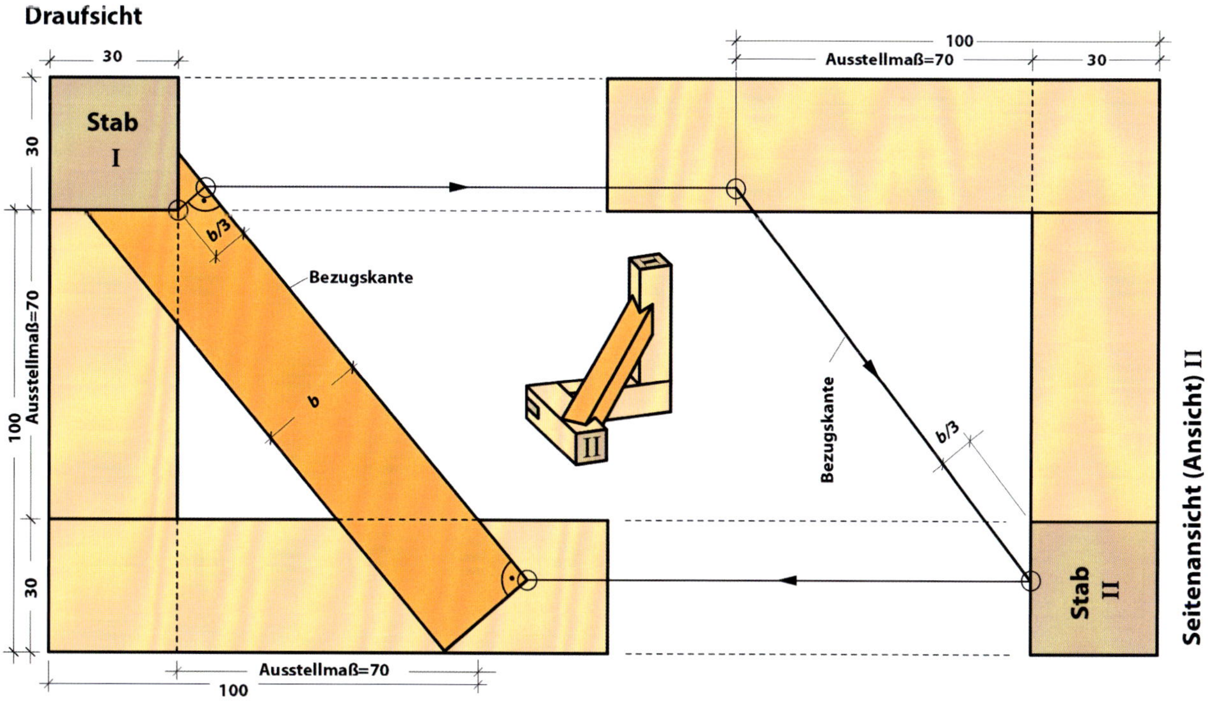

Bild 111: Die Aufgabenstellung mit der Festlegung verschiedener Punkte, der Entwicklung der Bezugskante über zwei Profile und der Bemaßung für die Ausführung als Modell.

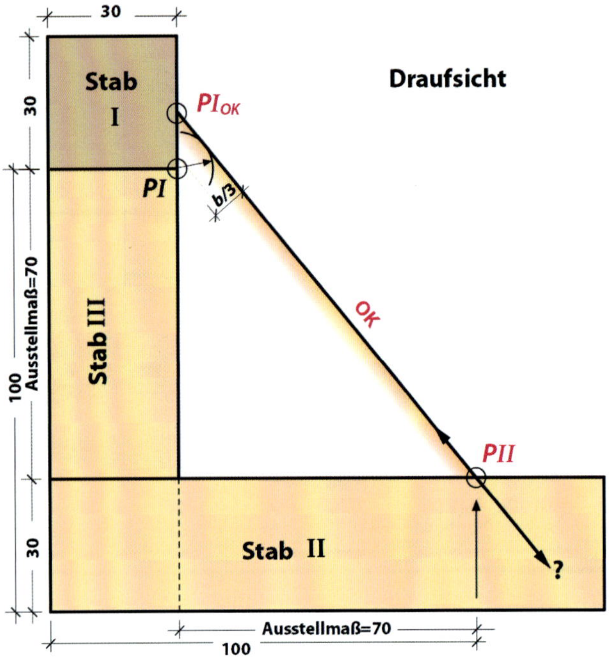

Bild 112: *Festlegen der Punkte* ***PIOK*** *und* ***PII*** *und Reißen der* ***„OK-Kante“. „OK“ bedeutet die Oberkante des Klauenbugholzes, wenn es – später – zum Anreißen auf der Anreißebene (zum Beispiel auf der Reißplatte) liegt.***

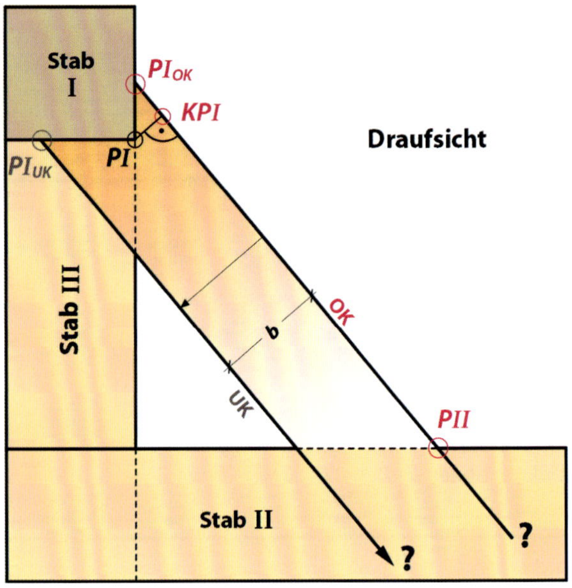

Bild 113: *Reißen der* ***„UK-Kante“*** *des Klauenbuges als Parallele zur* ***„OK-Kante“*** *im Abstand* ***b****. Am Pfosten entsteht der Anfallspunkt* ***PIUK****.*

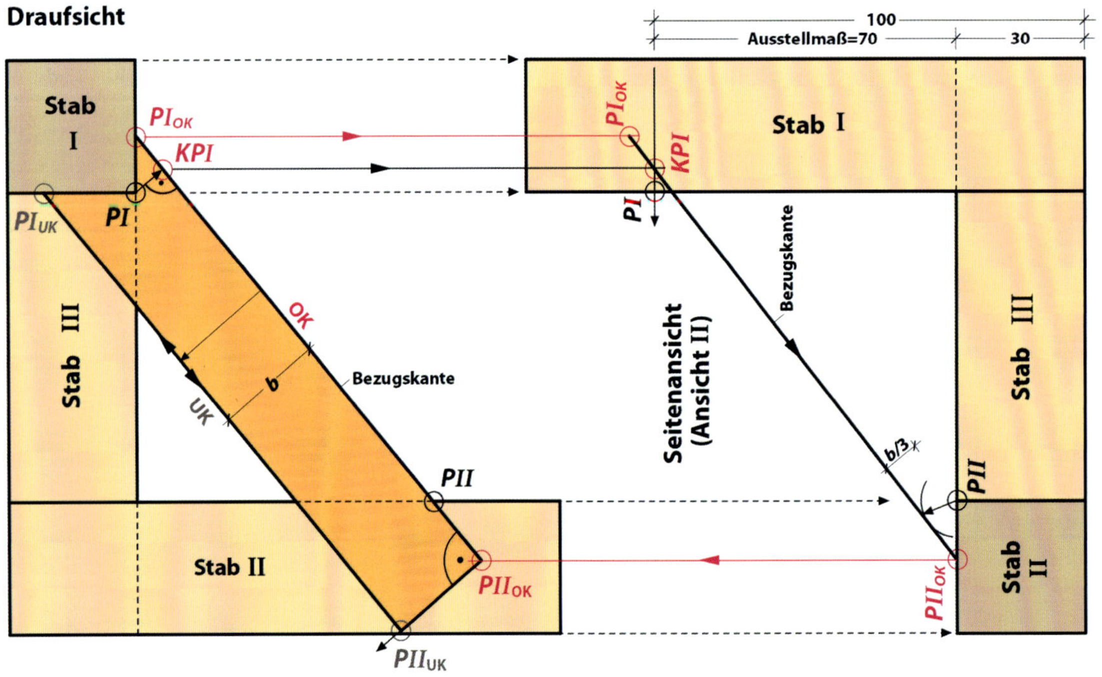

Bild 114: *Nach dem Reißen der* ***„UK-Kante“*** *des Klauenbuges sind alle Voraussetzungen gegeben, um eine Klappung vorzunehmen.*

Die Schiftung

Die Schiftung beginnt mit dem Reißen der Draufsicht und kann wie folgt ablaufen:

1. Aufreißen der Schwellen (Stäbe II und III) und des Pfostens (Stab I) in der Draufsicht mit den gegebenen Maßen (**Bild 112**).

2. Festlegen der Anfallspunkte ***PI*** und ***PII*** des Klauenbuges an Pfosten (Stab I) und Schwelle (Stab II) (**Bild 112**).

3. Einreißen der „**OK**-Kante“ des Klauenbugs in der Draufsicht mittels Kreisbogen mit Radius ***b***/3 um ***PI*** und der Tangente aus ***PII*** an den Kreisbogen (**Bild 112**). Am Pfosten entsteht der Anfallspunkt PI_{OK}. Das Ende der Kante an der Schwelle ist noch unbekannt (**?**).

4. Der aus ***PI*** entwickelte Punkt ***KPI*** liegt auf gleicher Höhe wie ***PI***, weil er rechtwinklig zur Kante konstruiert wurde (**Bild 113**).

5. Reißen der „**UK**-Kante“ des Klauenbugs als Parallele zur eben gezeichneten „**OK**-Kante“ im Abstand ***b*** (**Bild 113**). Am Pfosten entsteht der Anfallspunkt PI_{UK}. Das Ende dieser Kante an der Schwelle ist ebenfalls noch unbekannt (**?**).

6. Reißen der Seitenansicht in Achsrichtung von Stab II, der Schwelle (**Bild 114**).

7. Festlegen der Punkte ***PI*** auf der Kante des Pfostens und, waagerecht dazu, ***KPI*** auf der „**OK**-Kante“ des Klauenbugs (**Bild 114**).

8. Ebenfalls auf der „**OK**-Kante“ des Klauenbugs lässt sich der Anfallspunkt PI_{OK} festlegen (**Bild 114**).

9. Festlegen des Anfallspunktes PII_{OK} der „**OK**-Kante“ des Klauenbugs auf der oberen Kantenfläche der Schwelle (Stab II). Dies geschieht durch Beschreiben des Kreisbogens mit Radius ***b***/3 um ***PII*** und Anlegen der Tangente aus ***KPI*** an diesen Kreisbogen (**Bild 114**).

10. In der Draufsicht lässt sich nun Punkt PII_{OK} auf der oberen Kantenfläche der Schwelle (Stab II) eindeutig fixieren.

11. Punkt PII_{UK} ergibt sich in der Draufsicht im Schnittpunkt der Rechtwinkligen zur „**OK**-Kante“ mit der „**UK**-Kante“ (**Bild 114**).

Die obere Kantenfläche des Klauenbugs ist nun eindeutig definiert und sieht in der Seitenansicht aus wie in **Bild 115** gezeigt.
In dieser Seitenansicht liegt die obere Kantenfläche des Klauenbugs (und damit auch der Klauenbug selbst) verkantet. Die Höhe ***h*** des Klauenbugs (= 25 mm) lässt sich hier nicht antragen, weil die Dimension nicht in der wahren Größe erscheint.

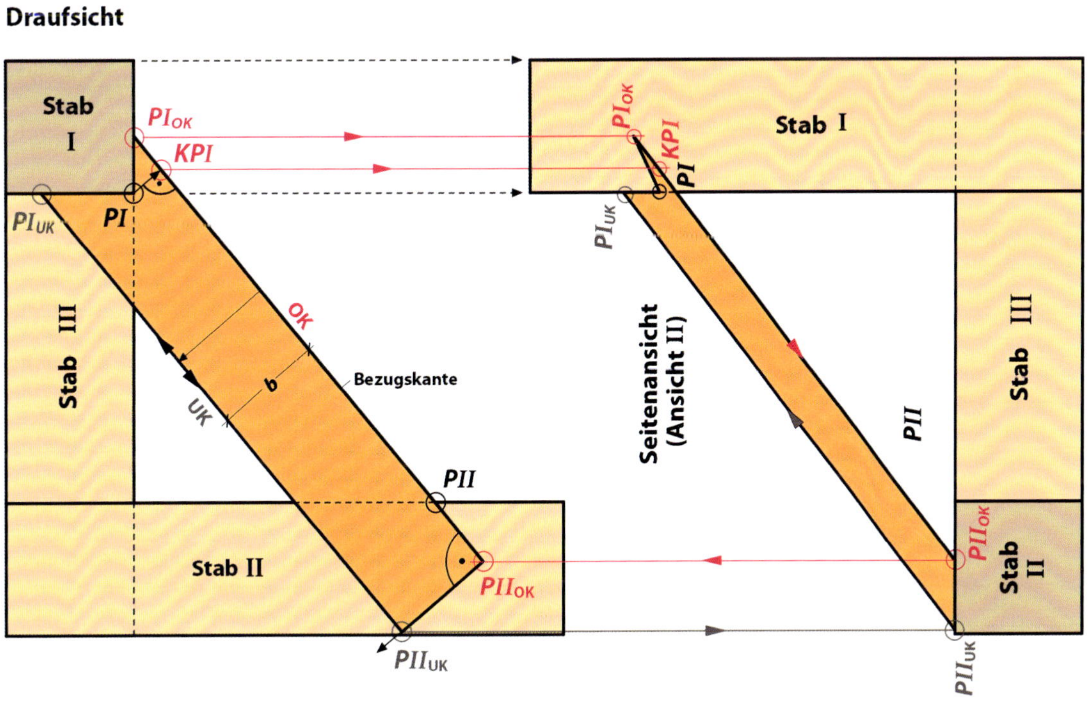

Bild 115: Die obere Kantenfläche des Klauenbuges ist eindeutig festgelegt.

Die Situation wird verdeutlicht durch die Schrägansicht der Konstruktion in **Bild 116**.

Zum Antragen der Klauenbughöhe ***h*** = 25 mm muss der Klauenbug in eine Ebene geschwenkt werden, die rechtwinklig zur Ansicht steht. Mit anderen Worten: es ist eine Klappung des Klauenbugs auf seine Seitenfläche erforderlich.

Klappen des Klauenbugs

Als Klappachse wird hier die Senkrechte durch Punkt PII_{OK} gewählt. Den Klappvorgang zeigt **Bild 117** in verschiedenen Ansichten.
Der Reißvorgang ist in **Bild 118** mit Zirkelschlägen und in **Bild 119** mit Maßlatte dargestellt.

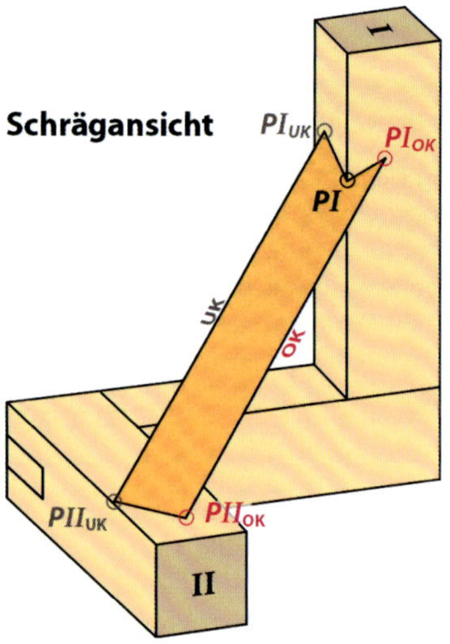

Bild 116: *Schrägansicht der nun eindeutig definierten oberen Kantenfläche des Klauenbugs.*

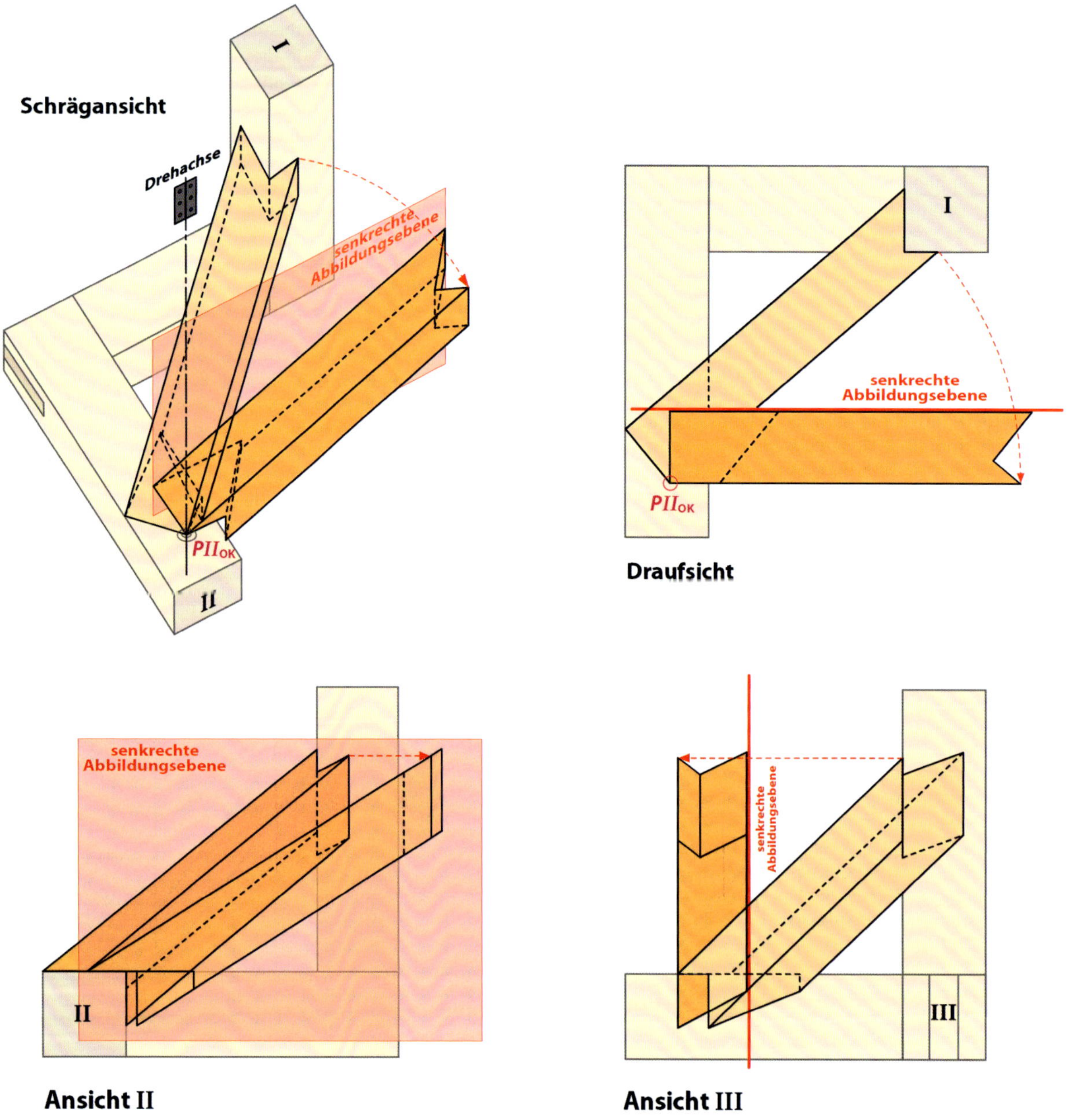

Bild 117: *Unterschiedliche Ansichten des Klappvorganges. Drehachse (Klappachse) ist die Senkrechte durch Punkt* PII_{OK}.

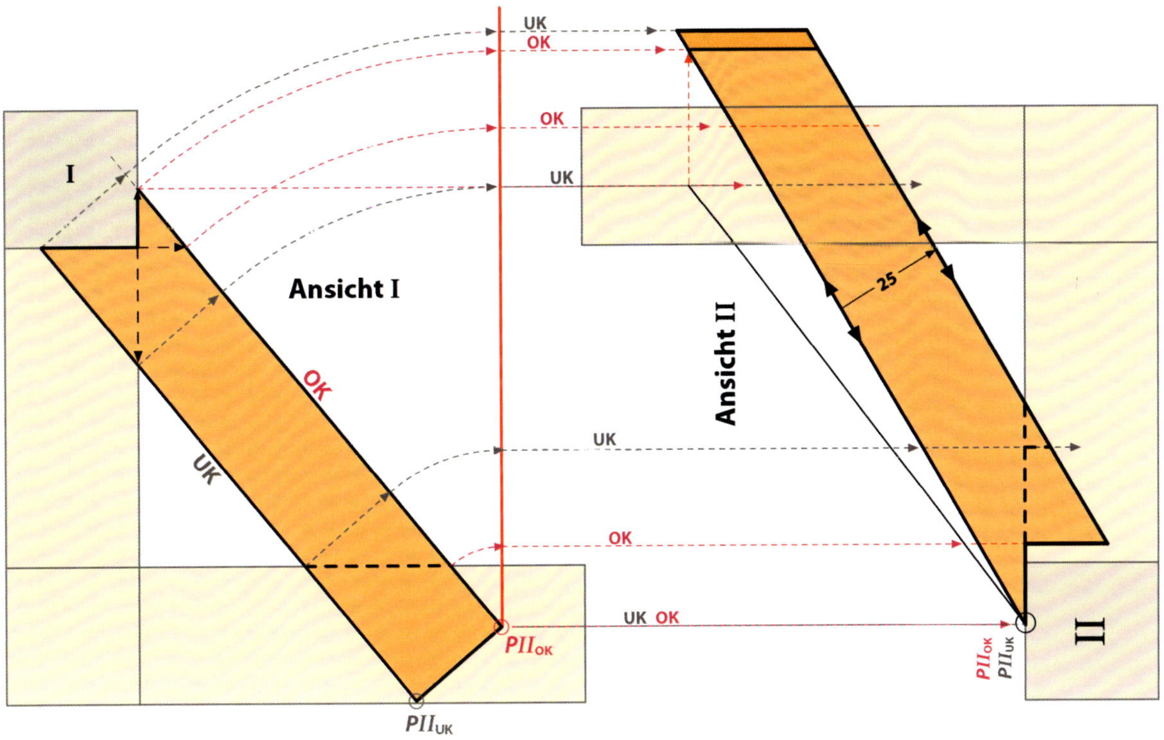

Bild 118: Klappen des Klauenbugs mit Zirkelschlägen

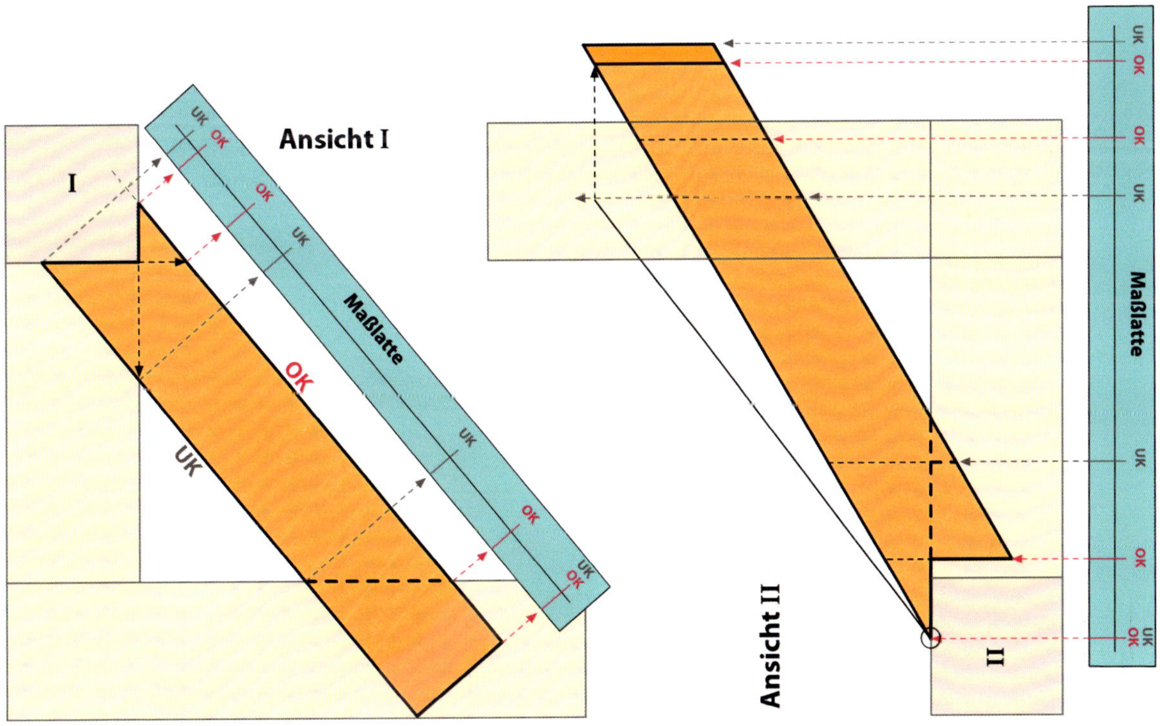

Bild 119: Klappen des Klauenbugs mit Maßlatte

Durch das Klappen des Klauenbugs werden die Senkelrisse in die „wahre" Seitenansicht übertragen. In dieser Darstellung kann das Klauenbugholz auf den Aufriss gelegt und angerissen werden.

Die Ausgangssituation für das Klappen ist in **Bild 114** am besten erkennbar: In der Draufsicht ist die „**UK**-Kante" und in der Seitenansicht die „**OK**-Kante" eindeutig festgelegt. Die gewählte Drehachse verläuft durch den Endpunkt ***PII_{OK}*** der „**OK**-Kante". Deshalb ist es erforderlich, die auf der „**UK**-Kante" liegenden Punkte rechtwinklig auf die „**OK**-Kante" zu übertragen (**Bild 118** und **Bild 119**).

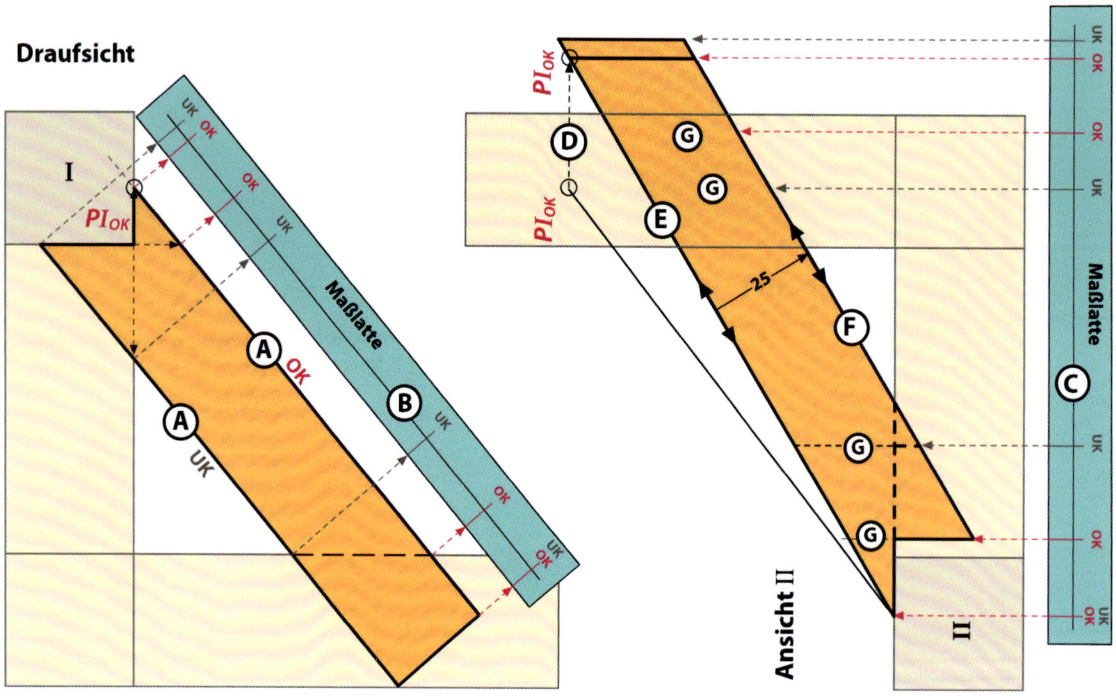

Bild 120: Mögliche Vorgehensweise beim Aufreißen

Die Reihenfolge bei der Klappung ist in **Bild 120** noch einmal schrittweise dargestellt:

- **A** „**OK**-Kante" und „**UK**-Kante" des Klauenbugs sind in Draufsicht und Seitenansicht festgelegt.
- **B** Parallel zum Klauenbug-Grundriss werden die Maßlatte gefertigt und die erforderlichen „**OK**"- und „**UK**"-Punkte übertragen.
- **C** Die Maßlatte wird unter die Seitenansicht angelegt und aus den „**OK**"- und „**UK**"-Punkten werden senkrechte Linien nach oben gerissen.
- **D** Punkt PI_{OK} wird nun waagerecht verschoben.
- **E** Er bezeichnet den Anfallspunkt der wahren Neigungslinie des Klauenbugs in der Seitenansicht.
- **F** Rechtwinklig zu dieser Linie wird die Klauenbughöhe ***h***=25 mm angetragen. Die untere Kante des Klauenbugs liegt damit fest.
- **G** Die Abschnitte ergeben sich aus den Begrenzungslinien des Klauenbugs und den Senkrechten der Maßlatte.

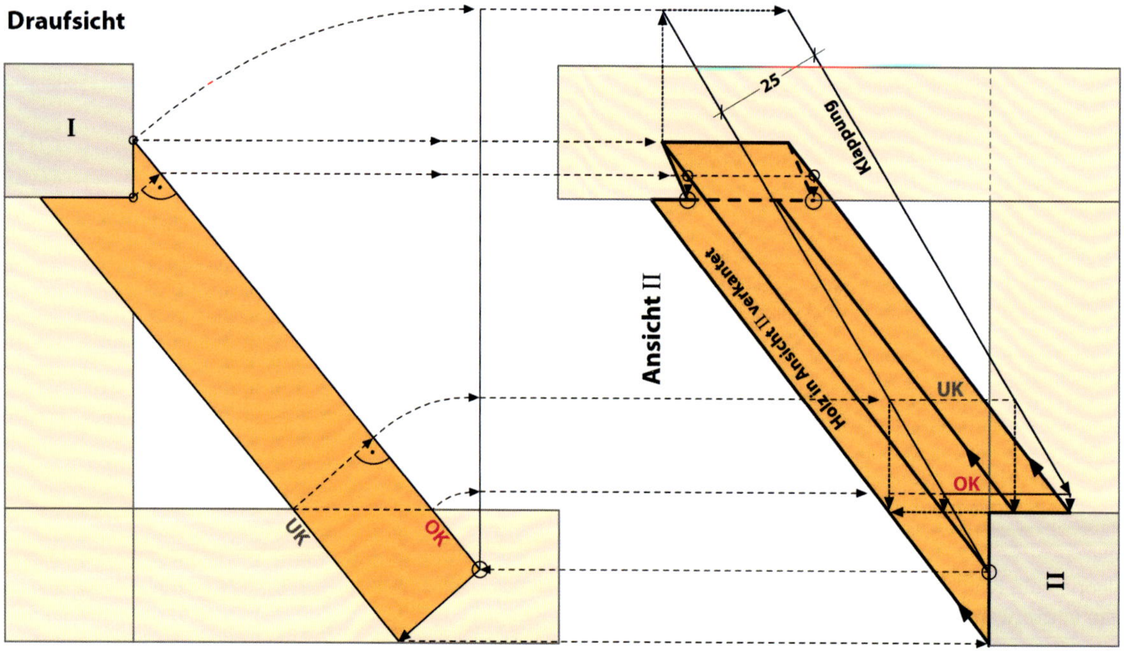

Bild 121: Vorgehensweise bei der Darstellung des Klauenbugholzes in der Seitenansicht (Ansicht II)

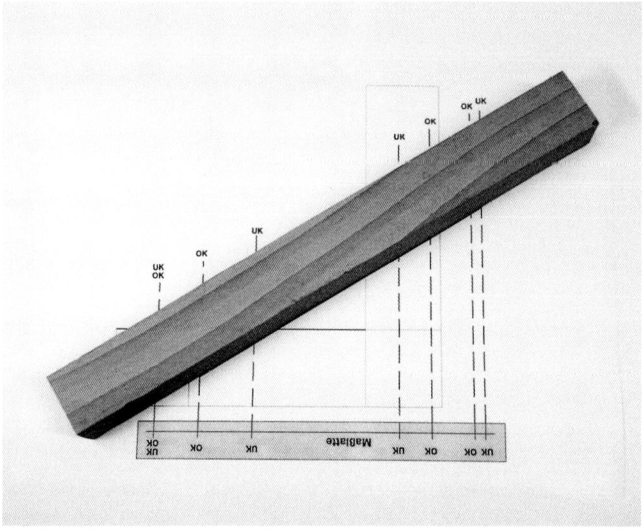

***Bild 122:** Das Klauenbugholz wird mit der „OK-Seite" nach oben auf den Aufriss gelegt.*

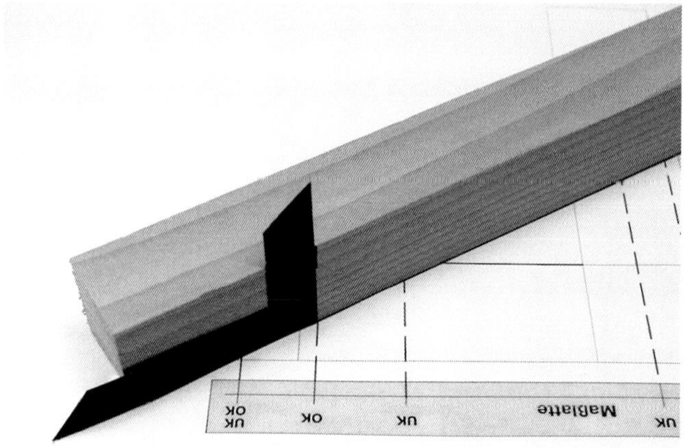

***Bild 123:** Die Risse werden rechtwinklig auf das Holz übertragen. „OK-Risse" an der oberen, „UK-Risse" an der unteren Kante des Holzes.*

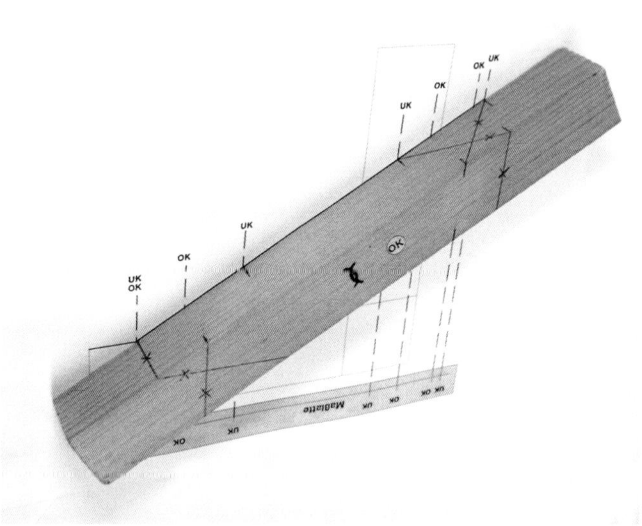

***Bild 124:** Sind die entsprechenden Risse miteinander verbunden, können die Kerven ausgearbeitet werden.*

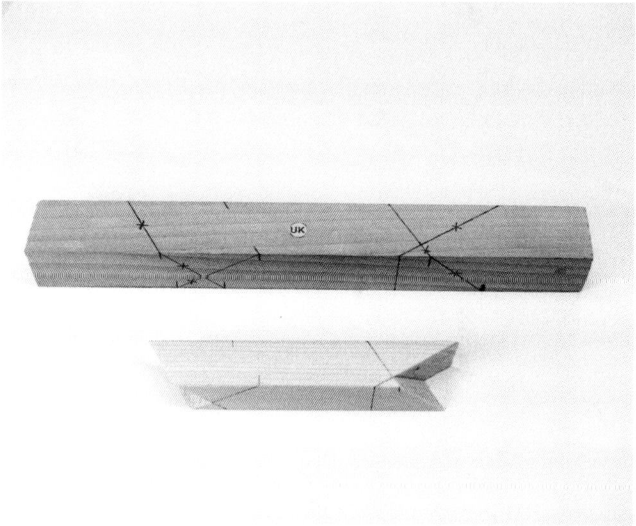

***Bild 125:** Angerissenes und ausgearbeitetes Holz (etwas kleiner) liegen hier nebeneinander.*

In diesem Zusammenhang soll auch gleich gezeigt werden, wie der Aufriss des Klauenbugholzes in der Seitenansicht (Ansicht II) aussieht (**Bild 121**).

Es wird wieder ausgegangen von der Situation in **Bild 114**. Nach der Abklappung der „**OK**-Kante" wird in der „wahren" Seitenansicht des Klauenbugs dessen Höhe ***h***=25 mm angetragen und die untere Kante gerissen. Da der Klauenbug waagerecht abgeklappt wurde, können auch die Schnittpunkte der Senkelrisse (zum Beispiel der Fußkerve „**OK**" und „**UK**") waagerecht übertragen werden, wie dies nach den Pfeilen in **Bild 121** geschehen ist.

Anreißen des Klauenbugholzes

Für das Anreißen des Klauenbugholzes wird die Ausklappung (**Bilder 118** bis **120**) benötigt. Damit die Senkelrisse und der Waageriss (Oberkante Schwelle II) auf das Holz übertragen werden können, müssen sie im Aufriss etwas über die Kanten des Klauenbuges hinausgerissen werden.

Den Anreißvorgang verdeutlichen die **Bilder 122** bis **125**. Das fertige Modell zeigt **Bild 126** auf Seite 62.

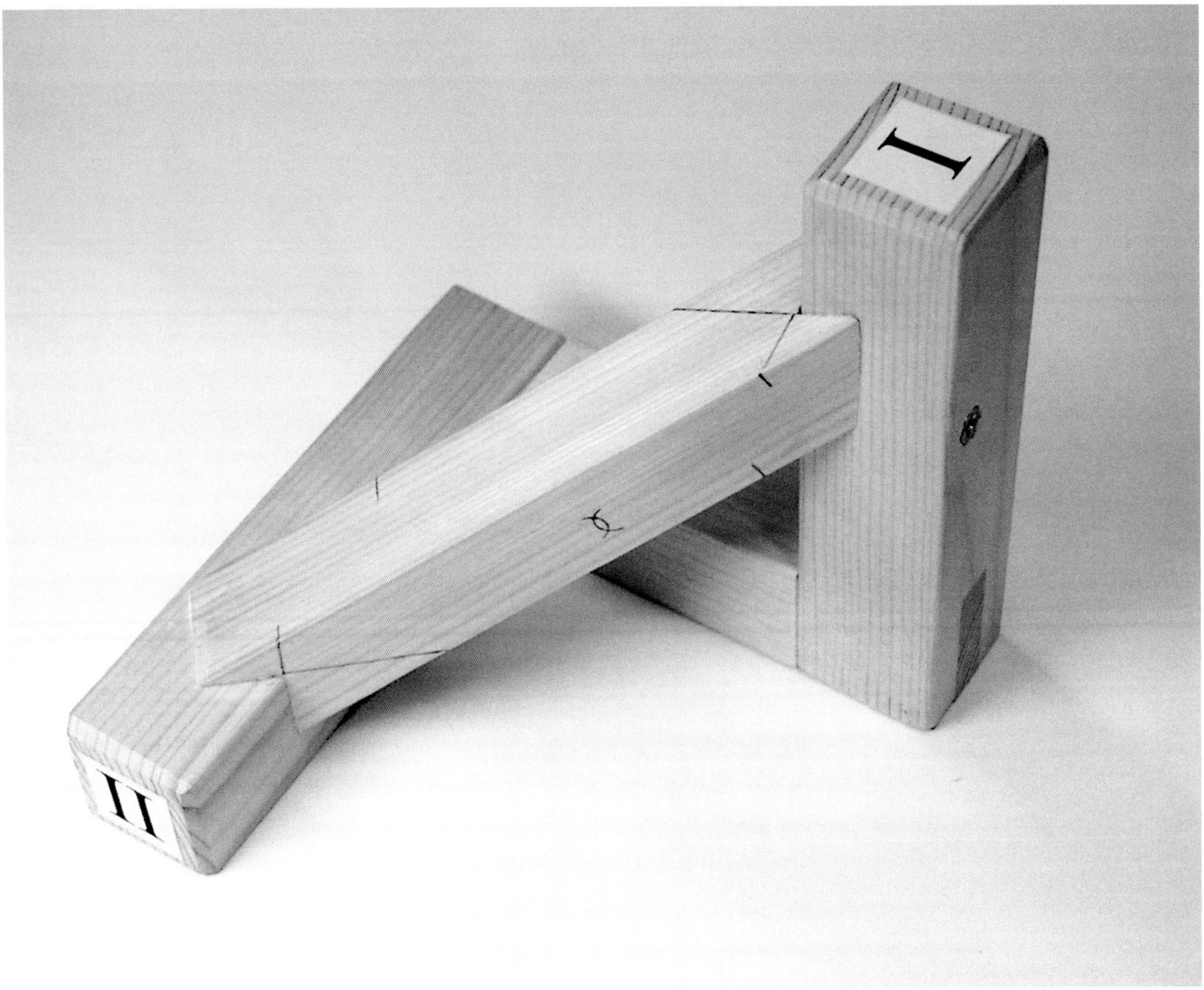

Bild 126: *Das fertige Modell*

Mandala-Dach

Eine „ausgefallene“ Dachkonstruktion über achteckigem Grundriss

Die Idee der selbsttragenden Dachkonstruktion stammt von dem Engländer Graham Brown.
Sparren werden kreisförmig so angeordnet, dass jeweils einer mit einer Einkerbung auf dem nächsten aufliegt.
Die Grundrisse können aus Vielecken mit fast beliebig vielen Ecken bestehen.

Der Begriff

„Mandala“ kommt aus der indischen Sanskrit-Sprache und bedeutet „Ring“, „Kreis“.
Ein Mandala ist eine mystische Darstellung und versinnbildlicht in den Religionen des indischen Kulturkreises den gesamten Kosmos und die Götterwelt.
Der Name „Mandala-Dach“ entstand im Zusammenhang mit dem ringförmigen Grundriss der Konstruktion.

Das Konstruktionsprinzip

Das Konstruktionsprinzip (**Bild 127**) ist weniger kompliziert als es aussieht. Bei dem gezeigten Beispiel besteht die Dachkonstruktion aus acht gleichen Sparren, die an Traufe und First jeweils einen waagerechten Abschnitt aufweisen.
Bild 128 zeigt eine Draufsicht auf die Konstruktion.
Zum Nachbau als Modell können acht Latten beziehungsweise Rahmenhölzer **4 cm/6 cm**, gehobelt auf die Fertigmaße ***b*** = **3,5 cm** und ***h*** = **5,5 cm** und einer für den vollständigen Anriss ausreichenden Länge ***l*** von rund **90 cm** empfohlen werden.

Die Aufgabenstellung

Bild 129 zeigt die Aufgabenstellung. Die Neigung der einzelnen Sparren soll **30°** betragen. Die Grundrissmaße sind wie folgt vorgegeben:

r = Innenradius = **8,0 cm**
R = Außenradius = **45 cm**
a = Abstandsmaß vom Mittelpunkt (M) = **8,0 cm.**

Schrägansicht

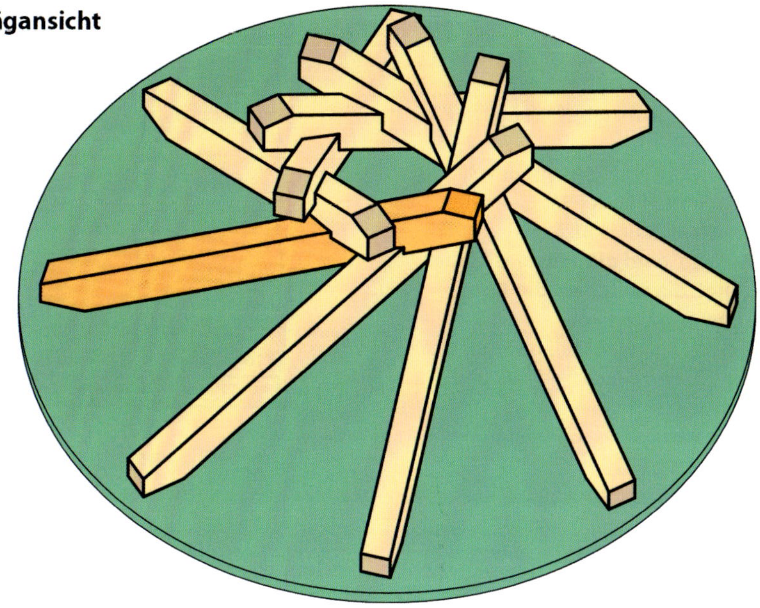

Bild 127: *Konstruktionsprinzip des Mandala-Daches: Gleiche Sparren sind so angeordnet, dass sie sich selbst tragen.*

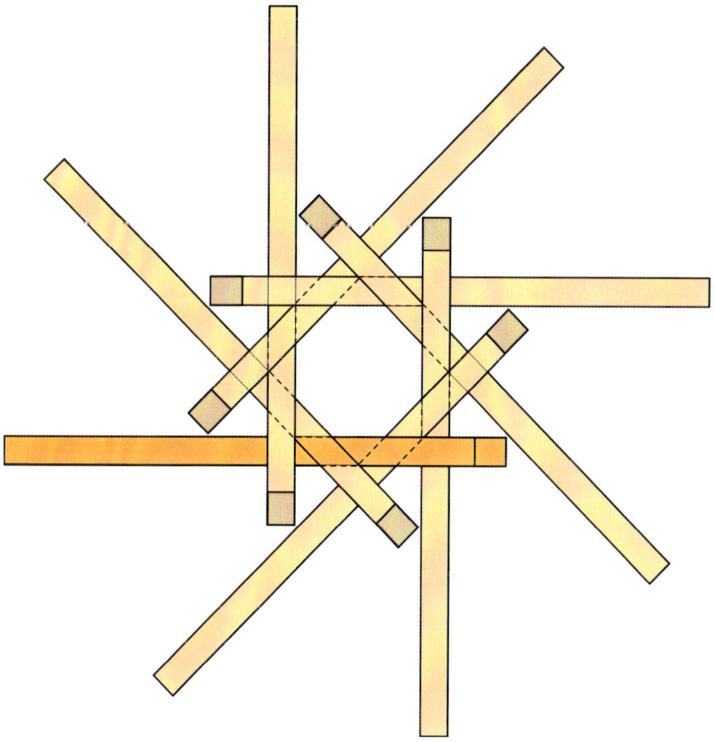

Bild 128: *Draufsicht auf das „Mandala-Dach“*

Der Aufriss lässt sich unschwer anhand von **Bild 129** nachvollziehen. Schrittweise ausgeführt kann er so aussehen:

- Festlegen des Mittelpunktes ***M*** in der Weise, dass auf der Aufreißplatte genügend Platz für den Außenkreis mit Radius ***R*** = **45 cm** und nach oben für den Aufriss des Sparrenprofils zur Verfügung steht.
- Aufreißen (eventuell nur im benötigten Bereich) des Außenkreises mit Radius ***R*** = **45,0 cm**.
- Aufreißen des Innenkreises mit Radius ***r*** = **8,0 cm**.
- Reißen der „**UK**-Kante" des ersten Sparrens (Stab I) im Abstand ***a*** zur Waagerechten durch den Mittelpunkt ***M***.
- Als „**UK**-Kante" **wird die Seite des Stabes bezeichnet, die später auf der Abbildungsebene unten liegt!**
- Es folgen das Antragen der Sparrenbreite ***b*** und das Reißen der restlichen Grundlinien von Stab I.
- Reißen der Bezugslinie von Traufgrundpunkt ***T1G*** nach ***M***.
- Reißen der Bezugslinie für Stab II aus Mittelpunkt ***M*** mit Innenwinkel **45 °** nach ***T2G***. Die Tangente an den Innenkreis fixiert die Lage von Stab II.
- Nun wieder Antragen der Sparrenbreite ***b*** und Reißen der restlichen Grundlinien von Stab II.
- Reißen des Profils von Stab I über dem Grundriss mit Neigung **30 °** und Höhe ***h***. Die Höhe des Senkelschnitts am Traufabschnitt kann beliebig gewählt werden.

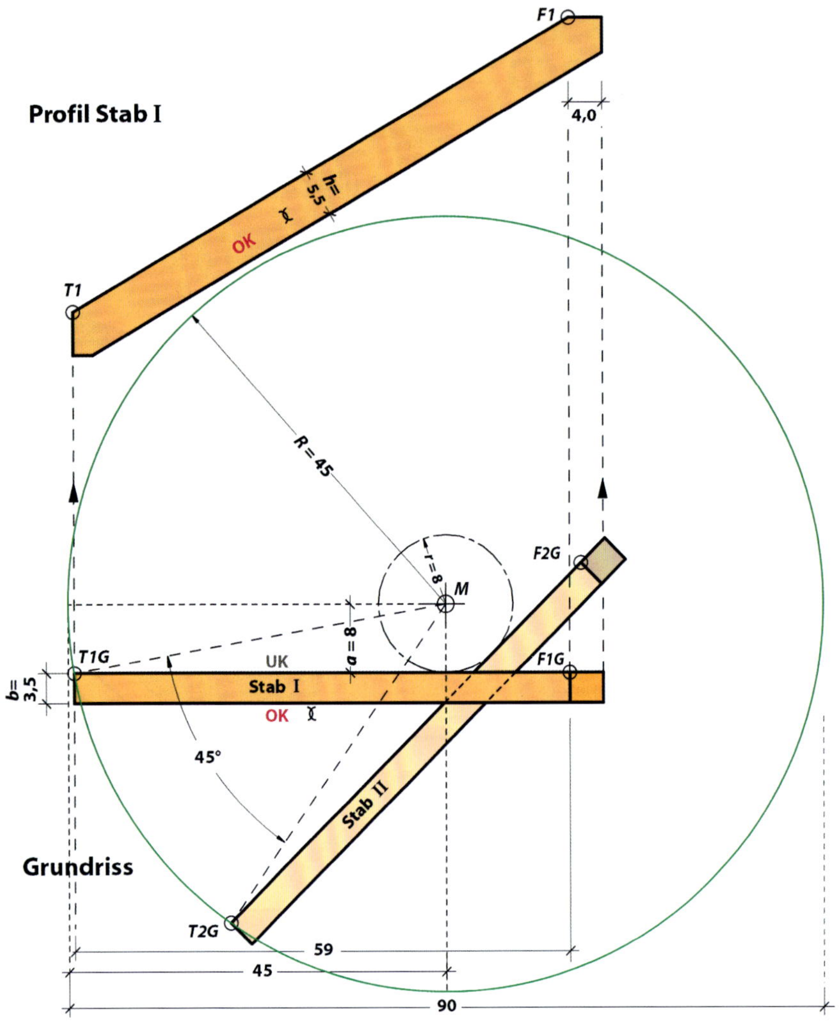

Bild 129: Die Aufgabenstellung mit den erforderlichen Maßen

Die Schiftung

Bild 130 zeigt, wie die Geometrie der Kerve in Stab I aus dem Grundriss in das Profil (und damit in die Anreißebene) übertragen wird. Dabei bedient man sich der Tatsache, dass alle Traufpunkte aller Stäbe und genauso alle Firstpunkte aller Stäbe jeweils auf gleicher Höhe und damit jeweils auf der gleichen Ebene, der Traufebene beziehungsweise der Firstebene, liegen (**Bild 131**).

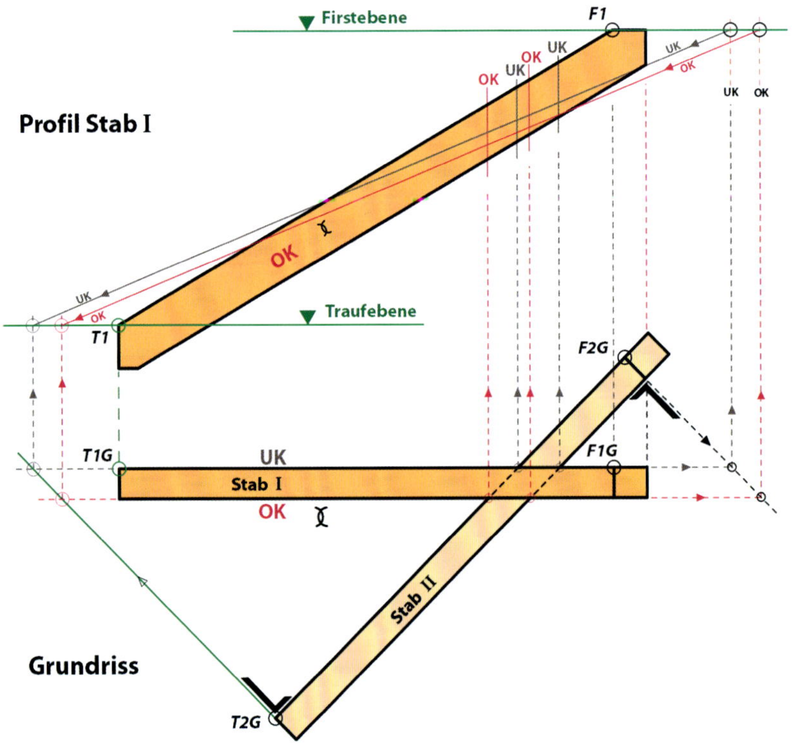

Bild 130: *Reißen der Senkelrisse aus dem Grundriss und der Kervenrisse über Trauf- und Firstebene in das Profil. Abbildungsebene ist die senkrechte Ebene des Profils, die „**OK**-Kante" ist hier sichtbar.*

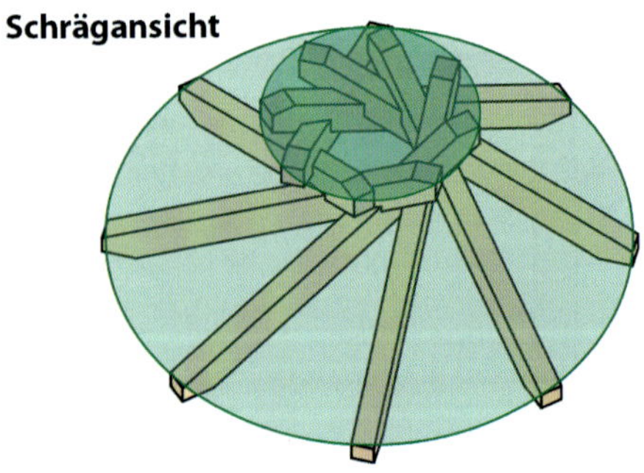

Bild 131: *Die waagerechten Ebenen der Trauf- und Firstpunkte*

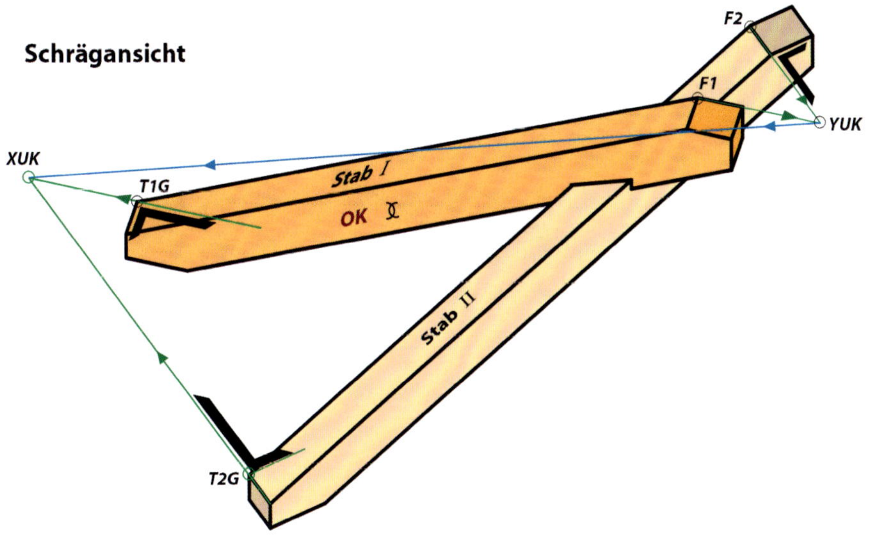

Bild 132: Der Reißvorgang für **UK**-Kante aus **Bild 130** in der Schrägansicht

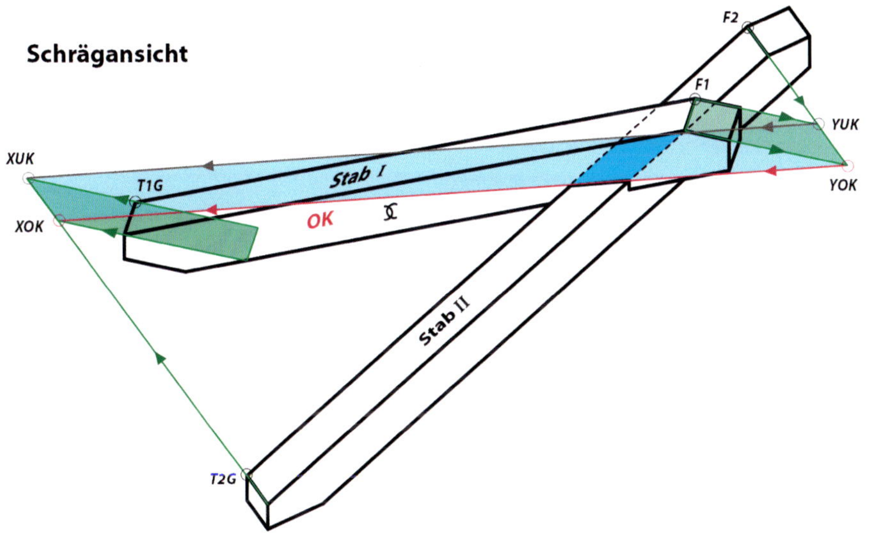

Bild 133: Der gesamte Reißvorgang. Die Farben: ***grün*** = *Traufebene* und *Firstebene*, ***blau*** = *„Oberflächenebene" von Stab II. Zur besseren Verständlichkeit sind die Oberflächen der Stäbe nicht braun eingefärbt.*

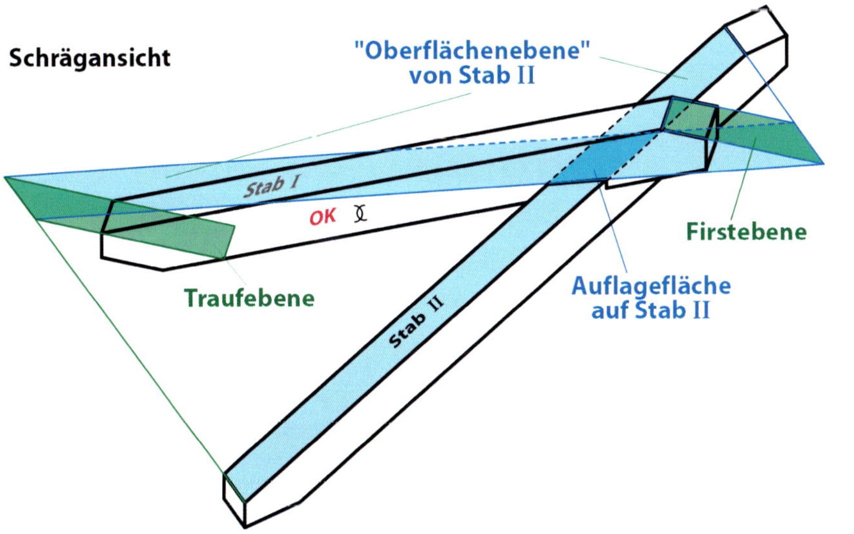

Bild 134: *Übertragung der „**Oberflächenebene**" von Stab II „in" Stab I. Zur besseren Verständlichkeit sind die Oberflächen der Stäbe nicht braun eingefärbt.*

In **Bild 132** ist der Reißvorgang in einer dreidimensionalen Ansicht verdeutlicht. Es sind die Stäbe I und II dargestellt.

Verschneiden der Ebenen

Ziel des gesamten Vorganges ist es, mit der „Oberflächenebene" von Stab II (genauer: der Ebene der oberen Kantenfläche) Stab I zu „durchdringen" und den Ort der Durchdringung auf den Seitenflächen von Stab I sichtbar zu machen. Hierzu wird an der Traufe, ausgehend vom Traufgrundpunkt von Stab II (Punkt ***T2G***), eine waagerechte Linie rechtwinklig zur senkrechten Stab-Seitenfläche gezogen.
Gleichzeitig wird, ausgehend vom Traufgrundpunkt von Stab I (Punkt ***T1G***), eine waagerechte Linie in Verlängerung zu dessen senkrechter Stab-Seitenfläche gezogen.

Beide Linien liegen in der waagerechten Traufebene. Sie treffen sich in Punkt ***XUK***, der einerseits ein Punkt der Traufebene und andererseits auch ein Punkt der „Oberflächenebene" von Stab II ist (siehe auch **Bild 133**).

Der entsprechende Vorgang wird nun an der Firstebene durchgeführt. Die rechtwinklig zur Stab I-Seitenfläche aus Firstpunkt ***F2*** gezogene Waagerechte schneidet sich in Punkt ***YUK*** mit der Verlängerung der waagerechten Seitenkantenlinie (**UK**) von Stab I. Dieser Punkt ist ein Punkt der „Oberflächenebene" von Stab II und der gemeinsamen Firstebene.

Die Verbindungslinie zwischen den Punkten ***XUK*** und ***YUK*** bildet demnach den Ort auf der **UK**-Kante von Stab I ab, wo die „Oberflächenebene" von Stab II den Stab I durchdringt.

Bild 133 zeigt den Vorgang für beide Seitenflächen von Stab I, die Punkte ***XOK*** und ***YOK*** liegen auf der **OK**-Kante von Stab I.

Zur Verdeutlichung der Ebenen soll **Bild 134** dienen, dabei sind die Traufebene und die Firstebene grün und die „Oberflächenebene" von Stab II blau eingefärbt.
Die Teilfläche auf Stab II, auf der Stab I aufliegt, ist wird durch ein dunklere Grüneinfärbung hervorgehoben.

Für die Darstellung der Ansicht der Kerve von unten ist die sorgfältige Bezeichnung der Übertragungslinien erforderlich. Wie die Bezeichnung erfolgt, ist eigentlich egal, sie muss nur eindeutig sein.

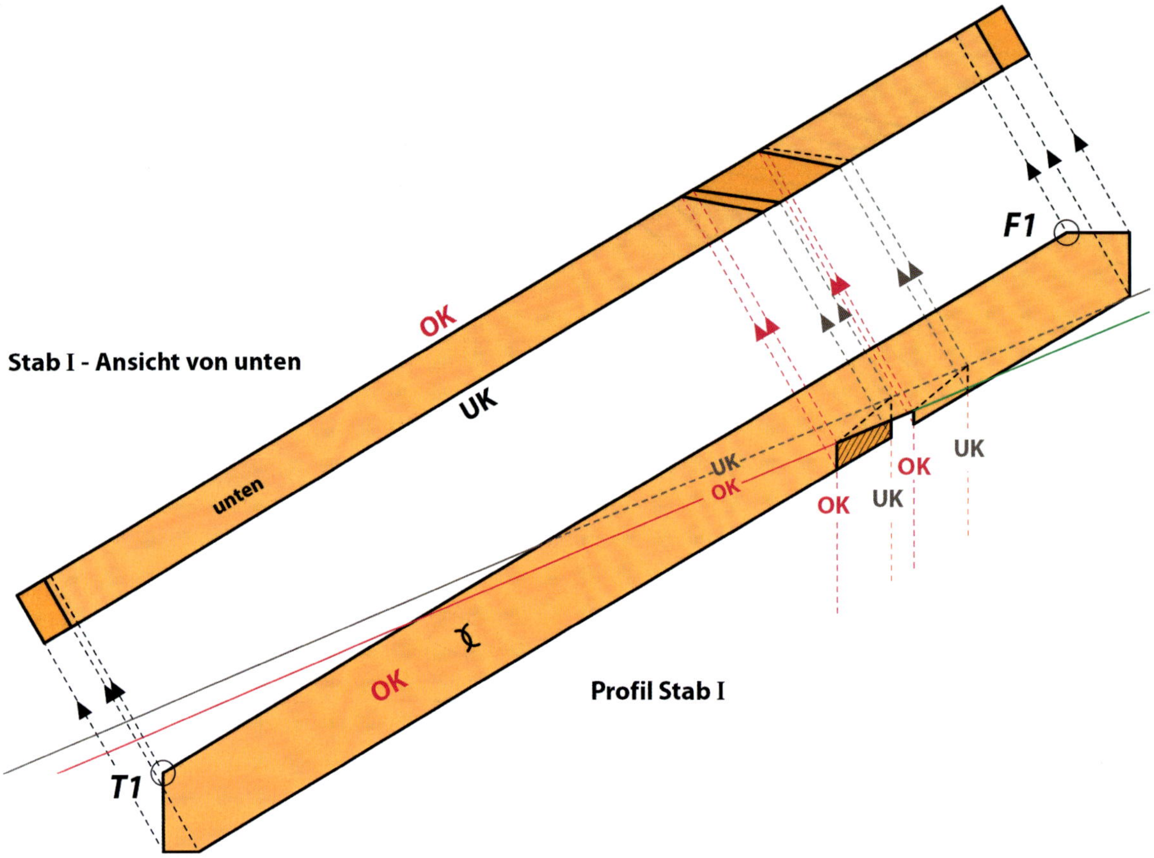

Bild 135: Ansicht der Kerve in Stab I von unten gesehen

Die Verwendung von „**OK**" (Oberkante) und „**UK**" (Unterkante) hat sich für den Fall gut bewährt, **in dem das Modellholz zum Überreißen der Geometrie auf die Abbildungsebene (die Aufrissplatte) aufgelegt wird.** **Bild 135** zeigt die Kerve im Profil (der Seitenansicht, gleichzeitig Abbildungsebene) und in der Ansicht von unten.
Die Kerve selbst ist in **Bild 136** als Detail vergrößert.

Das Reißen der Auflagefläche

Für das Aufrichten der Mandala-Dachkonstruktion ist es erforderlich, dass jeweils die Auflagefläche eines Stabes auf dem darunterliegenden Stab angerissen wird.

Der Anreißvorgang ist in **Bild 137** auf **Seite 67**dargestellt. Um die Übersichtlichkeit zu bewahren, sind nur Stab I und der darauf liegende Stab VIII gezeichnet. Angerissen wird Stab I, der über dem Grundriss im Profil gezeichnet ist. Hierzu werden die Schnittpunkte der Stabaußenkanten aus dem Grundriss in das Profil übertragen und dort jeweils an **OK**-Kante beziehungsweise **UK**-Kante angemerkt.

Die Lage der Auflagefläche verdeutlicht die über dem Profil gerissene Obenansicht von Stab I.

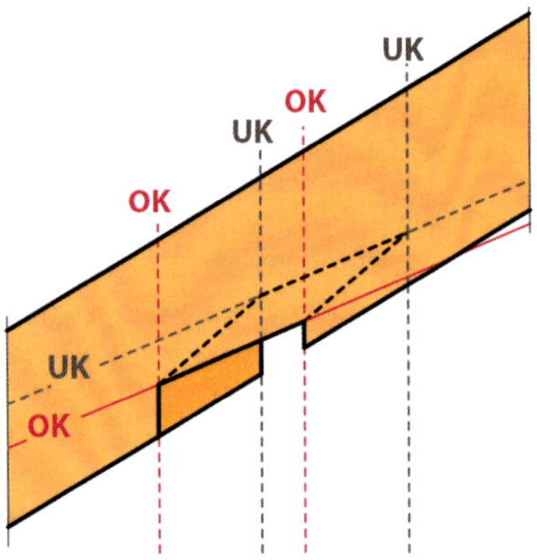

Bild 136: Detail der Kerve in Stab I im Profil

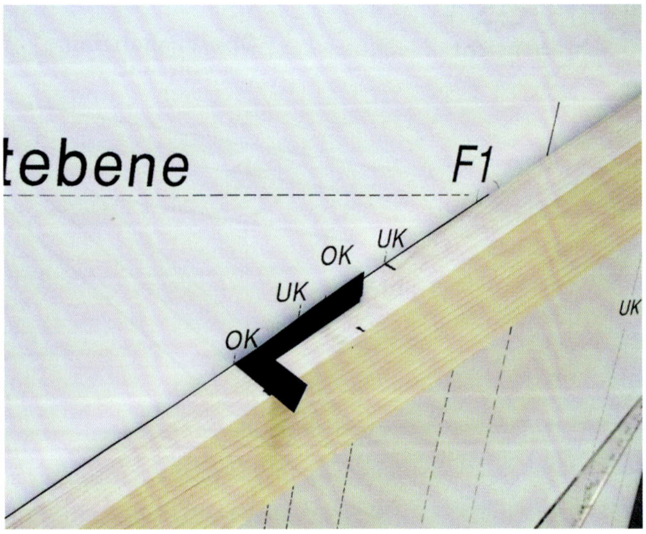

***Bild 138:** „Überreißen" der Maße von der Reißplatte auf das Holz. **UK**-Kante ist die Kante, die auf der Reißplatte aufliegt.*

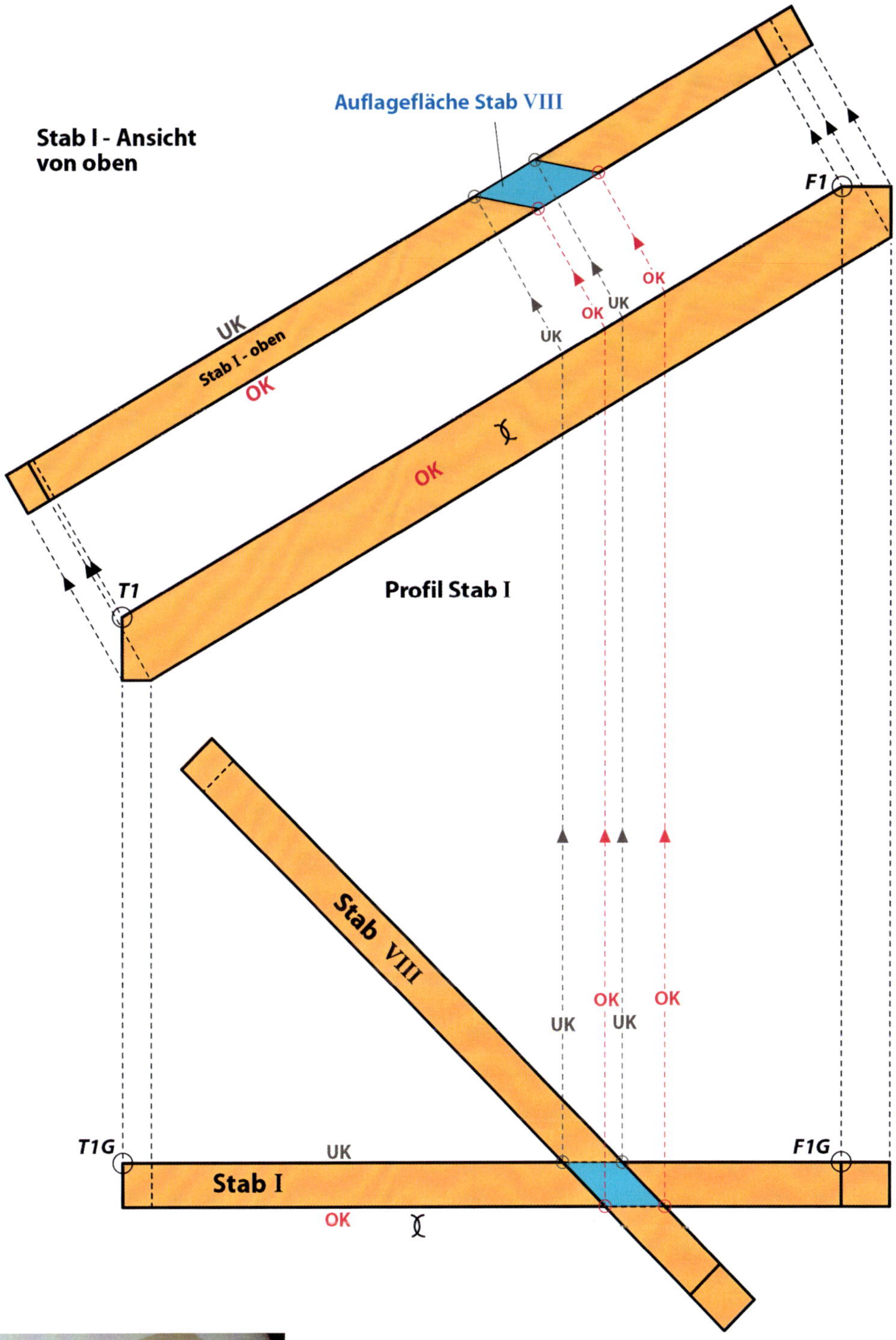

Bild 137: *Anreißen der Auflagefläche von Stab* VIII *auf Stab I*

Übertragen des Aufrisses auf das Holz

Das Übertragen des Aufrisses auf das Holz geschieht nach bewährter Art und Weise.
Das Holz wird auf die Abbildungsebene (den Reißboden oder die Reißplatte) gelegt und die Schnittpunkte der Übertragungslinien an den jeweiligen Kanten auf **OK**-Kante beziehungsweise **UK**-Kante rechtwinklig zur Abbildungsebene übertragen.

Abbildungsebene ist im vorliegenden Beispiel die Profilebene. Der anzureißende Stab wird mit seiner **UK**-Kante nach unten auf diese Ebene gelegt (**Bild 138**).

Bild 139 zeigt das angerissene Holz auf der Reißplatte und **Bild 140** den oberen Teil eines ausgeführten Mandaladaches.

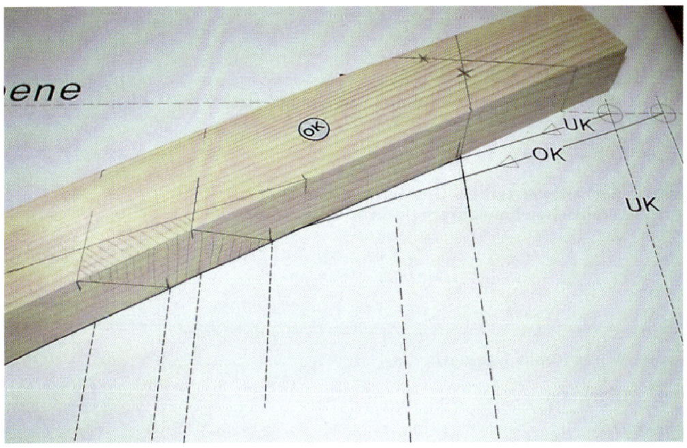

Bild 139: Das angerissene Holz liegt hier in Anreißposition auf der Reißplatte.

Bild 140: Blick in den oberen Teil eines ausgeführten Mandala-Daches (Zimmerer-Ausbildungszentrum Biberach a. d. Riss)

In den folgenden Kapiteln werden die hier aufgeführten Symbole, Flächenfarben, Bearbeitungshinweise, Bauteilbeschreibungen, Linienfarben und -arten und Punktbezeichnungen verwendet.

Grundsätzlich bieten die verwendeten Farben jederzeit eine Orientierungshilfe:

Braun in vier verschiedenen Tönen beschreiben die Oberflächen der **Holzbauteile**.

Grün bedeutet immer „**waagerecht**".
In Schrägansichten grün angelegte Flächen sind waagerechte Flächen.
Auch **Höhenlinien** (die immer **waagerecht** verlaufen) und ihre Bezeichnungen sind **grün**.

Rot bedeutet in der Regel „**Links**", bezogen auf die „**linke Seite**" des betroffenen Bauteils.
Ausnahme sind gegebenenfalls **Ursenkel**, die ebenfalls **rot** dargestellt sind.
In Schrägansichten **rot** angelegte Flächen sind **senkrechte Flächen**.

Blau bedeutet in der Regel „**Rechts**".
In Schrägansichten **blau** angelegte Flächen sind **geneigte Flächen.**

Die Bezeichnung von Bauteilseiten mit „**Links**" (***L***) beziehungsweise mit „**Rechts**" (***R***) erfolgt **grundsätzlich nach der Blickrichtung von der Traufe in Richtung First.**

Symbole

Zeichen für Firstlot, Firstsenkel

Drehachse, Klappachse ("Scharnier") im Grundriss

Drehpunkt, Klapppunkt im Profil

Zeichen für "parallel"

Zeichen für 90°-Winkel

Flächen

Seitenflächen beim aktuell in Bearbeitung befindlichen Bauteil

Hirnholzflächen beim aktuell in Bearbeitung befindlichen Bauteil

Seitenflächen bei untergeordneten, nicht in Bearbeitung stehenden Bauteilen

Hirnholzflächen bei untergeordneten, nicht in Bearbeitung stehenden Bauteilen

rot = senkrechte Fläche (allgemein)

grün = waagerechte Fläche (allgemein)

blau = geneigte Fläche (allgemein)

Maßlatte

Bearbeitung

Bearbeitungsrichtung

Bauteilbeschreibung

L **Bauteilseite links**
R **Bauteilseite rechts**
OK **Oberkante (auch "obere Kantenfläche")**
UK **Unterkante (auch "untere Kantenfläche")**

9,0 **Abtragungsrichtung für Bauteilgröße (Höhe beziehungsweise Breite)**

Linien

Bauteilbegrenzung
Verdeckte Kante im Bauteil
Hilfslinie, Übertragungslinie allgemein
Hilfslinie, Übertragungslinie rechts
Hilfslinie, Übertragungslinie links
Achse
S **Urlot, Senkel, Senkelriss (Bezeichnung nicht kursiv gestellt)**
HF **Höhenlinie (hier beispielsweise Höhenlinie First, Bezeichnung nicht kursiv gestellt)**

Punkte

Punkte werden immer mit kursiven (schräggestellten) Großbuchstaben und, wenn nötig, mit zusätzlichen arabischen Kennziffern (Indizes) dargestellt.

Beispiele:

F **Firstpunkt**
T **Traufpunkt**
P_{1u} **Punktbezeichnung (hier beispielsweise: Punkt 1, unten)**
○ **Umrandung für wichtigen Punkt allgemein**
○ **Umrandung für wichtigen Punkt links**
○ **Umrandung für wichtigen Punkt rechts**

Modellprojekt Aufriss

Einführung und Holzliste

Das „Modellprojekt Aufriss“ behandelt zwölf in sich abgeschlossene, mehr und weniger anspruchsvolle Schiftungen. Alle Maße und Holzdimensionen sind so ausgelegt, dass die Schiftungen ohne übermäßige Kosten am Modell nachvollzogen werden können.

Dabei bleibt es der oder dem Übenden überlassen, ob das ganze Modell oder nur Teile davon erstellt werden.

Die einzelnen Hölzer beziehungsweise Hölzergruppen sind in **Bild 141** in einer schematischen Draufsicht auf das Modell mit Positionsnummern versehen. Diese Positionen finden sich in der Holzliste (**Bild 142**) wieder.

Die Holzliste beginnt am „Unterbau“. Zunächst werden – mit roten Ziffern – die Schwellen im Uhrzeigersinn aufgeführt (Positionen 1 bis 7), anschließend die Pfosten (Positionen 8 bis 11) und schließlich die beiden Firstpfetten (Positionen 12 und 13). Grat- und Kehlsparren schließen sich – mit grünen Positionsnummern – mit den Positionen 14 bis 17 an.

Sparren, Schifter, Strahlenschifter und Wechsel sind – mit blauen Ziffern – in den Positionen 18 bis 37 aufgelistet. Für den Strahlenschifter (34, 35) und den Gratwechsel (36, 37) gibt es jeweils zwei Positionen, einmal für den senkrechten und zum anderen für den in die Dachfläche gekanteten Einbau.

Die Längen der Hölzer sind in der Regel so lang gewählt, dass ein bequemes Anreißen möglich ist.

Die wichtigsten Grund- und Profilmaße für das Modell sind in den Kapiteln „**Hausgrund – Profile – Dachausmittlung**“ und „**Holzdimensionen: Pfettenlage – Grate und Kehlen – Sparren und Schifter**“ aufgeführt.

Zusätzliche Höhenmaße, Neigungsmaße und Winkel für die Abschiftung der Modellhölzer sind – wo erforderlich – in den jeweiligen Teilen angegeben.

Das Modell eignet sich sehr gut auch für den zusätzlichen „Einbau“ weiterer Schiftungen wie beispielsweise unterschiedlicher Gauben.

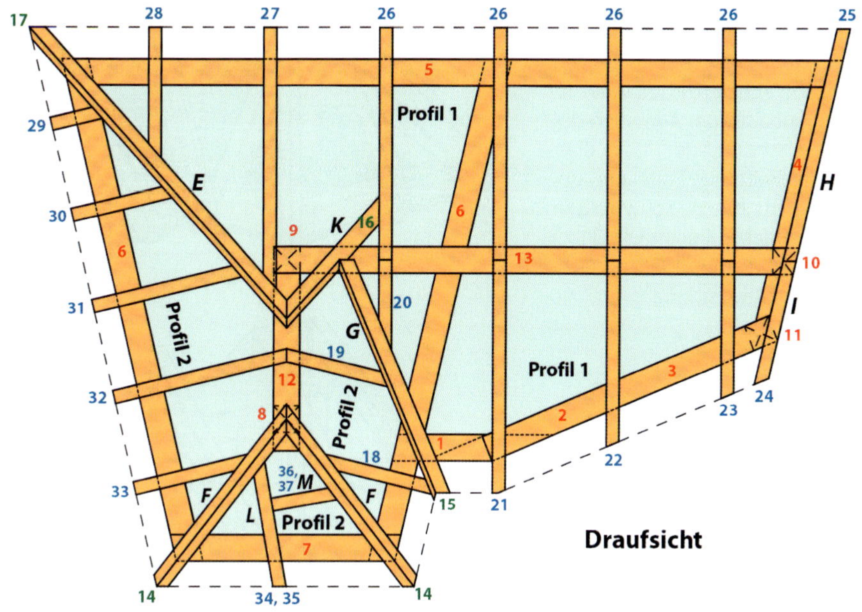

Bild 141: *Draufsicht auf das Modell mit den in der Holzliste aufgeführten Positionen.*

Position	Bezeichnung	Stück	Breite *b* [cm]	Höhe *h* [cm]	Länge *l* [m]
1	Schwelle Profil 1	1	7	5	0,37
2	Schwelle Profil 1	1	7	3	0,80
3	Schwelle (geneigt)	1	6,5	3	0,75
4	Schwelle Giebel	1	7	3	0,62
5	Schwelle Profil 1	1	7	5	1,55
6	Schwelle Profil 2	2	7	5	1,02
7	Schwelle Profil 2	1	7	5	0,48
8	Pfosten Profil 2	1	7	7	0,40
9	Pfosten Profil 2	1	7	7	0,30
10	Pfosten Giebel	1	7	7	0,26
11	Pfosten Giebel	1	7	7	0,15
12	Firstpfette geneigt Profil 2	1	7	9	0,60
13	Firstpfette Profil 1	1	7	9	1,04
14 *F*	Gratsparren Profil 2	2	3,5	5,5	0,63
15 *G*	Kehlsparren	1	3,5	6,5	0,70
16 *K*	Verfallgratsparren	1	3,5	7,5	0,55
17 *E*	Gratsparren Profil 1-2	1	3,5	7,5	0,95
18	Schifter Profil 2	1	2,5	4,5	0,43
19	Schifter Profil 2	1	2,5	4,5	0,46
20	Schifter Profil 1	1	2,5	4,5	0,28
21	Schifter Profil 1	1	2,5	4,5	0,60
22	Schifter Profil 1	1	2,5	4,5	0,48
23	Schifter Profil 1	1	2,5	4,5	0,37
24 *I*	Schräger Giebelsparren	1	2,5	4,5	0,35
25 *H*	Schräger Giebelsparren	1	2,5	4,5	0,63
26	Normalsparren Profil 1	4	2,5	4,5	0,60
27	Schifter Profil 1	1	2,5	4,5	0,65
28	Schifter Profil 1	1	2,5	4,5	0,35
29	Schifter Profil 2	1	2,5	4,5	0,18
30	Schifter Profil 2	1	2,5	4,5	0,35
31	Schifter Profil 2	1	2,5	4,5	0,50
32	Schifter Profil 2	1	2,5	4,5	0,60
33	Schifter Profil 2	1	2,5	4,5	0,39
34 *L*	Strahlenschifter senkrecht	1	2,5	6	0,60
35 *L*	Strahlenschifter gekantet	1	2,5	4,5	0,60
36 *M*	Gratwechsel senkrecht	1	2,5	13	0,25
37 *M*	Gratwechsel gekantet	1	2,5	4,5	0,25

Bild 142: *Holzliste für die „Grundausführung“ des Modelles. Die Buchstaben hinter den Positionsnummern entsprechen den zusätzlichen Bezeichnungen im Text.*

Hausgrund – Profile – Dachausmittlung

In einem Projekt werden anhand eines Dachmodelles Ausbildungsinhalte vom Aufreißen des Grundrisses und der Profile über Dachausmittlung, Einteilung der Hölzer bis hin zu schwierigen Schiftaufgaben behandelt. Dabei kommen verschiedene Schifttechniken zur Anwendung.

Das Modell

Das Modell (**Bild 143**) wurde von Zimmermeister Roland Schumacher für den Grundkurs im „Flächigen Schiften" am Zimmerer-Ausbildungszentrum in Biberach entwickelt. Es beinhaltet eine Vielzahl von Hölzern, deren Bearbeitung von „einfach" bis „anspruchsvoll" einzustufen ist. Die Anwendung von modernen Schiftmethoden lässt sich an diesem Modell ideal demonstrieren. Die Dimensionen der Hölzer sind so gewählt, dass einerseits das Anreißen ohne Behinderung erfolgen kann und andererseits nicht unnötig Holz verschwendet wird. Das Modell lässt sich komplett oder auch nur in Teilen ausführen und eignet sich so für Berufsschule und Ausbildungszentrum genauso wie für Zimmerleute, die sich im Schiften „fit" halten wollen.

Der Hausgrund

Der Hausgrund (oder Hausgrundriss) ist bei dem Modell identisch mit der Vorderkante der Fußpfetten. Anders ausgedrückt: alle Fußpfetten liegen bündig Außenkante-Mauer. Den bemaßten Hausgrundriss zeigt **Bild 144**. Alle Maße sind in cm angegeben.

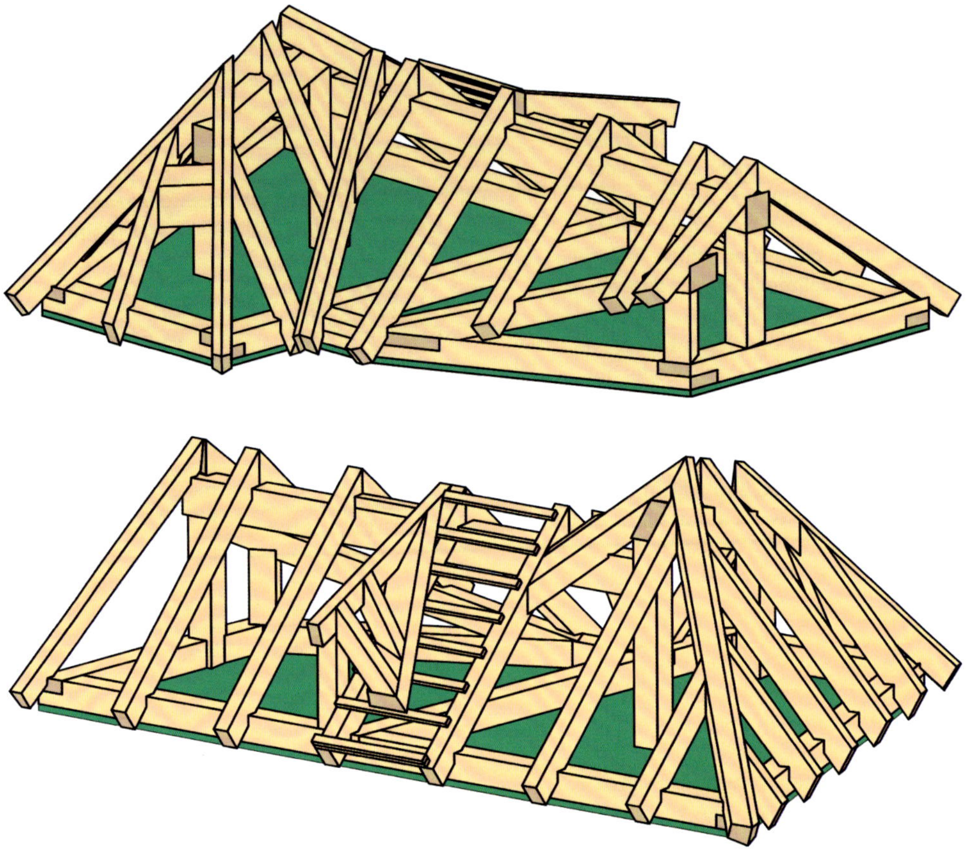

Bild 143: Das fertige Modell in unterschiedlichen Schrägbildern.

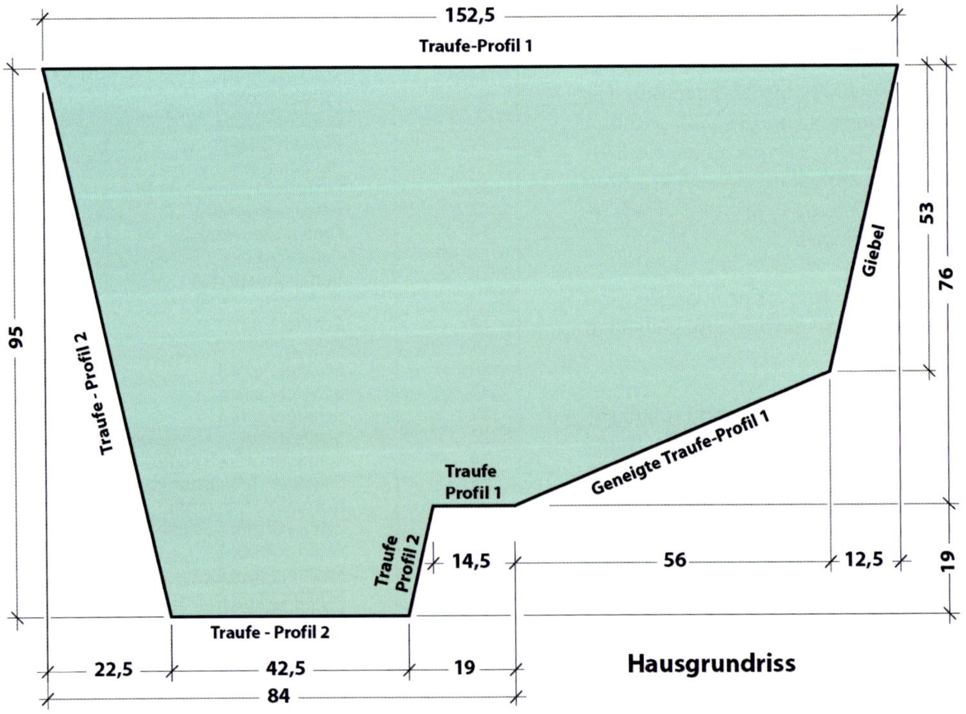

Bild 144: Der bemaßte Hausgrundriss für das Modell. Die Traufgrundlinien sind noch nicht eingezeichnet!

Die Profile

Die beiden im Modell verwendeten Profile zeigt **Bild 145**. Das rechtwinklige Obholz beträgt bei beiden Profilen 3,5 cm. Der waagerechte Dachüberstand beträgt beim Profil 1 = 6 cm. Der Dachüberstand bei den Dachflächen, die nach Profil 2 geneigt sind, ergibt sich als das Grundmaß ***x*** (**Bild 145**) aus dem Schnittpunkt von Sparrenoberkante und waagerechter Trauflinie aus Profil 1. Die Entwicklung der Sparrenabschnittswinkel zeigt **Bild 146**.

Dachausmittlung

Nach dem Aufreißen des Hausgrundrisses wird – wie zu Anfang jeder Schiftung – die Dachausmittlung ausgeführt. Bei unserem Modell haben wir es mit einem unregelmäßigen, nicht rechtwinkligen Grundriss und mit verschieden geneigten Dachflächen zu tun. Hinzu kommt, dass die waagerechten Dachüberstände an den Traufen aufgrund der ungleich großen Dachneigungen unterschiedlich ausfallen (**Bild 145**). Bei den Dachseiten mit der Zuweisung von Profil 1 ist demnach von den Hausgrundlinien rechtwinklig 6 cm Überstand anzutragen. Dies gilt auch für die geneigte Traufe. Bei den Dachseiten, die nach Profil 2 geneigt sind, entspricht der Dachüberstand dem Maß ***x***! An dem schrägen Giebel wird kein Dachüberstand ausgeführt (**Bild 147**).

Für die Dachausmittlung bietet sich die Höhenlinien-Methode an. Hierzu werden die beiden Profile mit den jeweiligen Trauf- und Firstpunkten aufgerissen und eine waagerechte Höhenlinie eingezeichnet.
Es ergeben sich für beide Profile unterschiedlich große Höhenlinien-Grundmaße $\boldsymbol{g_1}$ und $\boldsymbol{g_2}$.
Diese werden rechtwinklig zur jeweils zutreffenden Trauflinie angetragen und in ihren Endpunkten die Höhenlinien im Grund als Parallele zur Trauflinie eingezeichnet. Die Höhengrundlinien schneiden sich dort, wo die zugehörigen Dachflächen sich verschneiden. Demnach können die ersten Dachverschneidungsgrundlinien (Gratgrund- beziehungsweise Kehlgrundlinien) gerissen werden. Sie verlaufen von den Schnittpunkten der Traufgrundlinien über die Schnittpunkte der Höhenlinien im Grundriss.

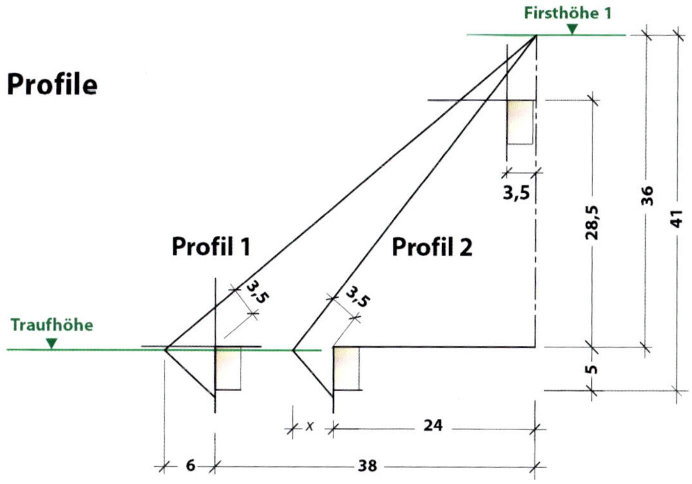

Bild 145: Die beiden im Modell „eingebauten" Profile

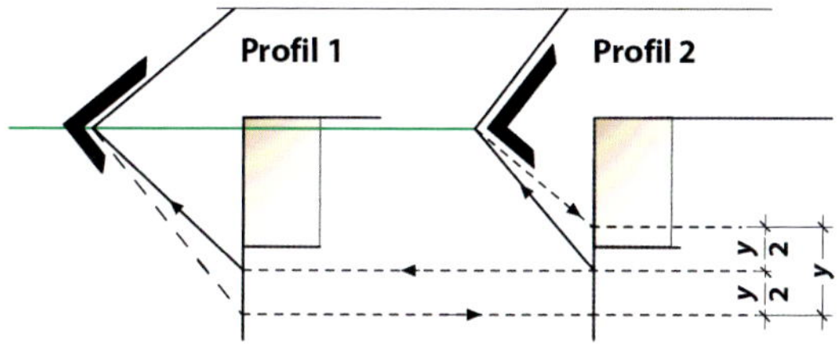

Bild 146: Die Abschnittswinkel an den Sparrenköpfen kommen zustande durch die mittlere Höhe der rechtwinkligen Hexenschnittlinien. Die so aufeinander abgestimmten Abschnittswinkel bringen Vorteile bei den Hexenschnitten an Grat- und Kehlsparren.

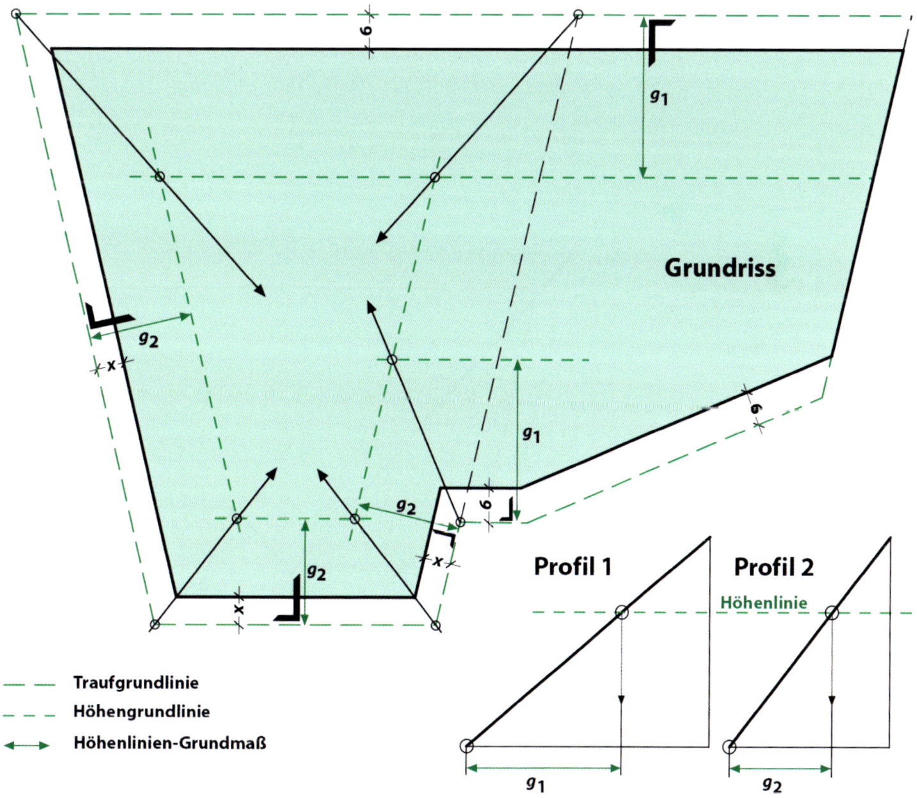

Bild 147: Die ersten Schritte bei der Dachausmittlung.

Die Firstgrundlinien ergeben sich aus der Ergänzung der beiden ineinander geschachtelten Dachkörper, die in **Bild 148** rechts unten unabhängig voneinander dargestellt sind.

Da jeweils an den gegenüberliegenden Traufen gleiche Dachneigungen auftreten, müssen die Firstgrundlinien in der Mitte zwischen den waagerechten Traufgrundlinien verlaufen. Die geneigte („steigende") Traufe wird dabei also nicht berücksichtigt!

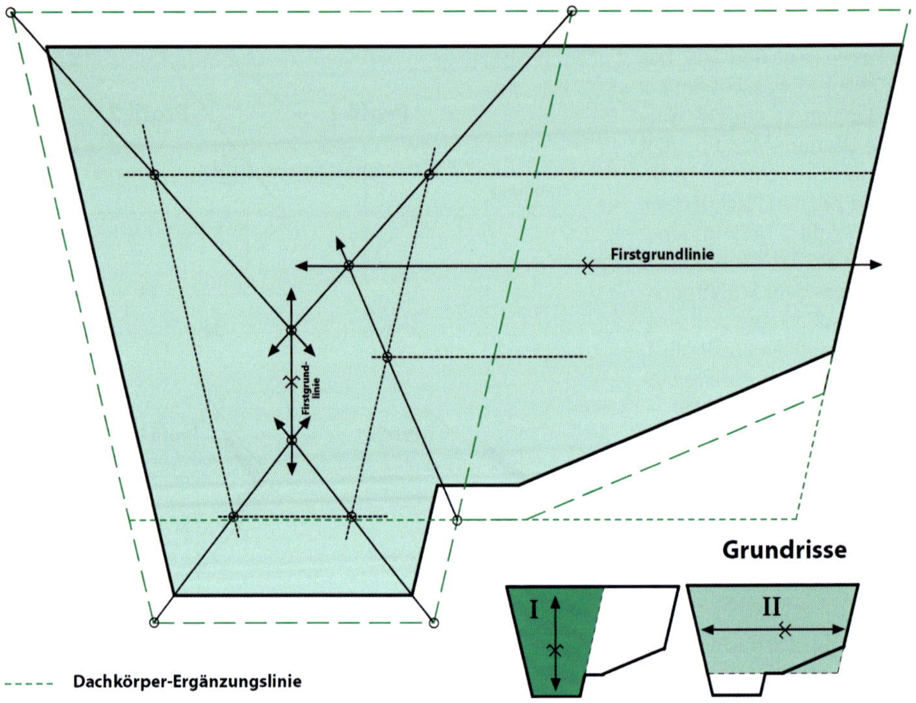

Bild 148: *Der Dachkörper setzt sich aus zwei Teildachkörpern zusammen. Nach dem Einzeichnen der Firstgrundlinien „schließt" sich die Dachausmittlung.*

Die Dachausmittlung ist damit abgeschlossen (**Bild 149**), die Dachverschneidungslinien liegen im Grundriss fest.

Im nächsten Schritt werden die Holzbreiten eingezeichnet und die Sparren und Schifter eingeteilt.

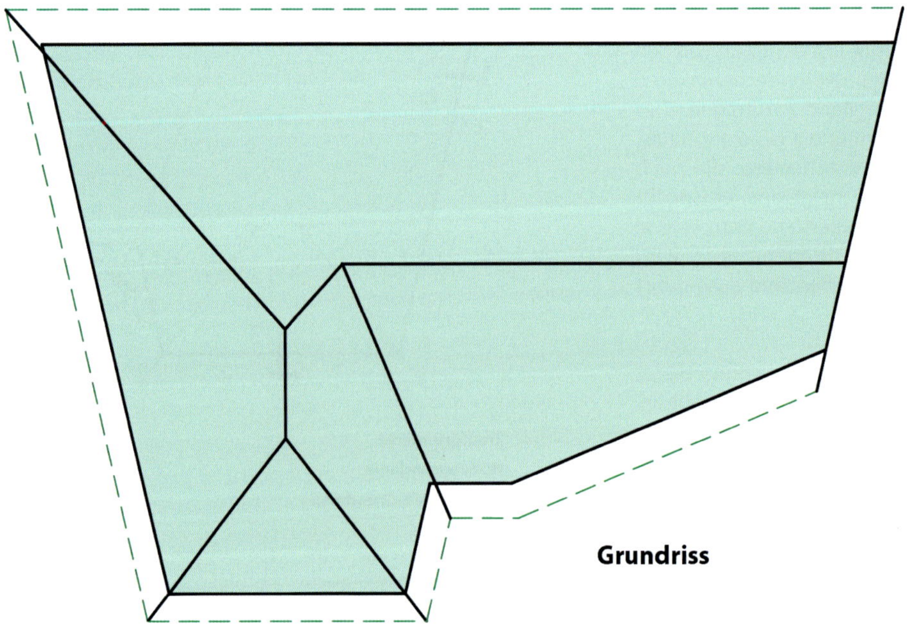

Bild 149: *Die fertige Dachausmittlung für das Modell*

Holzdimensionen: Pfettenlage – Grate und Kehlen – Sparren und Schifter

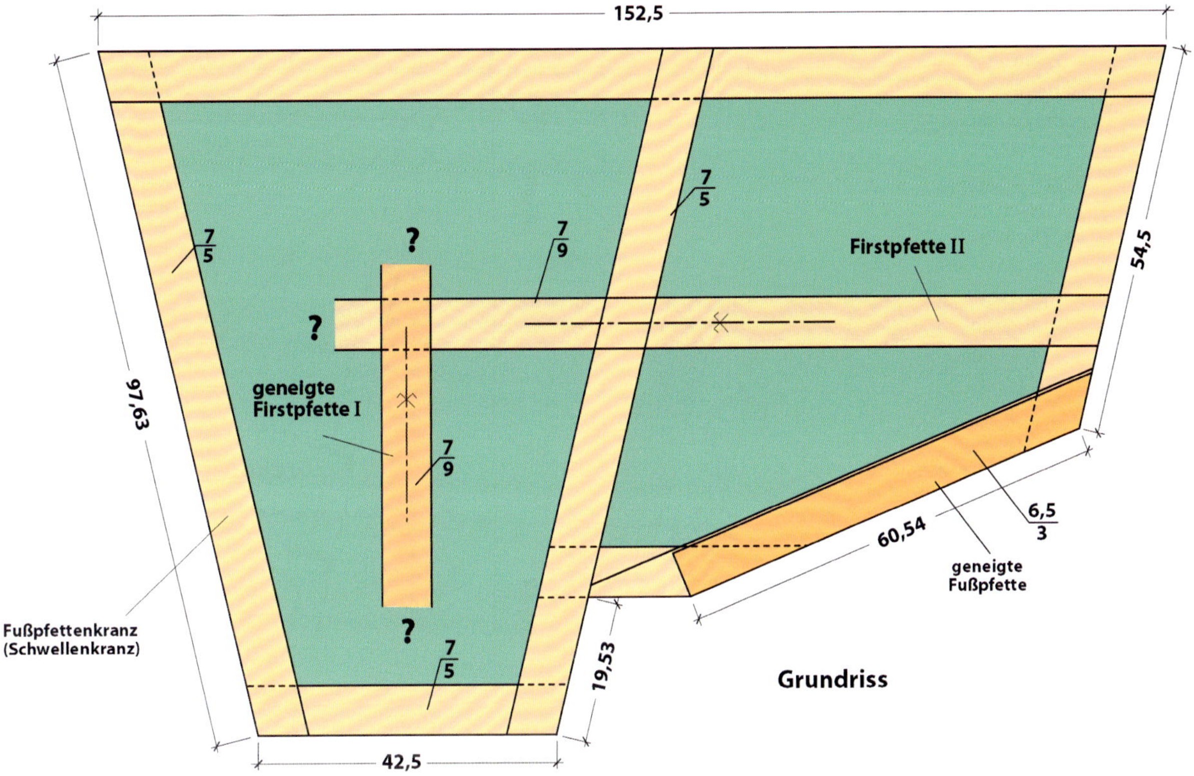

Bild 150: Lage der Fußpfetten, Schwellen und Firstpfetten im Grundriss. Die Abschnitte der Firstpfetten (siehe Fragezeichen) sind noch nicht ermittelt.

Nach erfolgter Dachausmittlung und der darin erfolgten Festlegung der Dachverschneidungslinien können nun die einzelnen Hölzer mit ihren Abmessungen in die Dachausmittlung eingefügt werden.

Die Pfetten

Das Modell weist einen Fußpfettenkranz aus Hölzern ***b*** = **7 cm**, ***h*** = **5 cm** und zwei Firstpfetten aus Hölzern ***b*** = **7 cm**, ***h*** = **9 cm** auf. Damit das Modell verwindungssteif, standfest und einfach transportierbar ist, empfiehlt sich der Zuschnitt des Hausgrundes aus einem Plattenwerkstoff nach den Maßen in **Bild 144**. Auf dieser Platte werden die an ihren Stößen überblattenden Fußpfetten zum Fußpfettenkranz zusammengefügt und später auch die Pfosten unter die Firstpfetten befestigt.

Bild 150 zeigt Lage und Bemaßung der Pfetten im Grundriss. Dabei wird jetzt noch nicht sichtbar, ob und gegebenenfalls wie die einzelnen Pfetten geneigt sind („steigen" oder „fallen").

Die Fußpfetten

Die Hölzer des Fußpfettenkranzes liegen alle waagerecht auf der Platte auf. Zu der geneigten Traufe im Profil 1 des Dachteilkörpers II (siehe **Bild 143** und **Bild 144**) gehört eine geneigte Pfette mit den Dimensionen ***b*** = **6,5 cm**, ***h*** = **3 cm**. Diese schmiegt sich auf der einen Seite auf den Pfettenkranz (der hier eigentlich dann Schwelle heißen muss) und liegt im Bereich des Giebels auf einem Pfosten auf.

Firstpfette Dachkörper II

Da die Traufen des Dachkörpers II waagerecht und parallel zueinander liegen (**Bild 148**), liegt auch seine Firstlinie und damit die Firstpfette waagerecht. Sie ist auf der einen Seite am Giebel in der Giebelflucht und auf der anderen Seite in der Flucht der Außenkante der Firstpfette des Dachkörpers I abgeschnitten.

Firstpfette Dachkörper I

Da die Traufen des Dachkörpers I waagerecht und nicht parallel zueinander liegen (**Bild 148**), liegt seine Firstlinie zwar mittig zwischen den Trauflinien, aber sie steigt vom „engeren" zum „weiteren" Grundrissbereich.
Demzufolge muss auch – bei gleichem rechtwinkligem Obholz der Sparren – die Firstpfette geneigt sein.

Die Abschnitte der Firstpfette sollen hier übungshalber jeweils in der Ebene der Walmfläche liegen. Ihre Ermittlung zeigt **Bild 151**. Die schrittweise Vorgehensweise kann wie folgt aussehen:

1. Rechtwinklig zur Traufe werden durch die beiden Firstpunkte (Gratanfallpunkte) ***FP1*** und ***FP2*** zwei Normalprofil-Grundlinien gelegt. Sie schneiden die Pfetten-Außenkante in den Punkten ***PF1*** und ***PF2***.
2. Außerhalb des Grundrisses (hier oben) wird das zugehörige Profil (Profil 2) mit seiner Grundlinie rechtwinklig zur Traufe gerissen. Die Firstpunkte ***FP1*** und ***FP2*** liegen auf OK-Sparren, die Pfettenpunkte ***PF1*** und ***PF2*** auf der Obholzlinie. Damit stehen die Höhen dieser Punkte fest.
3. Diese Höhen werden übertragen in den Längsschnitt A-A durch die Pfettenachse, wo sie mit Hilfe der Verbindungslinien aus dem Grundriss wiederum höhenmäßig festgelegt werden.
4. Es ergeben sich die (gleichen) Steigungen von Firstlinie (***FP1***–***FP2***) und Pfettenoberkante (***PF1***–***PF2***). Die Strecke ***PF1***–***PF2*** wird nach beiden Seiten verlängert und mit den Neigungslinien (OK Sparren) der Profile 1 und 2 zum Schnitt gebracht.
5. Wird nun noch die Höhe der geneigten Firstpfette mit **9 cm** nach unten abgetragen, können die Abschnittflächen an den Pfettenenden im Grundriss dargestellt werden.

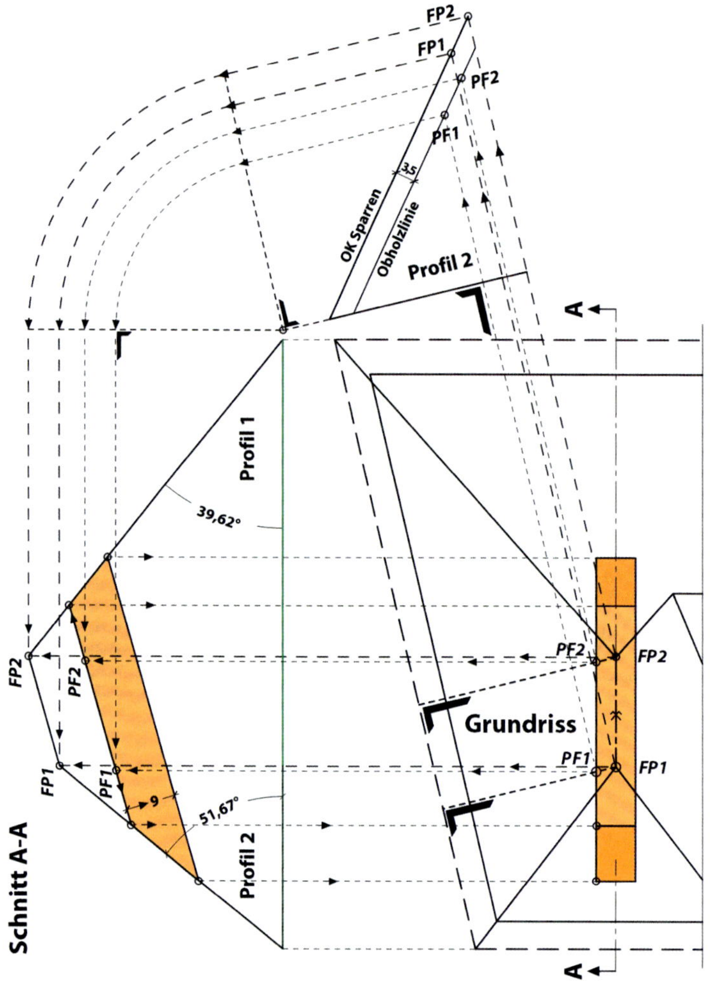

Bild 151: Ermittlung der Abschnitte der Firstpfette II in den Ebenen der Walmdachflächen

Gratsparren *F*

Die beiden Gratsparren (***b*** = **3,5 cm**, ***h*** = **5,5 cm**) mit der Bezeichnung ***F*** (ein „linker" und ein „rechter") liegen zwischen Dachflächen gleicher Neigung und deshalb mit der Gratgrundlinie in der Winkelhalbierenden zwischen den Traufen (**Bild 152**). Die Abgratungen sind beiderseits gleich, es findet keine Gratgrundverschiebung statt.

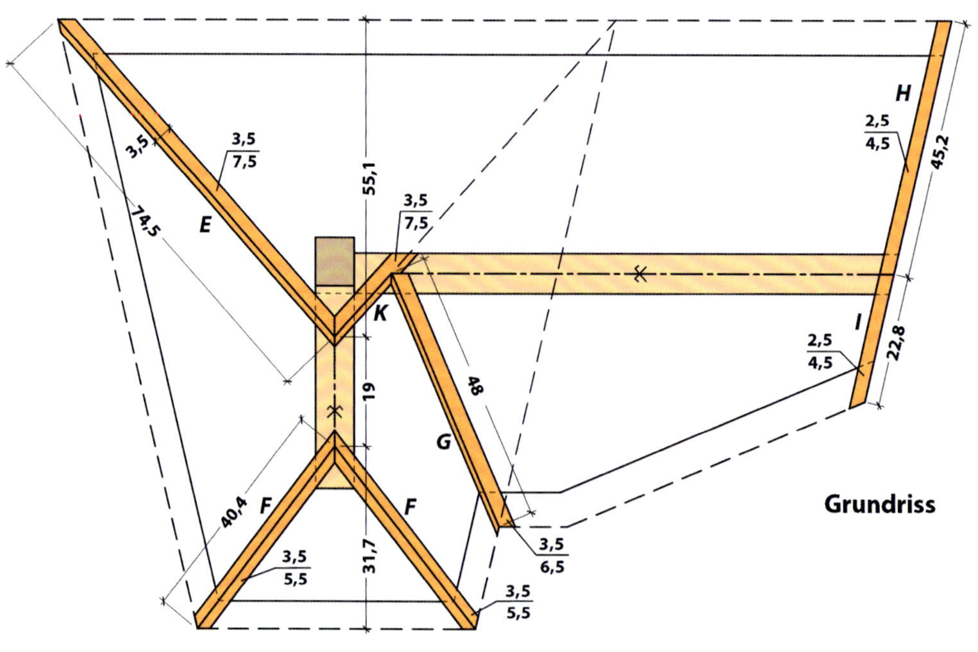

*Bild 152: Dimensionen und Kontroll-Grundmaße der Gratsparren **E** und **F**, des Verfallgratsparrens **K**, des Kehlsparrens **G** und der schrägen Giebelsparren **I** und **K***

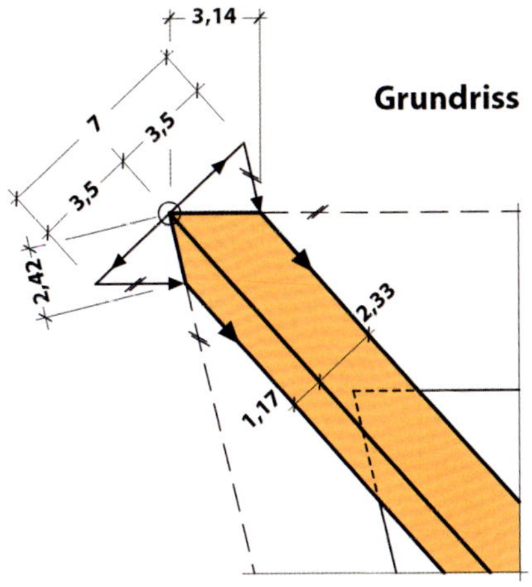

Bild 153: *Gratgrundverschiebung am Gratsparren **E** mit der „Parallelogramm-Methode". Die Gratgrundverschiebung des Verfallgratsparrens **K** geschieht – spiegelverkehrt – auf die gleiche Weise.*

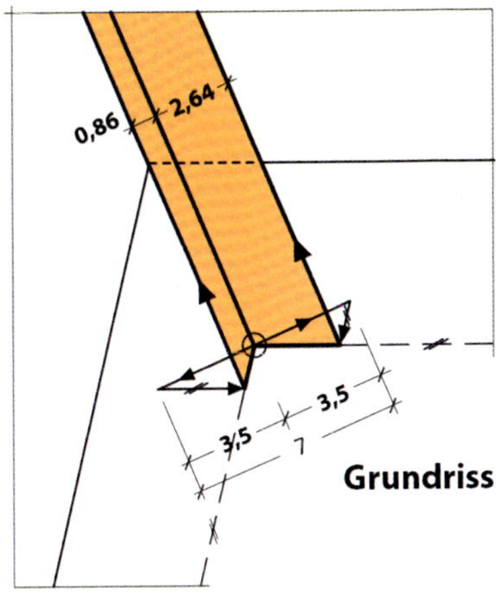

Bild 154: *Gratgrundverschiebung am Kehlsparren **G** mit der „Parallelogramm-Methode"*

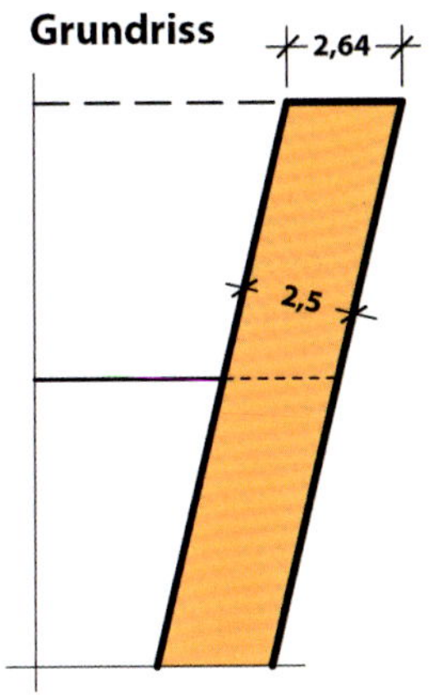

Bild 155: *Bemaßtes Detail am Anschlusspunkt von Traufe und Ortgang mit dem schrägen Giebelsparren*

160,3 – 3,14 – 2,64 = 154,52
+ 1 Sparrenbreite 2,50
= 157,02
geteilt durch 7 Felder = 22,43

(Die Schiftereinteilung auf dieser Seite wurde in dieser Weise ausgeführt, damit auf der Gegenseite ein Schifter am Beginn des Anstieges der Traufe liegt)

Gratsparren *E*

Der Gratsparren ***E*** (***b*** = 3,5 cm, ***h*** = 7,5 cm) liegt zwischen Dachflächen ungleicher Neigung und wird im Grund verschoben (**Bild 152**). Den Vorgang verdeutlicht **Bild 153**.

Verfallgrat *K*

Der Verfallgrat ***K*** (***b*** = 3,5 cm, ***h*** = 7,5 cm) ist das „gekürzte" Gegenstück zu Gratsparren ***E*** und wird wie dieser im Grund verschoben (**Bild 153**).

Kehlsparren *G*

Auch der Kehlsparren ***G*** (***b*** = 3,5 cm, ***h*** = 6,5 cm) wird im Grund verschoben. Den Vorgang zeigt **Bild 154**.

Schräge Giebelsparren

Die schrägen Giebelsparren (***b*** = 2,5 cm, ***h*** = 4,5 cm) liegen mit ihrer Außenkante bündig zum Hausgrund. Das bemaßte Detail an der Traufe zeigt **Bild 155**.

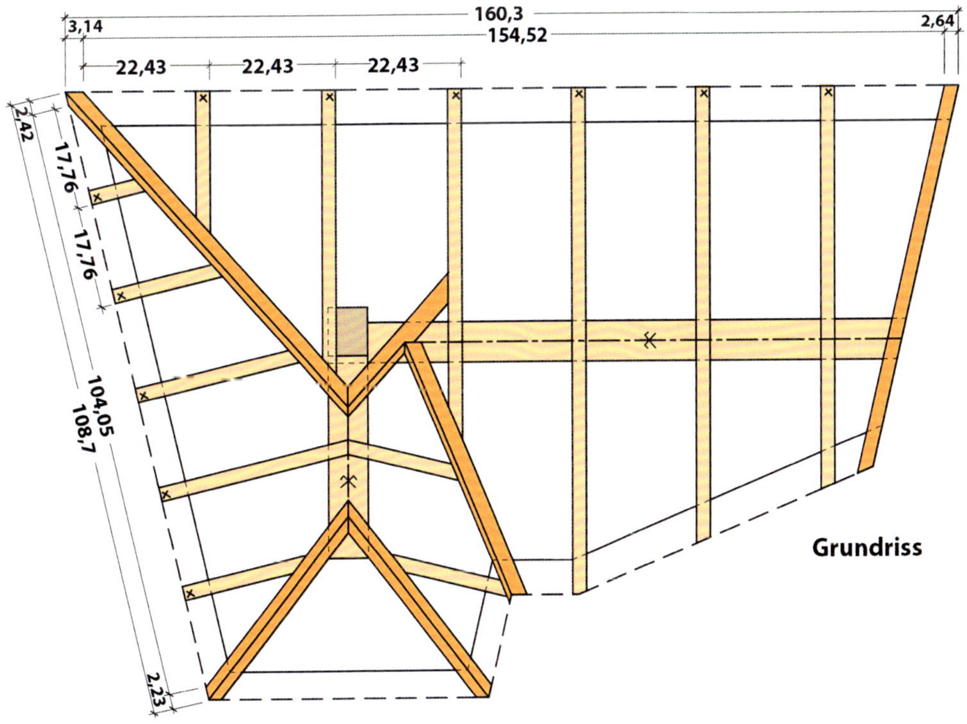

Bild 156: *Einteilung der Sparren und Schifter, für 7 Felder bei Profil 1 und für 6 Felder bei Profil 2 mit den zugehörigen Maßen und Rechengängen. Der Verfallgrat ist nun bis zum nächsten Sparren verlängert.*

Schifter

Die Einteilung der Schifter geht aus von den jeweils einzigen „vollständigen" (und längsten) Traufen von Profil 1 und Profil 2 und wird jeweils auf der anderen Dachkörperseite übernommen. Die vermaßte Sparren- beziehungsweise Schiftereinteilung zeigt **Bild 156**. Damit ist die Einteilung der wichtigsten Hölzer im Grundriss fertiggestellt. Die nächsten Tätigkeiten werden darin bestehen, die einzelnen Hölzer auszutragen und anzureißen.

Kehlsparren bei ungleich geneigten Dachflächen

Als erster Einzelstab soll hier der Kehlsparren G zwischen den Profilen 1 und 2 abgehandelt werden.

Kehlsparren *G*

Der Kehlsparren mit der Bezeichnung ***G*** hat die Dimensionen ***b*** = **3,5 cm** und ***h*** = **6,5 cm**. Er stellt das Verbindungsholz unter der einzigen Kehllinie zwischen den beiden Dachkörpern dar.

Die beiden hier aneinanderstoßenden Dachflächen weisen unterschiedliche Profile (nämlich Profil 1 und Profil 2) auf und sind unterschiedlich geneigt. Um gleiche Abgratungshöhen zu erhalten, wurde der Kehlsparren bereits im Grund „verlegt" (**Bild 154**).

Um den Gratsparren anreißen zu können, muss er so in eine Zeichnungsebene „gebracht" werden, dass seine wahren Maße sichtbar und damit übertragbar werden.

Dieser Vorgang soll unmittelbar in unserer Grundrisszeichnung durch eine „Abklappung" in die Zeichenebene Grundriss erfolgen. Das heißt nichts anderes, als dass das Profil (das „Kehlprofil") neben den Grundriss gezeichnet wird.
Ausgangslage ist demnach der Grundriss des Kehlsparrens (**Bild 157**). Die Abklappung erfolgt rechtwinklig zur Traufgrundlinie.

Damit stehen sämtliche Grundmaße des Kehlsparrens unmittelbar zur Verfügung.
Die Höhenmaße h_F zwischen Traufhöhe und Firsthöhe, h_S zwischen OK Schwelle und Firsthöhe und h_P zwischen OK Schwelle und OK Firstpfette müssen aus den Profilen 1 und 2 (**Bild 145**) entnommen und in die Abklappung übertragen werden.

Der Traufabschnitt des Kehlsparrens soll zunächst senkrecht erfolgen. Der Hexenschnitt ist Thema eines weiteren Kapitels.

Bild 158 zeigt den fertigen und im Modell eingebauten Kehlsparren.

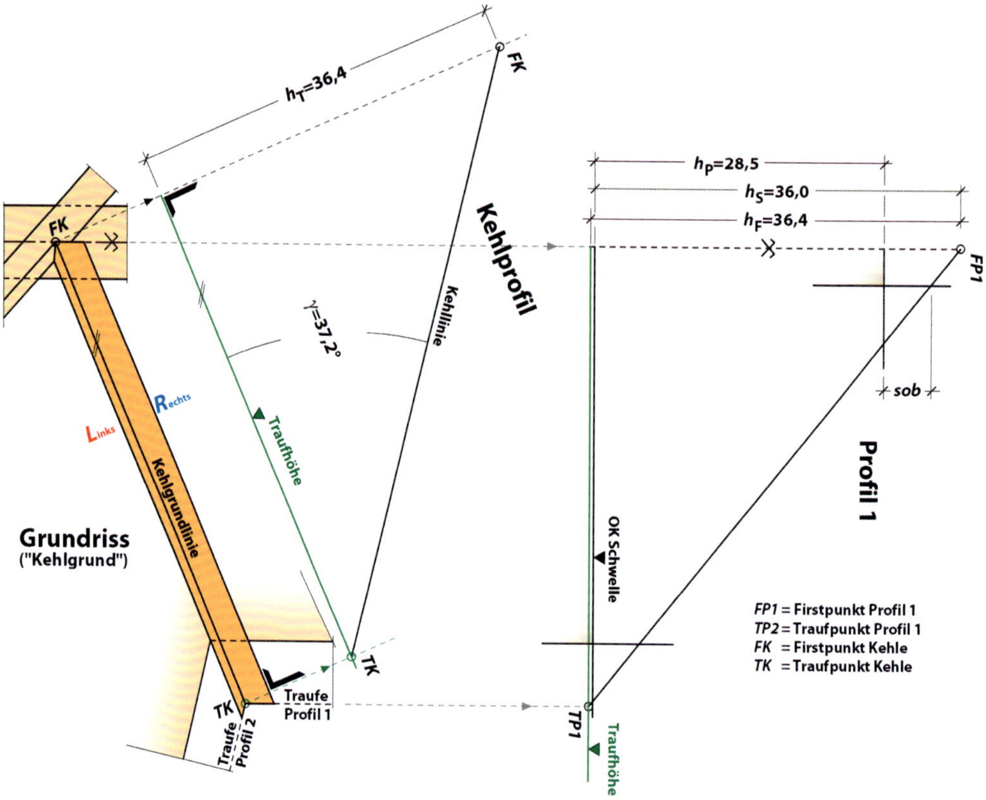

Bild 157: *Das Kehlprofil wird rechtwinklig zur Kehlgrundlinie ausgetragen („abgeklappt"). Damit stehen alle Grundmaße unmittelbar zur Verfügung. Die Höhenmaße kommen aus Profil 1.*

Bild 158: *Der fertige Kehlsparren, eingebaut in das Modell.*

Die Vorgehensweise

Die Vorgehensweise kann schrittweise folgendermaßen aussehen:

1. Reißen der Traufhöhe parallel zur Kehlgrundlinie.
2. Reißen der Firsthöhe parallel zur Kehlgrundlinie im Abstand h_F.
3. Reißen der Oberkante Schwelle (OK Schwelle) parallel zur Kehlgrundlinie im Abstand h_s zur Firsthöhe.
4. Reißen von Oberkante Firstpfette (OK Firstpfette) parallel zur Kehlgrundlinie im Abstand h_P zur OK Schwelle.
5. Bezeichnen der Seiten des Kehlsparrens im Grund – hier beispielsweise mit rechts „***R***“ und links „***L***“.
6. Übertragen des Firstsenkels (***FK–FK***) aus dem Grundriss in die Abklappung (in das Kehlprofil).
7. Übertragen des Traufsenkels (***TK–TK***) aus dem Grundriss in die Abklappung.
8. Die Strecke ***TK–TK*** im Kehlprofil ist die Kehllinie. Diese Kehllinie liegt innerhalb des Holzes und nicht an den Seitenflächen des Kehlsparrenholzes! Sie wird am Kehlsparrenholz erst dann sichtbar, wenn die Auskehlung ausgearbeitet ist.

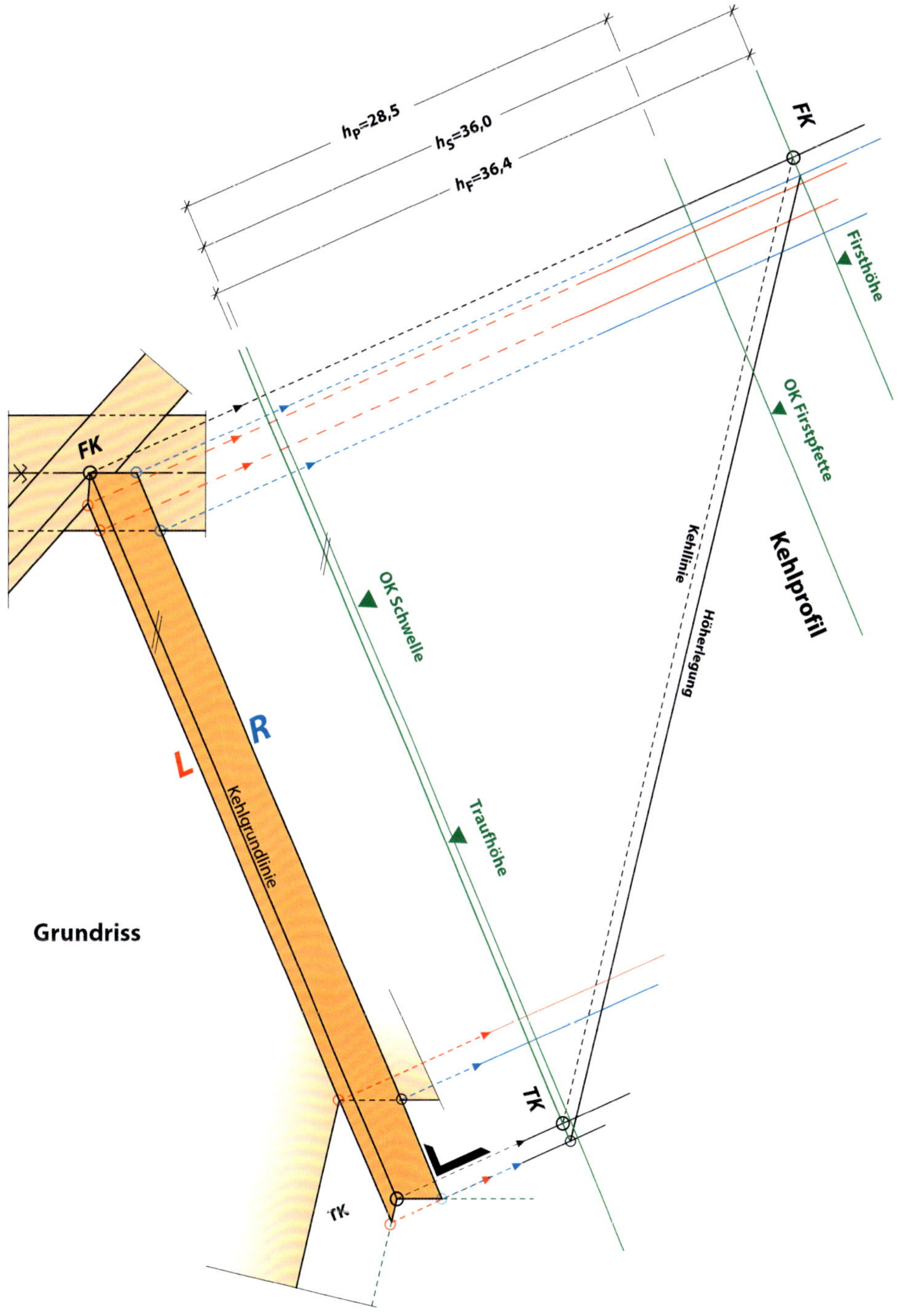

Bild 159: *Die Höherlegung ergibt sich aus den „Vorwüchsen“ des Kehlsparrens im Grundriss. Weil der Kehlsparren im Grund verlegt ist, liegen beide in der gleichen Ebene, nämlich der oberen Kantenfläche des rohen Kehlsparrenholzes.*

9. Die „Höherlegung“ (mancherorts auch als „Auskehlungslinie“ oder „Überhöhung“ bezeichnet) ergibt sich aus den „Vorwüchsen“ des Kehlsparrens an den Traufgrundlinien im Grundriss (**Bild 159**).
10. Wie aus dem Grundriss eindeutig ersichtlich ist, erhält der Kehlsparren an der Firstpfette eine sogenannte „Schleifkerve“ (auch als „Rutschklaue“ oder „Rutschkerbe“ bezeichnet). Dies bedeutet, dass der Kehlsparren nur auf einer Pfette aufliegt und deshalb die Pfettenkante gerade durch das Kehlsparrenholz hindurch verläuft. Da die Pfettenkanten waagerecht beziehungsweise senkrecht liegen, kann die Kerve im Kehlprofil mit je einem senkrechten und einem waagerechten Riss auf jeder Seitenfläche („Links“ und „Rechts“) eindeutig festgelegt werden. Die Waagerisse wurden bereits im 3. und 4. Schritt im Kehlprofil eingezeichnet.
11. An der Schwelle (Fußpfette) ist die Situation nicht ganz eindeutig. Der Schnittpunkt der beiden Schwellen liegt in unmittelbarer Nähe der linken Außenkante des Kehlsparrens. Da der geringe Abstand (rechnerisch rund 0,00034 m) beim Aufriss auf der Reißplatte keine Rolle spielt, wird auch an der Schwelle eine durchgehende Kerve wie an der Firstpfette ausgeführt.

12. Bild 160 zeigt die Situation beim Anreißen des Kehlsparrenholzes. Das Holz wird auf das Kehlprofil aufgelegt und die Pfetten-Senkelrisse und die Pfetten-Waagerisse an den jeweiligen Seiten angemerkt. Kantet man das Holz auf und verbindet die jeweiligen Punkte, wird die Pfettenrichtung erkennbar. Spätestens beim Übertragen und Zusammenführen der Punkte wird klar, wieso die eindeutige Bezeichnung mit „**R**" oder „**L**" so wichtig ist! **Bild 161** zeigt die fertig ausgearbeitete Kerve von der rechten Seite aus gesehen. Deutlich sichtbar: der Waageriss (im Aufriss = OK Firstpfette) und der Senkelriss (im Aufriss = **R**). Zur Kontrolle: Das senkrechte Obholz muss genauso groß sein wie im Profil 1!

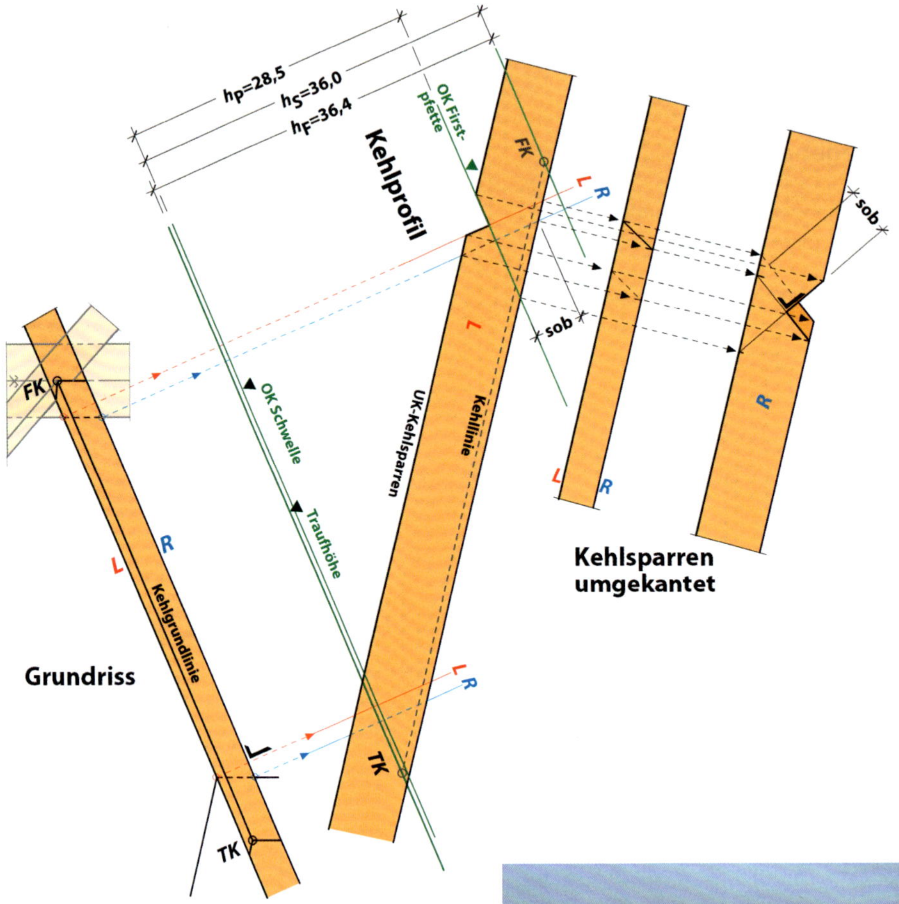

Bild 160: Anreißen der Pfettenkerven am aufgelegten Kehlsparrenholz. Die Waage- und Senkelrisse an den Seitenflächen und die Verbindungsrisse auf der oberen und unteren Kantenfläche des Kehlsparrenholzes beschreiben die Kerve.

13. Ermitteln und Anreißen des Abschnittes an der Traufe (**Bild 162**): Beim senkrechten Abschnitt müssen lediglich die Traufrichtungen bis zur anderen Seite des Kehlsparrens durchgezogen und senkrecht in das Kehlprofil übertragen werden.

14. Die Kehllinie verläuft innerhalb des Kehlsparrenholzes und tritt erst nach erfolgter Auskehlung zu Tage. Ihre Lage ergibt sich als Schnittpunkt aus dem Senkel durch den Kehltraufpunkt TK und aus der waagerechten Traufhöhe (**Bild 163**).

Bild 161: Die fertig ausgearbeitete Firstpfettenkerve von „R" gesehen

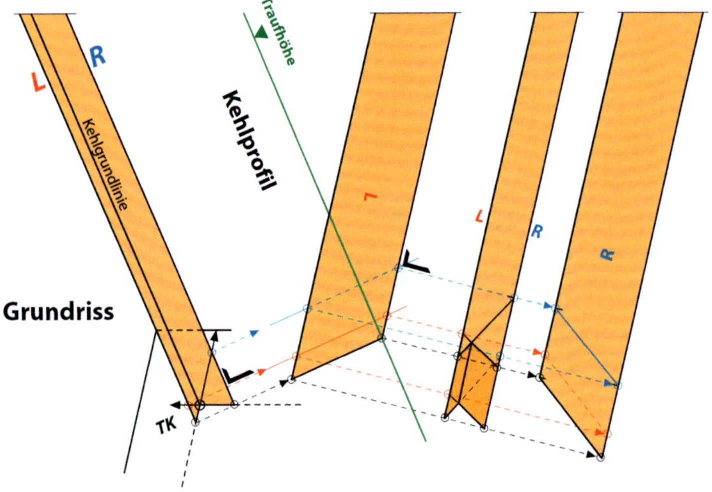

Bild 162: Der senkrechte Traufabschnitt

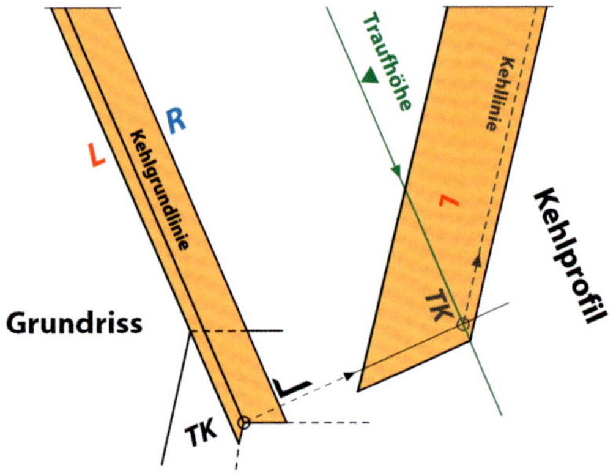

Bild 163: Lage der Kehllinie

15. Ermitteln und Anreißen des Abschnittes am First: Auch hier haben wir einen senkrechten Abschnitt, der auf die gleiche Art und Weise wie an der Traufe angerissen und ausgeführt wird.

Zunächst werden die beiden Abschnittslinien im Grundriss bis zur gegenüberliegenden Außenkante des Kehlsparren verlängert (**Bild 164**).

16. Die jeweiligen Endpunkte, jeweils einer auf der linken und einer auf der rechten Seite, werden in das Kehlprofil übertragen.

17. Werden die Risse richtig miteinander verbunden, entstehen wieder zwei „Abschnittsebenen" durch das Kehlsparrenholz (**Bild 165** und **Bild 166**).

Die waagerechte Firstlinie entsteht am Holz erst dann, wenn die Auskehlung erfolgt ist.

Bild 167 zeigt das Firstdetail vom Anbau her. Die Firstlinie geht gerade bis zum Anfallspunkt am Verfallgratsparren durch. **Bild 168** zeigt die Situation aus der anderen Richtung.

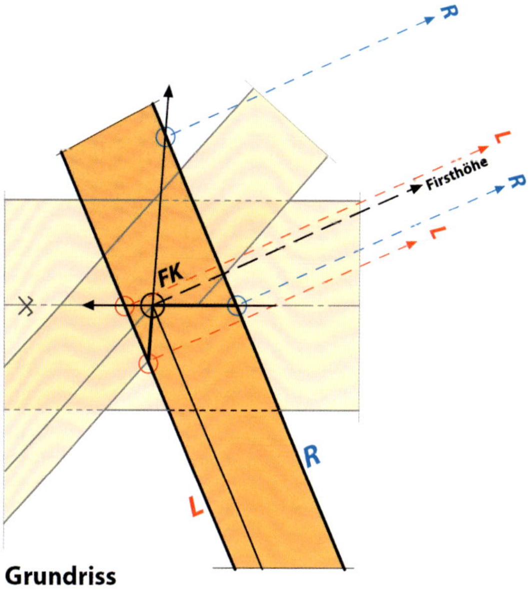

Bild 164: *Um die Richtung der Abschnitte auf beiden Seiten des Kehlsparrenholzes anreißen zu können, werden die Abschnittsrisse im Grundriss bis zur gegenüberliegenden Kante verlängert.*

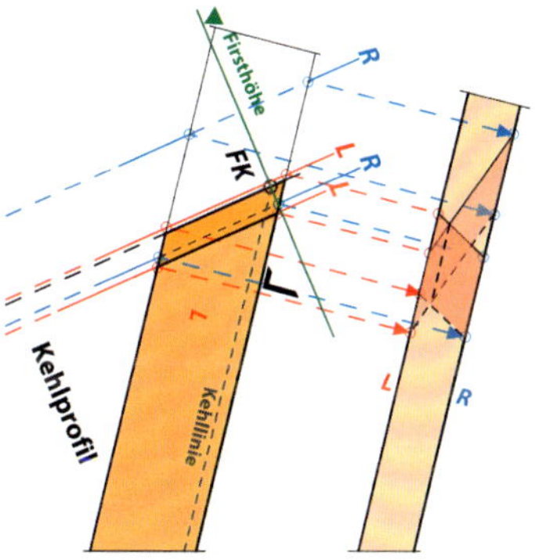

Bild 165: *Hier ist der Kehlsparren so umgekantet, dass man auf seine obere Kantenfläche schaut. Die beiden Schnittebenen sind rot schraffiert (weil sie senkrechte Ebenen sind).*

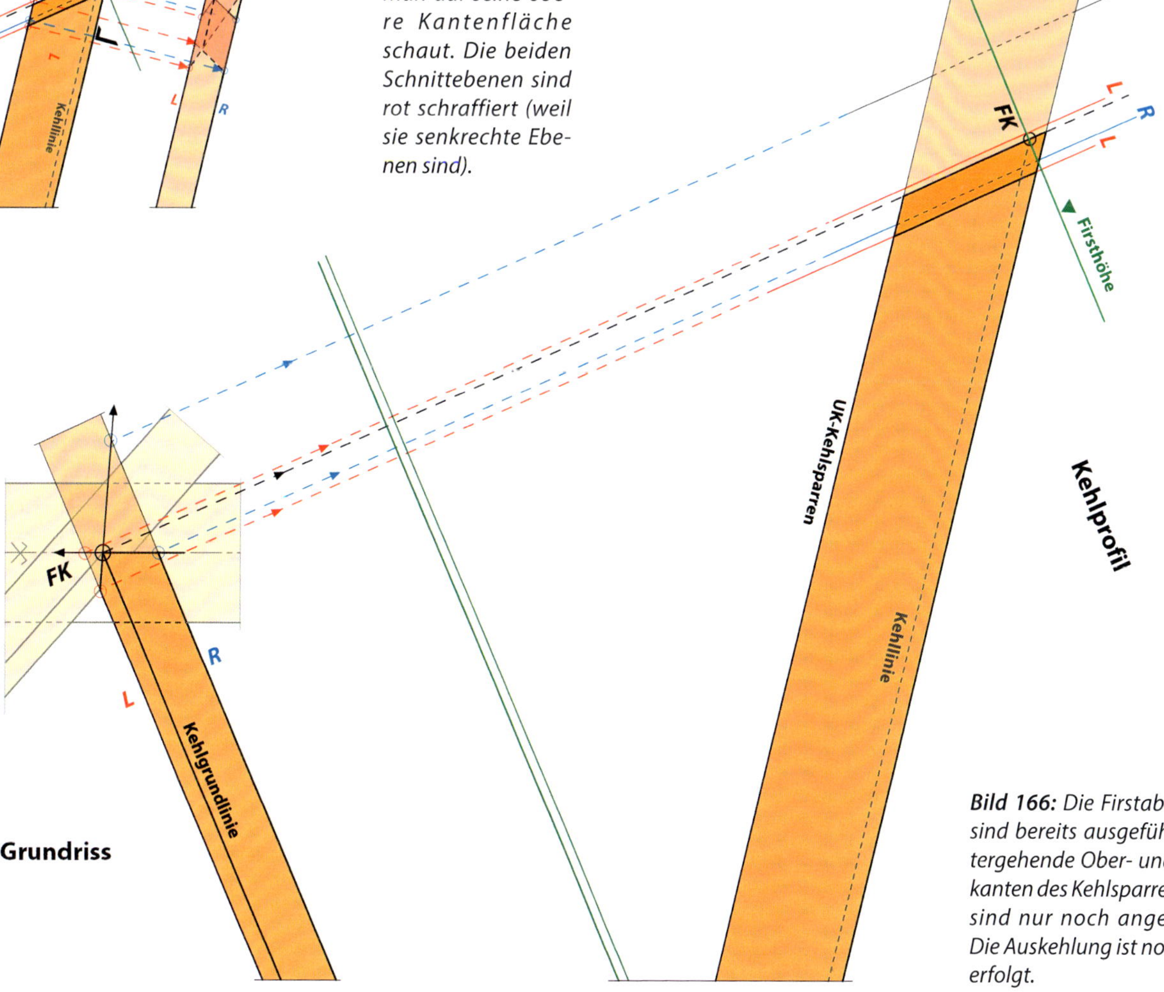

Bild 166: *Die Firstabschnitte sind bereits ausgeführt. Weitergehende Ober- und Unterkanten des Kehlsparrenholzes sind nur noch angedeutet. Die Auskehlung ist noch nicht erfolgt.*

Bild 167: *Der Firstabschnitt des Kehlsparrenholzes vom Anbau aus gesehen*

Bild 168: *Der Firstabschnitt des Kehlsparrenholzes von der gegenüberliegenden Dachseite aus gesehen*

Hexenschnitt beim Kehlsparren mit ungleicher Neigung

Als Hexenschnitt wird der Vorgang bezeichnet, mit dem der Traufabschnitt des Grat- oder Kehlsparrens an den Traufabschnitt der Sparren der angrenzenden Dachseiten (Profile) angepasst wird. Anreißvorgang und Ausführung werden am Kehlsparren des Modells gezeigt.

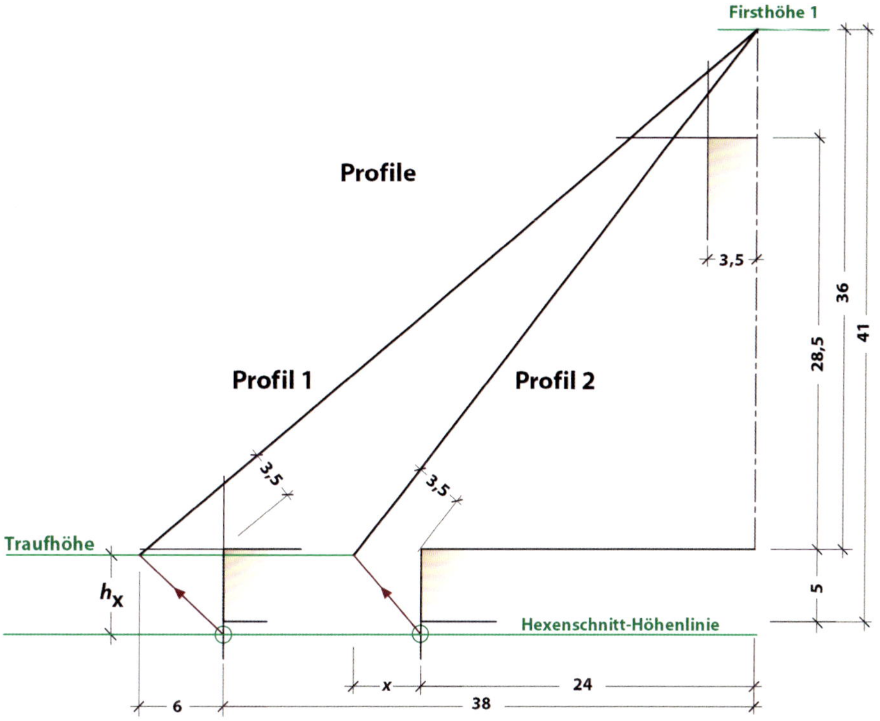

***Bild 169:** Die Traufabschnitte bei den beiden Profilen des Modells*

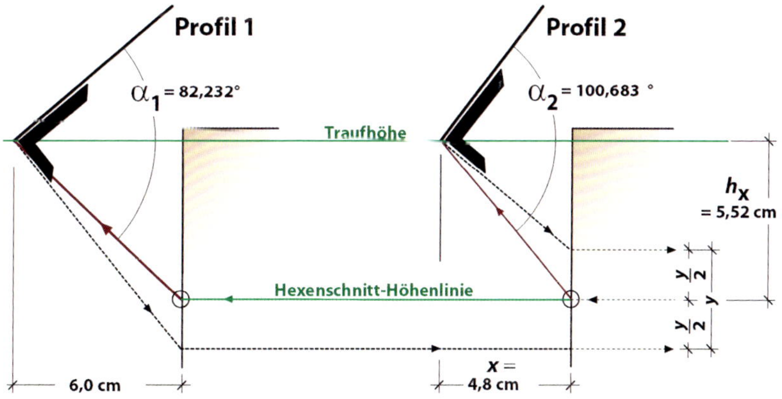

***Bild 170:** Entwicklung des „angepassten Hexenschnitts" und Festlegung der dabei erforderlichen Hexenschnitt-Höhenlinie*

Die Sparrenabschnitte

Bei senkrechten und waagerechten Traufabschnitten bei den Normalsparren gibt es keinen Hexenschnitt. Dann wird der Kehlsparren (alle hier genannten Grundsätze beziehen sich auch auf den Gratsparren) folgerichtig auch senkrecht oder waagerecht abgeschnitten.

Bei allen anderen Traufabschnittswinkeln wird der Kehlsparrenabschnitt in der Regel mit dem Hexenschnitt angepasst. Dies zum einen, weil es fachgerecht ist und „schöner" aussieht und zum zweiten, dass Traufstirnbretter am Kehlsparren befestigt werden können.

Wenn der Hexenschnitt angewendet wird, ist der Traufabschnitt des Kehlsparrens also abhängig von den Traufabschnitten der Sparren der anschließenden Profile. Unterscheiden sich die Neigungen der anschließenden Dachflächen erheblich, kann es vorkommen, dass der Traufabschnitt am Kehlsparren sehr ungleichmäßig gerät und die Verschneidungslinie der Abschnittsebenen in eine der Seitenkanten des Kehlsparrenholzes „hinausläuft".

Um dies zu verhindern, bietet sich der „angepasste Hexenschnitt" (**Bild 170**) an, der auf **Seite 71** nur kurz angedeutet wurde. Er soll hier noch einmal ausführlicher beschrieben werden.

Bild 169 zeigt, wie die Traufabschnittslinien der beiden Profile zustande kommen: Zu beiden Neigungslinien wird die rechtwinklige Abschnittslinie bis zur Hauskante geführt.
Durch den Punkt, der genau in der Mitte zwischen den beiden Auftreffpunkten liegt, werden die neuen Abschnittslinien beider Profile gezogen. Durch ihn verläuft auch die waagerechte Hexenschnitt-Höhenlinie.

Der Hexenschnitt

Für das Anreißen des Hexenschnittes gibt es einige Methoden, die hier aber nicht alle dargestellt werden können. Wichtig ist, dass grundsätzlich verstanden wird, um was es beim Hexenschnitt geht. Im vorliegenden Beispiel wird schrittweise gezeigt, wie der Hexenschnitt von beiden angrenzenden Dachseiten aus entsteht.

Bei der gezeigten Methode werden die Hexenschnittschmiegen jeweils gegenüber auf der Traufhöhe verschoben. Den Vorgang für die Seite mit **Profil 2** verdeutlichen die **Bilder 171** und **172**:

- Die Hexenschnittschmiege ergibt sich aus folgender Überlegung:
  Wenn die Traufabschnittslinie des Sparrens vom Traufpunkt bis zur Höhenlinie an der Hauskante verläuft, so muss dies die Abschnittslinie am Kehlsparren auch tun. Das bedeutet, dass die Abschnittslinie im Grundriss von Punkt ***T_L*** bis Punkt ***PL verläuft*** und dass ***P_L*** auf der Hexenschnitthöhenlinie liegt.
- Wird ***P_L*** nun nach oben im Kehlprofil mit der Höhenlinie zum Schnitt gebracht, liegt die Richtung der Hexenschnittschmiege für **Profil 2** (***L***=Links) bereits fest.
- Um die Schnittlinien anreißen zu können, wird die Schmiege auch auf der anderen Seite des Kehlsparrens benötigt. Deshalb wird die „anlaufende" Trauflinie bis zur gegenüberliegenden Seite (***R***=Rechts) des Kehlsparrens verlängert. Der Schnittpunkt ***S*** liegt in Traufhöhe, deshalb kann er senkrecht nach oben übertragen und auf der Traufhöhenlinie markiert werden. Durch diesen Punkt verläuft nun die Hexenschnittschmiege auf der anderen Seite des Kehlsparrens.
- Das Kehlsparrenholz kann nun aufgelegt, die Anfallspunkte der Schmiegen auf die entsprechenden Seiten übertragen und auf dem Holz miteinander verbunden werden. Damit ist die Schnittebene von **Profil 2** angerissen.

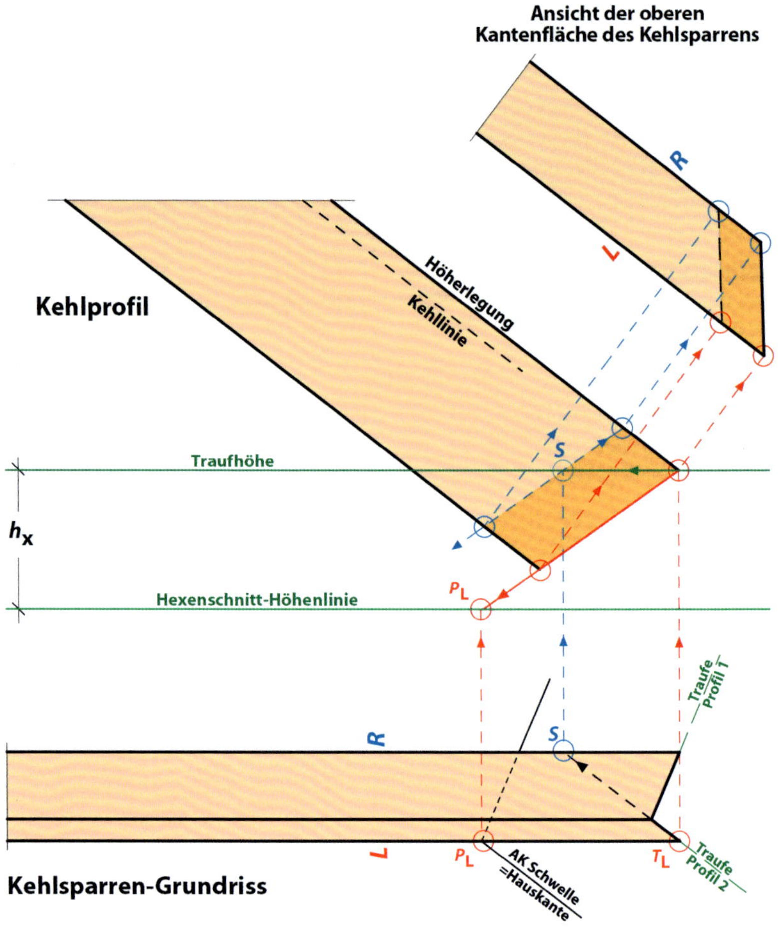

*Bild 171: Hier ist der vollständige Hexenschnitt mit dem Sparrenabschnitt von **Profil 2** durch den Kehlsparren hindurch dargestellt. Die dunkel angelegten Flächen sind die Schnittflächen in den verschiedenen Ansichten.*

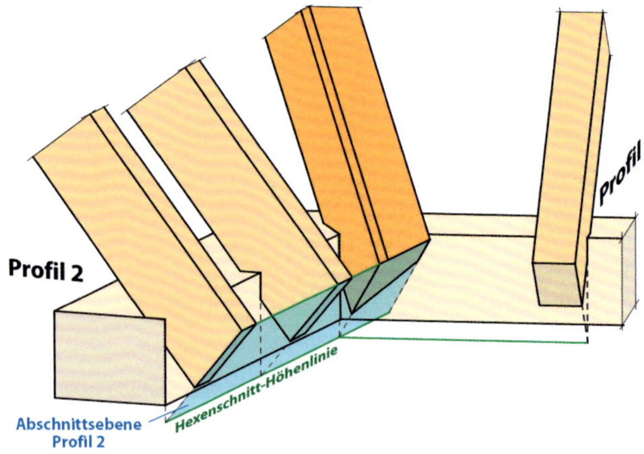

Bild 172: Der durchgehende Hexenschnitt mit dem Traufabschnittswinkel aus Profil 2 ist hier in der dreidimensionalen Ansicht dargestellt. Die von den Traufabschnittsflächen der Normalsparren in Profil 2 gebildete Ebene schneidet den Kehlsparren.

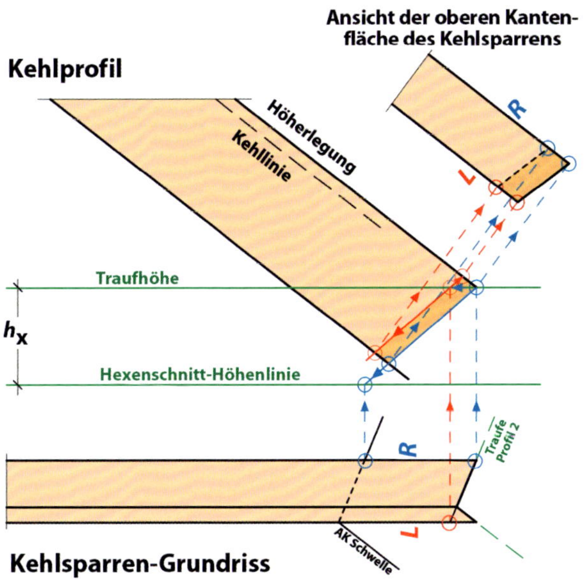

*Bild 173: Hier ist der vollständige Hexenschnitt mit dem Sparrenabschnitt von **Profil 1** durch den Kehlsparren hindurch dargestellt. Die dunkel angelegten Flächen sind die Schnittflächen in den verschiedenen Ansichten.*

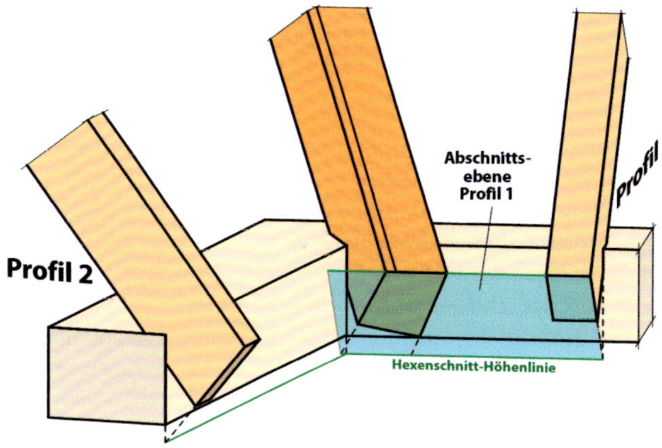

*Bild 174: Der Vorgang von **Bild 172** mit der Traufabschnittsebene aus **Profil 1**.*

Die Vorgehensweise für ***Profil 1*** ist grundsätzlich die gleiche wie eben für ***Profil 2*** gezeigt. Die **Bilder 173** und **174** veranschaulichen den Vorgang.

Zeichnet man beide Schnittebenen in die dreidimensionale Ansicht, so sieht das aus wie in **Bild 175** gezeigt. In **Bild 176** hingegen sind die Schnittebenen nur bis zu der Linie gezogen, die auf beiden Ebenen liegt und damit die Verschneidungslinie zwischen den beiden Ebenen bildet.

Das angerissene aber noch nicht ausgearbeitete „transparente" Kehlsparrenholz zeigt **Bild 177**. Die Abschnittsebene von Profil 2 ist blau eingezeichnet, die Abschnittsebene von Profil 1 dagegen rot. In **Bild 178** schließlich wird deutlich, wie die Verschneidungslinie verläuft und wie wichtig die Anwendung des „angepassten Hexenschnittes" war: Von beiden Seiten (Profilen) her ist genügend Auflagefläche für das etwaige Anbringen von Stirnbrettern am Kehlsparrenkopf.

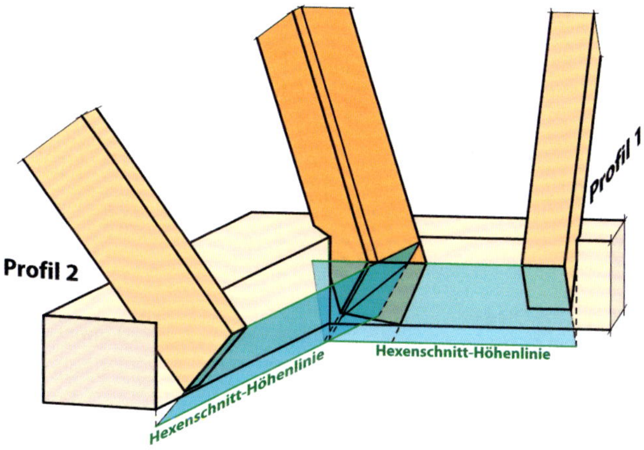

Bild 175: Die beiden Traufabschnittsebenen schneiden sich innerhalb des Kehlsparrens.

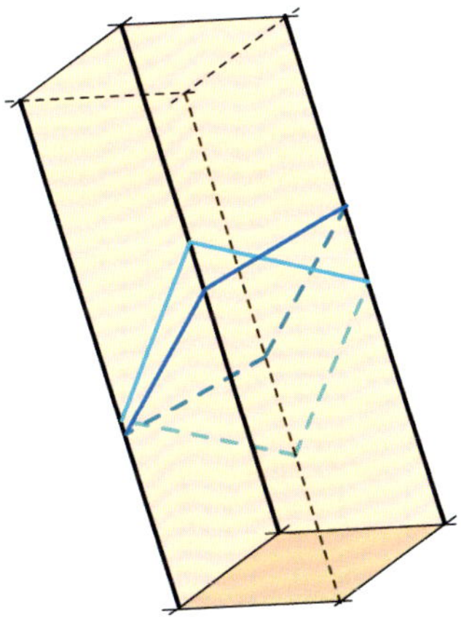

Bild 177: Das angerissene Kehlsparrenholz. Die dunkelblauen, rund um das Holz verlaufenden Risse beschreiben die Abschnittsebene von Profil 2, die hellblauen Risse jene von Profil 1.

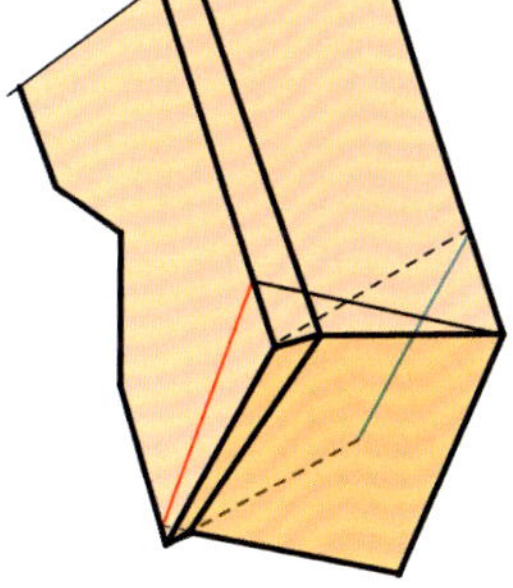

Bild 178: Der fertig ausgearbeitete Traufabschnitt des Kehlsparrens mit den gestrichelt angedeuteten Abschnittsrissen, die bei der Ausarbeitung der Auskehlung weggefallen sind

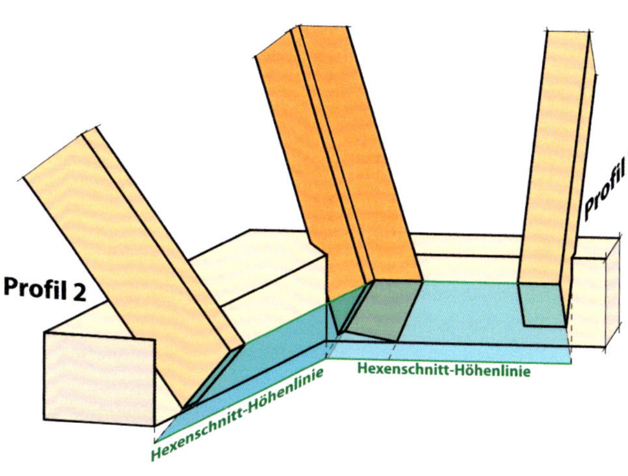

Bild 176: Die Verschneidungslinie verläuft durch den Traufpunkt. Dieser liegt auf der Trauflinie, die erst sichtbar wird, wenn die Auskehlung ausgearbeitet ist.

Der verkantete schräge Giebelsparren

Für das Schiften der beiden schrägen Sparren mit den Bezeichnungen *H* und I gibt es verschiedene Möglichkeiten. In diesem Abschnitt soll der Vorgang des Verkantens am Beispiel des schrägen Giebelsparrens *H* gezeigt werden.

Schräge Sparren

Schräge Sparren können in zwei „Typen" unterschieden werden:

1. Der schräge Giebelsparren als Abschluss einer Dachfläche an einem nicht rechtwinklig zur Traufe verlaufenden Ortgang (**Bild 179**).
2. Der schräge Flugsparren als Abschluss eines giebelseitigen Dachüberstandes, bei dem die Firstpfette weiter auskragt als die Fußpfette (**Bild 180**).

Verkanten oder Abgraten?

Unter dem ***Verkanten*** eines Konstruktionsholzes ist ganz allgemein zu verstehen, dass seine Seitenflächen nicht mehr senkrecht stehen (**Bild 181**).
Bezogen auf unser Modell kommt eine Verkantung des schrägen Giebelsparrens ***H*** dann zustande, wenn er um den Firstpunkt ***F*** so gedreht wird, dass seine obere Kantenfläche in der Dachfläche liegen bleibt.

Die Vorteile des Verkantens liegen darin, dass die obere Kantenfläche nicht abgegratet werden muss. Zudem verlaufen die Pfettenkerven gerade durch das Sparrenholz, da die obere (die Dachflächenebene) und untere Kantenfläche des Sparrens in Parallelebenen zu der Ebene zwischen den Pfettenkanten verlaufen (**Bild 182**). Mit dem Verkanten wird Arbeit gespart, weil die Abgratung wegfällt und die Pfettenkerven mit der gleichen Kervenfräseneinstellung wie die Normalsparren erzeugt werden können.

Das Verkanten ist vor allem bei einzelnen oder symmetrischen schrägen Flugsparren sinnvoll.

Von ***Abgraten*** sprechen wir dann, wenn eine Kante eines Sparrens durch seine Schräglage über die Dachfläche hinausragt und dieser Grat abgenommen werden muss, damit beispielsweise die Schalung oder Lattung korrekt aufliegen kann.

Bezogen auf unser Modell wird eine Abgratung des schrägen Giebelsparrens ***H*** (vergleiche **Bild 152** auf **Seite 74**) dann erforderlich, wenn er um die Senkrechte durch ***F*** gedreht wird und dabei seine Seitenflächen senkrecht bleiben (**Bild 183**). Der schräge Giebelsparren kann dann auch als „halber Gratsparren" angesehen werden.

Die Abgratung ist dann sinnvoll, wenn die Sparren-Seitenflächen am Giebel senkrecht stehen sollen (zum Beispiel zum Anbringen eines Ortgangbrettes) oder wenn keine Symmetrie vorliegt und die verkanteten schrägen Sparren zweier Dachseiten am First nicht sauber „zusammenlaufen" würden (siehe hierzu auch **Bild 187** auf **Seite 86**).

In der Folge wird der schräge Giebelsparren ***H*** als verkanteter schräger Sparren ausgeführt.

Die dabei im Zusammenhang mit der gegenüberliegenden Dachseite entstehenden „Probleme" werden zeigen, dass an dieser Stelle der abgegratete schräge Sparren besser geeignet ist.

Die Ausführung des abgegrateten, mit seinen Seitenflächen senkrecht stehenden, schrägen Sparrens wird später anhand des schrägen Giebelsparrens mit der Bezeichnung ***I*** gezeigt.

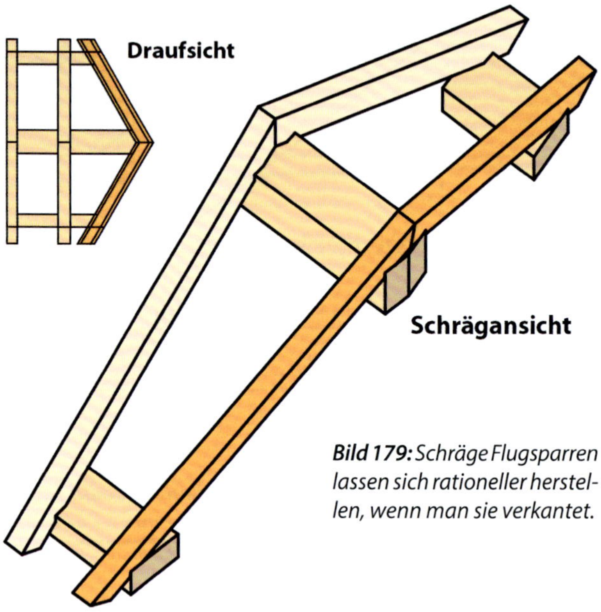

Bild 179: Schräge Flugsparren lassen sich rationeller herstellen, wenn man sie verkantet.

Bild 180: Schräge Giebelsparren werden am besten abgegratet.

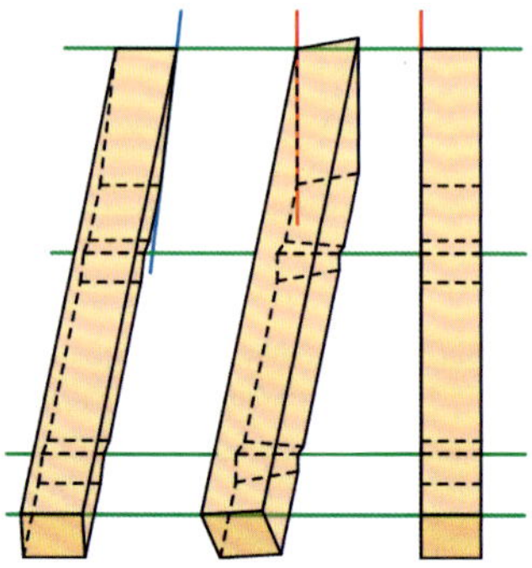

Bild 181: Vorderansichten von Sparren. Rechts: Normalsparren; Mitte: Schräger Sparren, nicht verkantet (Seitenflächen senkrecht, muss abgegratet werden); Links: Schräger Sparren, verkantet (Seitenflächen nicht senkrecht, obere Kantenflächen in Dachfläche)

Bild 182: Beim verkanteten schrägen Sparren bleibt die obere Kantenfläche des Sparrens in der gleichen Ebene (der Dachflächenebene) wie der des Normalsparrens. Die Seitenflächen sind dann nicht mehr senkrecht! Die Kerven verlaufen geradlinig.

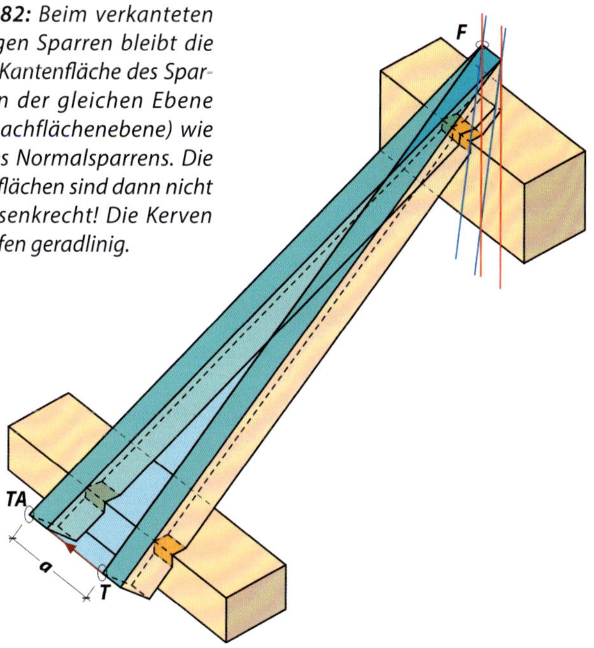

Schrägansichten

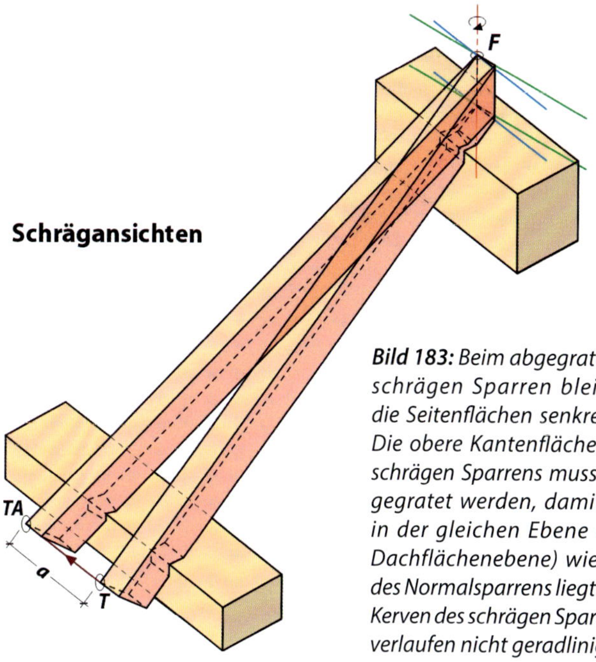

Bild 183: Beim abgegrateten schrägen Sparren bleiben die Seitenflächen senkrecht. Die obere Kantenfläche des schrägen Sparrens muss abgegratet werden, damit sie in der gleichen Ebene (der Dachflächenebene) wie die des Normalsparrens liegt. Die Kerven des schrägen Sparrens verlaufen nicht geradlinig.

Wird der schräge Sparren verkantet, so entspricht seine Breite in der Draufsicht nicht mehr seiner wahren Breite (vergleiche **Bild 181**). Da die obere Kantenfläche jedoch unverändert in der Dachflächenebene verbleibt, kann der verkantete schräge Sparren in der Flächenansicht (der Draufsicht auf die Dachfläche, oft auch als „Flächenprofil" bezeichnet) in seiner wahren Breite gerissen werden. Eine Möglichkeit für die Ermittlung des Abgratungs- beziehungsweise Verschiebungsmaßes ***v*** über den Traufsenkel zeigt **Bild 184**:

1. Im Normalprofil wird aus dem Traufpunkt ***T*** eine Waagerechte durch die Unterkante des Normalsparrens (***P0***) bis zum Schnittpunkt ***P1*** mit dem Firstsenkel gezogen.
2. Rechtwinklig zur Profilneigung wird aus dem Schnittpunkt ***P1*** eine Linie bis zur Normalsparren-Oberkante gezogen (***P2***).
3. Aus diesem Punkt ist eine Senkrechte in den Grundriss zu ziehen, die dort die Außenkante des schrägen Sparrens in ***P3*** schneidet.
4. Rechtwinklig zur Traufgrundlinie wird aus ***P3*** eine Linie bis zu Punkt ***P4*** auf der Firstgrundlinie gezogen.
5. Nun ist die Verbindung zwischen ***P4*** und ***TA*** zu reißen.
6. Aus dem Punkt ***P0*** auf der Unterkante des Normalsparrens wird ein Senkelriss gezogen. Er schneidet die Linie ***P4–TA*** in ***P6***.
7. Aus ***P0*** wird rechtwinklig zur Oberkante des Sparrens und zur Klappachse eine Linie in die Ausklappung gezogen, wo an der Außenkante des schrägen Sparrens Punkt ***P7*** entsteht. Er entspricht ***P6*** im Grundriss.

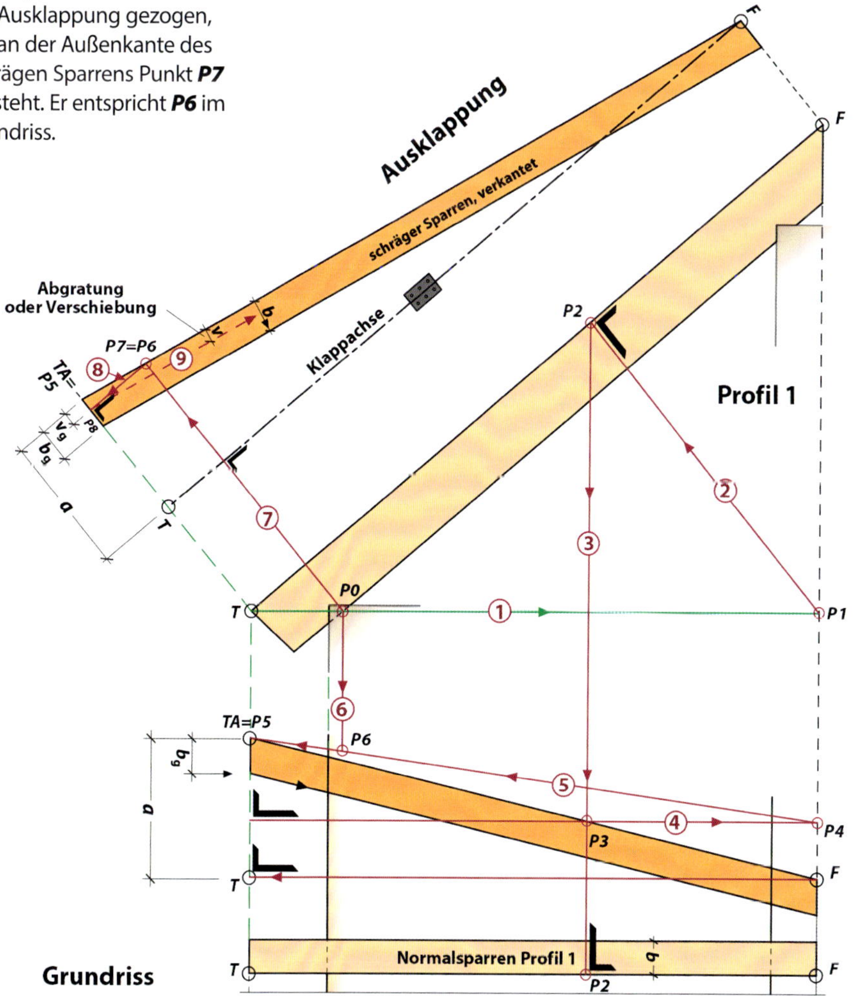

*Bild 184: Ermittlung des Maßes **v**, um das der verkantete schräge Sparren seitlich abgegratet oder verschoben werden muss.*

Bild 185

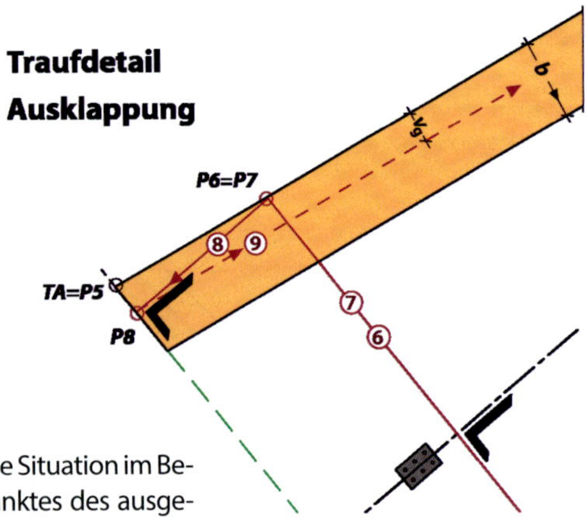

Bild 185 zeigt die Situation im Bereich des Fußpunktes des ausgeklappten schrägen Sparrens etwas deutlicher in einer Vergrößerung.

8. Aus ***P7*** wird auf die Trauflinie eine Lotrechte bis Punkt ***P8*** gezogen (**Bild 185**).
9. Der Abstand zwischen ***P8*** und ***TA*** ist das Grundmaß v_g der Verschiebung beziehungsweise Abgratung. Aus ***P8*** kann deshalb die Abgratungslinie (auf der Unterkante des schrägen Sparrens) als Parallele zu seiner Außenkante gerissen werden.

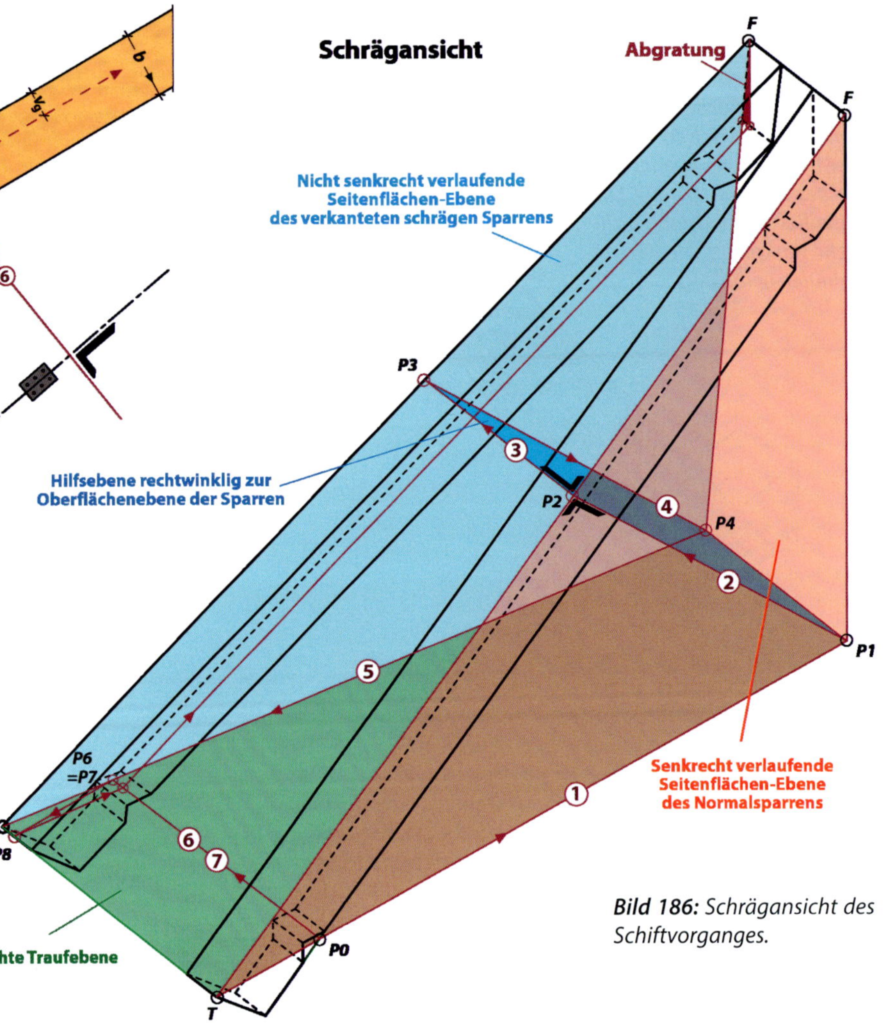

Bild 186: Schrägansicht des Schiftvorganges.

Bild 187: Der verkantete und abgegratete schräge Sparren ist hier bereits um das Maß v_g verschoben.

Was bei diesem Vorgang passiert, verdeutlicht **Bild 186** in einer dreidimensionalen Ansicht. Die dabei entstehenden und beteiligten Ebenen sind verschieden farbig angelegt: Rot ist die senkrechte Seitenflächenebene des Normalsparrens, grün die waagerechte Traufebene, dunkelblau die Ebene rechtwinklig zur Oberflächenebene der Sparren, blau die Seitenflächenebene des verkanteten schrägen Sparrens vor der Abgratung.

Bild 187 zeigt den verkanteten schrägen Sparren, wenn er um das Maß v_g verschoben ist.

Die Pfettenkerben

Das Reißen der Pfettenkerben ist in **Bild 188** gezeigt. Das Übertragen der Anreißpunkte kann auf dem auf der Ausklappung aufgelegten Holz erfolgen. Wichtig ist dabei der „Kerbenpunkt", der durch das rechtwinklige Obholz ***rob*** festgelegt wird.

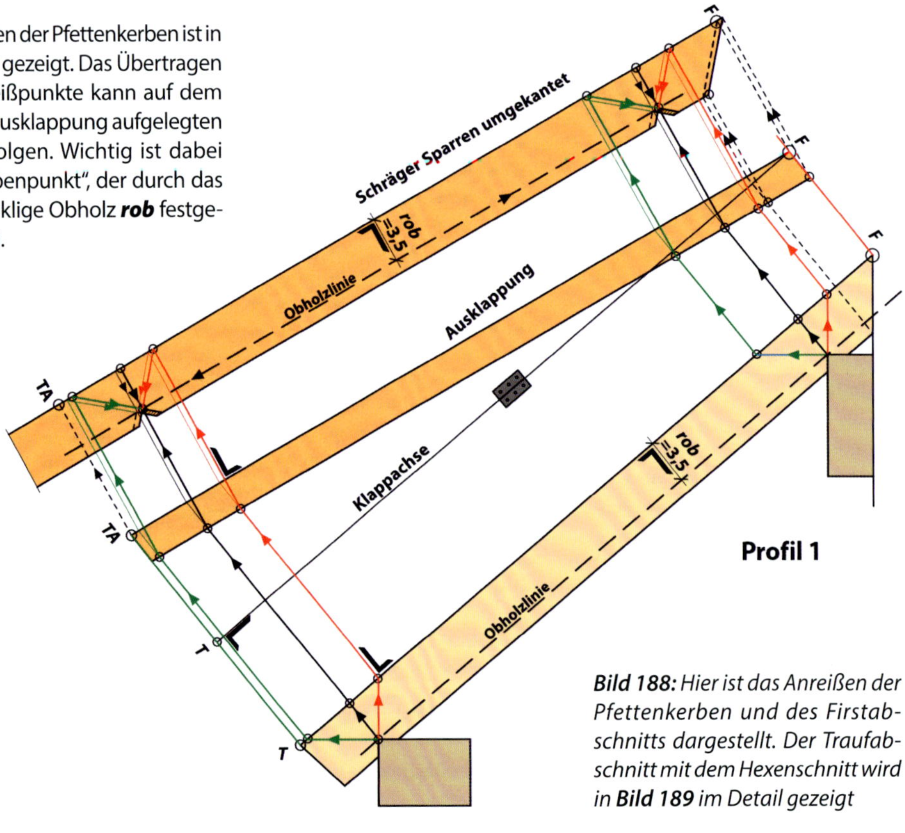

Bild 188: Hier ist das Anreißen der Pfettenkerben und des Firstabschnitts dargestellt. Der Traufabschnitt mit dem Hexenschnitt wird in Bild 189 im Detail gezeigt

Hexenschnitt

Den Weg zum Anreißen des Hexenschnitts zeigt **Bild 189**. Wie bei der Pfettenkerbe in **Bild 188** wird vom Profil ausgegangen.
Oberer und unterer Traufabschnittspunkt werden in die Ausklappung übertragen und können von dort aus am Holz angerissen werden.
Die Lage der einzelnen Anfallspunkte verdeutlicht schließlich die in **Bild 189** oben gezeichnete Umkantung des Sparrens.

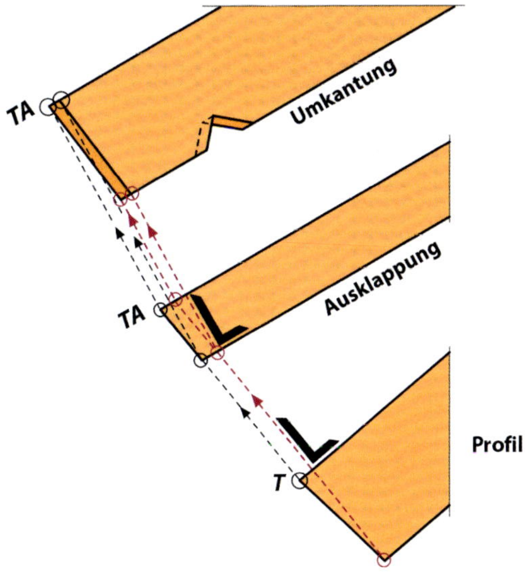

Bild 189: Der Hexenschnitt

Pfettenabschnitt

Die Vorgehensweise zur Ermittlung des Pfettenabschnitts in Richtung der verkanteten Seitenflächen-Ebene des schrägen Sparrens kann wie folgt aussehen (**Bild 190**):

1. Hilfsprofil zum Normalprofil rechtwinklig anlegen.
2. Pfettenprofil mit vorhandenen Dimensionen einreißen.
3. Oberkante-Pfette bis Profil-1-Neigungslinie und Hilfsprofil-Neigungslinie verlängern.
4. Unterkante-Pfette bis Profil-1-Neigungslinie und Hilfsprofil-Neigungslinie verlängern.
5. Schnittpunkte aus Profil 1 bis Außenkante/Oberkante schräger Giebelsparren in Grundriss übertragen.
6. Schnittpunkte aus Hilfsprofil bis Normalprofil-Grundlinie durch Firstpunkt ***F*** ziehen.
7. Zusammengehörige Schnittpunkte verbinden.
8. Pfetten-Außenkanten aus Profil 1 bzw. Hilfsprofil in Grundriss übertragen.
9. Die Pfette kann nun auf den Grundriss gelegt und angerissen werden.

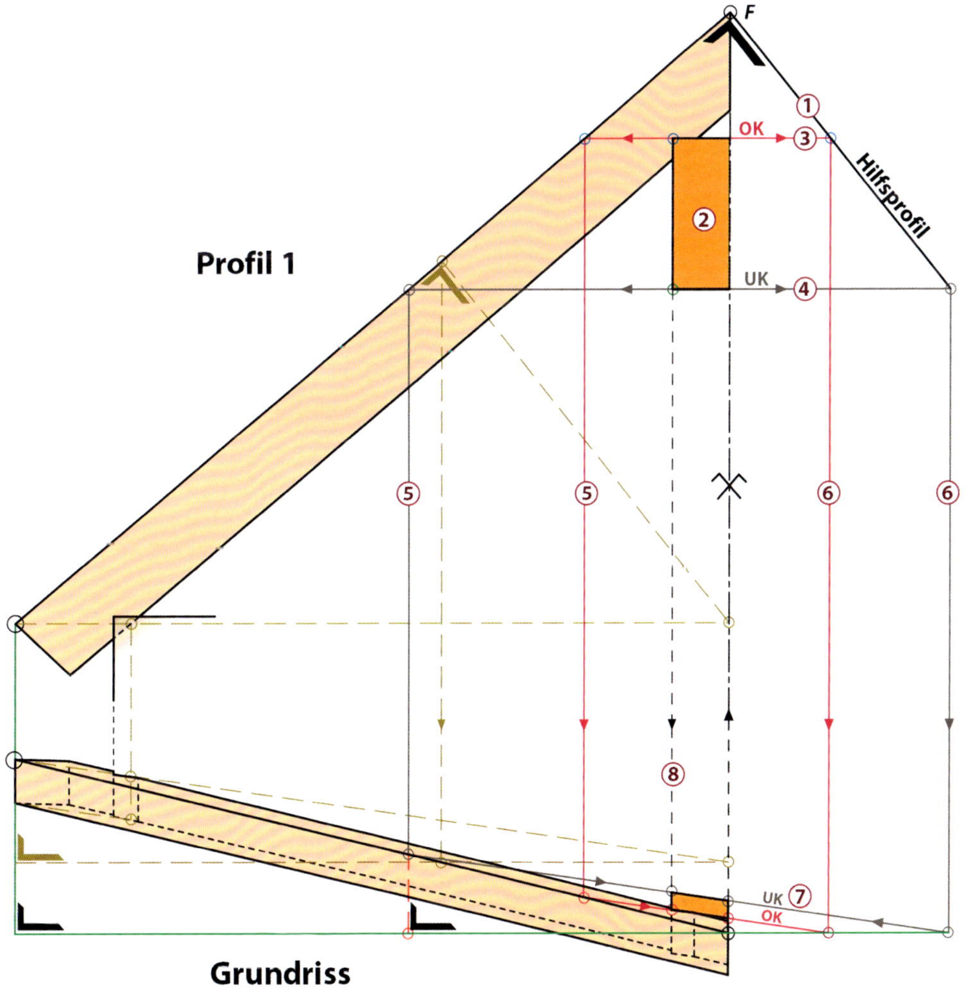

Bild 190: *Ermittlung des Pfettenabschnitts durch Anlegen eines Hilfsprofils. Die Methode entspricht grundsätzlich der Vorgehensweise bei der Ermittlung des Verstichmaßes* ***v****, wie sie in* ***Bild 184*** *und in* ***Bild 186*** *gezeigt wurde und hier zum Vergleich ockerfarben eingezeichnet ist.*

Sparrenkerve bei geneigter Schwelle und Traufabschnitt bei geneigter Traufe

Anordnung des Aufrisses

Für die Ermittlung der Sparrenkerbe und des Hexenschnittes beim Sparren mit geneigter Schwelle und geneigter Traufe sind drei verschiedene Ansichten erforderlich (**Bild 191**):

- Der Grundriss des Bereiches der geneigten Traufe, der geneigten Schwelle und der auf die geneigte Schwelle aufliegenden Sparren,
- das Profil der geneigten Schwelle,
- das Normalprofil der Sparren (in diesem Falle ist dies Profil 1 des Modells).

Die geneigte Schwelle

Die geneigte Schwelle liegt unten mit einer Schmiege auf der waagerechten Schwelle auf. Der Anfallspunkt ***Su*** liegt auf dem Knickpunkt des Hausgrundes. Am Giebel wird die geneigte Schwelle bündig mit der Ortganglinie abgeschnitten.
Die geneigte Schwelle tritt oben am Punkt ***So*** aus dem Sparren heraus.

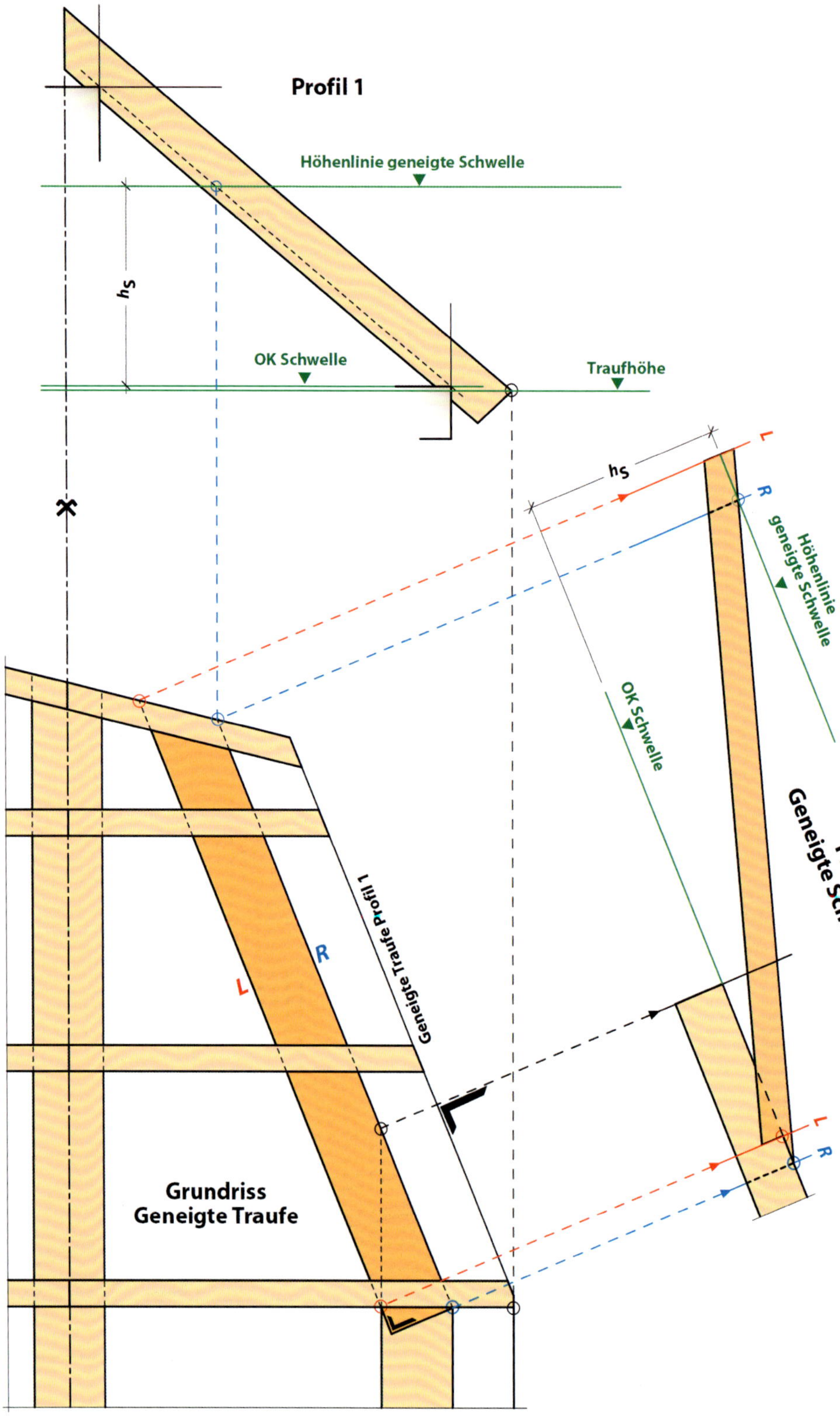

Bild 191: *Eine mögliche Anordnung von Grundriss und Profilen zur Ermittlung der Abbundmaße an der geneigten Schwelle und an den Sparren.*

*Bild 192: Der Bereich der geneigten Traufe beziehungsweise geneigten Schwelle am Modell.
Die geneigte Schwelle liegt mit einer Klaue auf der waagerechten Schwelle auf.
Die weniger hohe Schwelle auf der Holzwerkstoffplatte kann auch weggelassen werden.
Dann stehen die Pfosten unmittelbar auf der Grundplatte auf.*

Wie aus **Bild 192** und **Bild 193** ersichtlich ist, wird die waagerechte Schwelle weitergeführt und nach dem „Knickpunkt" bündig mit der Vorderkante des Hausgrundes abgeschnitten. Dadurch erhält die geneigte Schwelle eine Klaue. Die Länge der geneigten Schwelle und die Klaue lässt sich am Schwellenholz anreißen, indem dieses auf das Profil der geneigten Schwelle (**Bild 191**) aufgelegt und die Senkel- beziehungsweise Waagerisse auf die jeweilige Seite des Holzes übertragen werden.

Bei dem gezeigten Modell ist eine weniger hohe waagerechte Schwelle unterbaut. Diese kann auch weggelassen werden, wenn der als Unterbau verwendete Plattenwerkstoff stabil genug ist (dann stehen die Pfosten im Giebelbereich unter der Firstpfette und unter der geneigten Schwelle unmittelbar auf der Platte auf).

*Bild 193: Der gleiche Bereich aus einer anderen Perspektive. Vergleicht man die beiden Bilder, so wird deutlich, dass das senkrechte Obholz auf beiden Seiten der Sparren gleich groß ist.
Die Kerbe verläuft demnach geradlinig durch die Sparrenhölzer.*

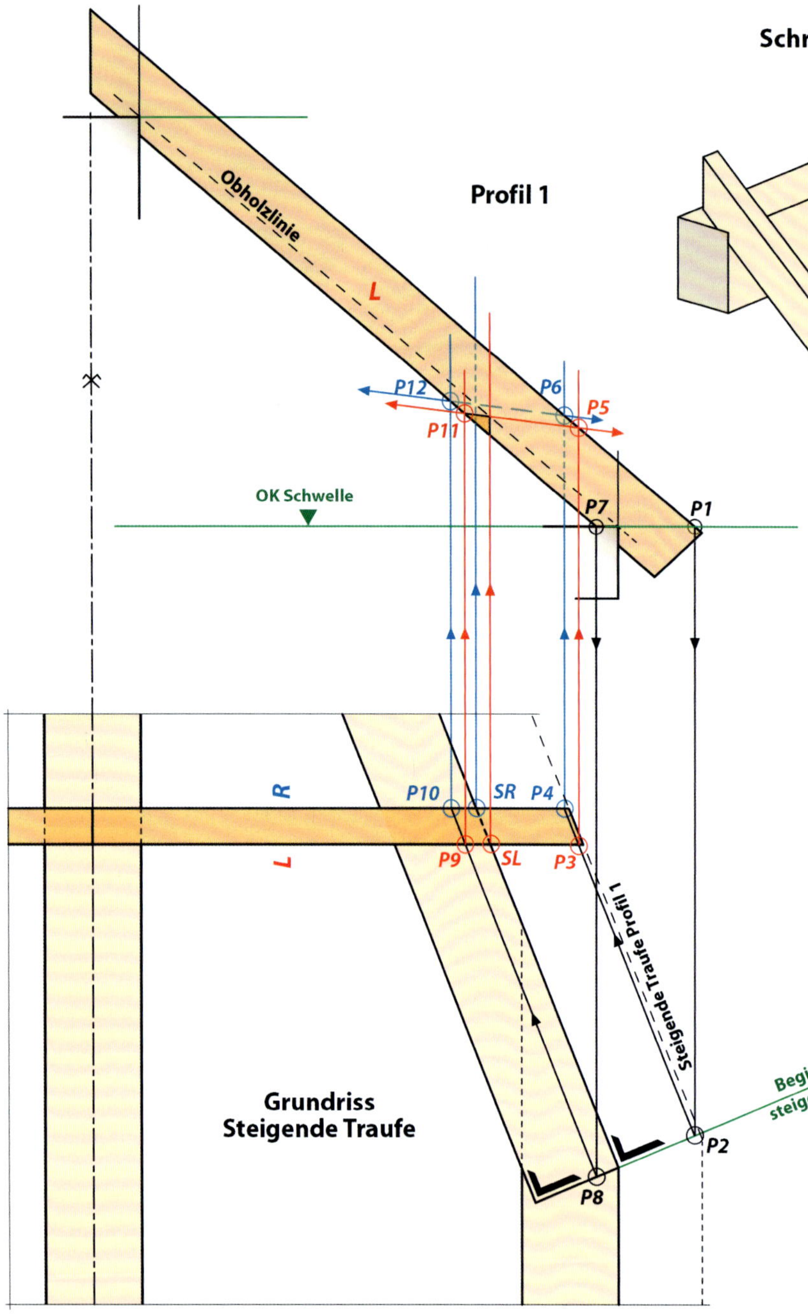

Bild 194: *So kann die Kerbe des Sparrens auf geneigter Schwelle zeichnerisch entwickelt werden. Das Anreißen des Sparrenholzes erfolgt durch Auflegen auf das Profil und Übertragen der Risse.*

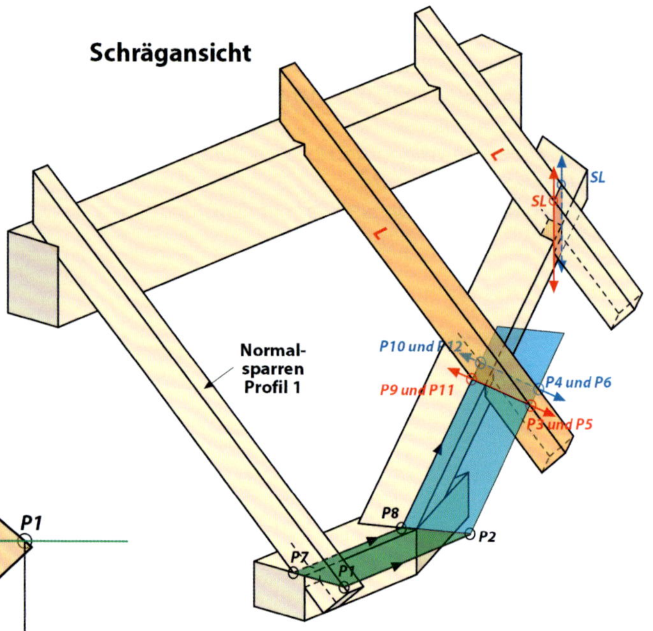

Bild 195: *Der Vorgang ist hier dargestellt in einer dreidimensionalen Ansicht.*

Die Sparrenkerbe

Die Ermittlung der Sparrenkerbe bei der geneigten Schwelle kann in diesen Schritten erfolgen (**Bild 194** und **Bild 195**):

1. Grundriss der geneigten Schwelle reißen
2. Normalprofil Profil 1 „darüber" reißen
3. OK Schwelle in Profil 1 schneidet die Profilneigungslinie (OK Sparren) in ***P1***.
4. Rechtwinklige Abschnittslinie am Beginn der geneigten Schwelle nach außen verlängern („Beginn Anstieg geneigte Schwelle")
5. Die senkrechte Linie aus ***P1*** schneidet die Verlängerung der unteren Schwellen-Abschnittslinie in ***P2***.
6. Eine Parallele zur Traufgrundlinie der geneigten Traufe durch ***P2*** schneidet den Grundriss des Sparrens in ***P3*** und ***P4***. Dabei liegt ***P3*** auf der **linken** Seite und ***P4*** auf der **rechten** Seite des Sparrens. Diese Punkte liegen gleichzeitig auf der Oberkante des Sparrens, weil sie von der Oberkante her entwickelt worden sind.
7. Die Unterkante des Sparrens schneidet die Oberkante der Schwelle in ***P7***. Eine Senkrechte aus ***P7*** schneidet die rechtwinklige Abschnittskante der geneigten Traufe in ***P8***.
8. Eine Parallele zur Traufgrundlinie der geneigten Traufe durch ***P8*** schneidet den Grundriss des Sparrens in ***P9*** und ***P10***. Dabei liegt ***P9*** auf der **linken** Seite und ***P10*** auf der **rechten** Seite des Sparrens. Diese Punkte liegen gleichzeitig auf der Unterkante des Sparrens, weil sie von der Unterkante her entwickelt wurden.
9. Die Punkte „**oben rechts**" ***P6*** und „**unten rechts**" ***P12*** werden miteinander verbunden. Diese Linie ist strichliert auszuführen, weil sie nicht sichtbar ist.
10. Die Punkte „**oben links**" ***P5*** und „**unten links**" ***P11*** werden miteinander verbunden. Diese Linie kann durchgezogen werden, weil sie sichtbar ist.
11. Die Kervensenkel der geneigtden Schwelle werden unmittelbar aus dem Grundriss, ausgehend von den Punkten ***SL*** und ***SR*** in das Profil übertragen.
12. Nun kann das Sparrenholz auf das Profil aufgelegt und die Kervenrisse können übertragen werden.

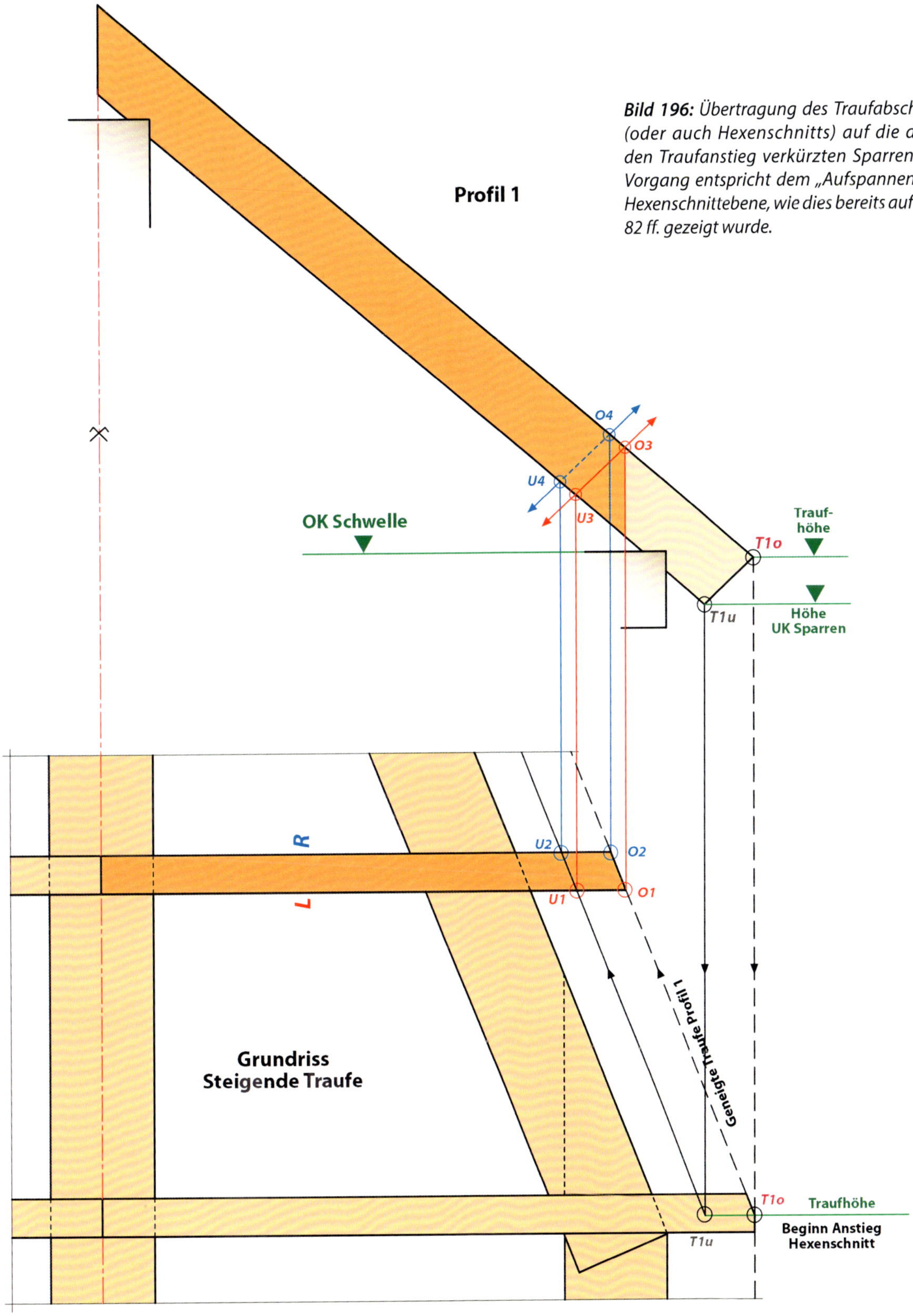

__Bild 196:__ Übertragung des Traufabschnitts (oder auch Hexenschnitts) auf die durch den Traufanstieg verkürzten Sparren. Der Vorgang entspricht dem „Aufspannen" der Hexenschnittebene, wie dies bereits auf Seite 82 ff. gezeigt wurde.

Der Traufabschnitt

Die Übertragung des nicht rechtwinkligen oder waagerechten Traufabschnitts des Normalprofils auf den Traufabschnitt der durch die Neigung der Traufe verkürzten Sparren geschieht durch das „Aufspannen" der Hexenschnitt-Abschnittsebene (**Bild 196** und **Bild 197** auf **Seite 92**). Siehe hierzu auch noch einmal die Ausführungen ab **Seite 82**.

Die Vorgehensweise kann wie folgt aussehen:

1. Der „obere" Traufpunkt ***T1o*** von Profil 1 entspricht dem Traufpunkt ***T1o*** im Grundriss.
2. In diesem Punkt beginnt die Neigung der Trauflinie und damit gleichzeitig des Traufabschnitts an der Oberkante der Sparren.
3. Um im Grundriss den Punkt zu ermitteln, an dem der Anstieg des Traufabschnitts an der Unterkante des Sparrens beginnt, muss aus dem „unteren Traufpunkt" ***T1u*** im Profil 1 eine Senkrechte in den Grundriss gezogen werden. Sie schneidet sich mit einer im Grundriss rechtwinklig zur waagerechten Traufgrundlinie gerissenen Linie durch den Traufpunkt ***T1o***. Dieser Punkt entspricht dem „unteren Traufpunkt" ***T1u*** des Profils und soll deshalb ebenfalls ***T1u*** heißen.
4. Die Anstiege der „oberen" Trauflinie und der „unteren Trauflinie" (oder auch der „Hexenschnittlinie") verlaufen parallel. Die Parallele im Grundriss zur (geneigten) Trauflinie durch ***T1u*** schneidet den Schiftergrundriss in den Punkten ***U1*** und ***U2***. Weil sie aus dem unteren Traufpunkt entwickelt wurden, liegen sie auf der Unterkante des Sparrens auf.
5. Die „oberen" Traufpunkte ***O1*** und ***O2*** des Sparrens entstehen durch den Schnitt der Grundlinie der geneigten Traufe mit dem Grundriss des Sparrens.
6. Überträgt man die Punkte ***O1*** und ***U1*** beziehungsweise ***O2*** und ***U2*** senkrecht an Ober- beziehungsweise Unterkante des Sparrens im Normalprofil (Profil 1), so erhält man die Punkte ***O3*** und ***U3*** beziehungsweise ***O4*** und ***U4***.
7. Diese jeweils miteinander verbunden ergeben die Abschnittsrisse für den Traufabschnitt. Sie werden über die Schifterkanten hinausgezogen. Nun kann das Sparrenholz mit seiner Seitenfläche auf das Profil aufgelegt werden. Das Übertragen der Abschnittsrisse ist nun kein Problem mehr.

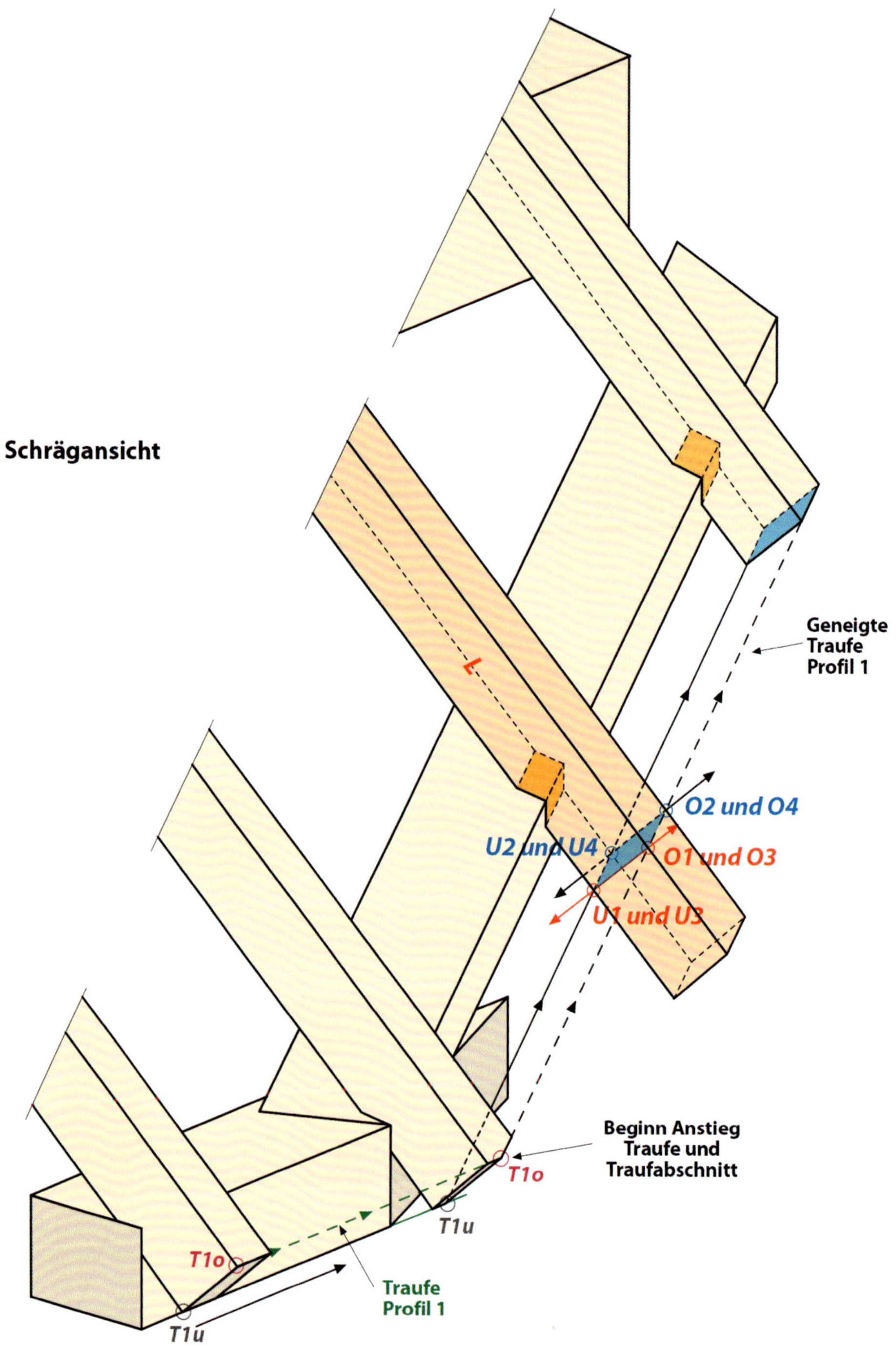

Bild 197: *Schrägansicht des Vorganges.*

Schräger Giebelsparren bei geneigter Traufe

In diesem Abschnitt geht es um den schrägen Sparren mit der Bezeichnung „I", der den Abschluss der Dachfläche am Giebel bildet.

Voraussetzungen

Da der schräge Giebelsparren (**Bild 198**) in der gleichen Dachfläche liegt wie die bereits „erledigten" Normalsparren, wird zunächst die gleiche Aufrissanordnung wie in **Bild 191** (auf **Seite 88**) mit dem Grundriss der geneigten Traufe, dem Profil der geneigten Schwelle und dem Normalprofil Profil 1 benötigt.

Das Profil des schrägen Giebelsparrens entspricht durch die Schrägstellung im Grundriss nicht mehr dem Normalprofil! Es muss also neu angelegt werden. Dies geschieht in **Bild 199**, wobei nun gegenüber **Bild 191** das Profil der geneigten Schwelle weggelassen und nur noch der Grundriss des am weitesten außen liegenden „normalen" Sparrens gezeichnet wurde.

Für das Aufreißen des Profils des schrägen Giebelsparrens ist die waagerechte Traufgrundlinie von Profil 1 erforderlich, ihre Herkunft zeigt **Bild 191**.

Beim Aufreißen des Profils des schrägen Giebelsparrens ist wichtig, dass dies rechtwinklig zur Außenkante des schrägen Giebelsparrens im Grundriss geschieht.

Bild 198

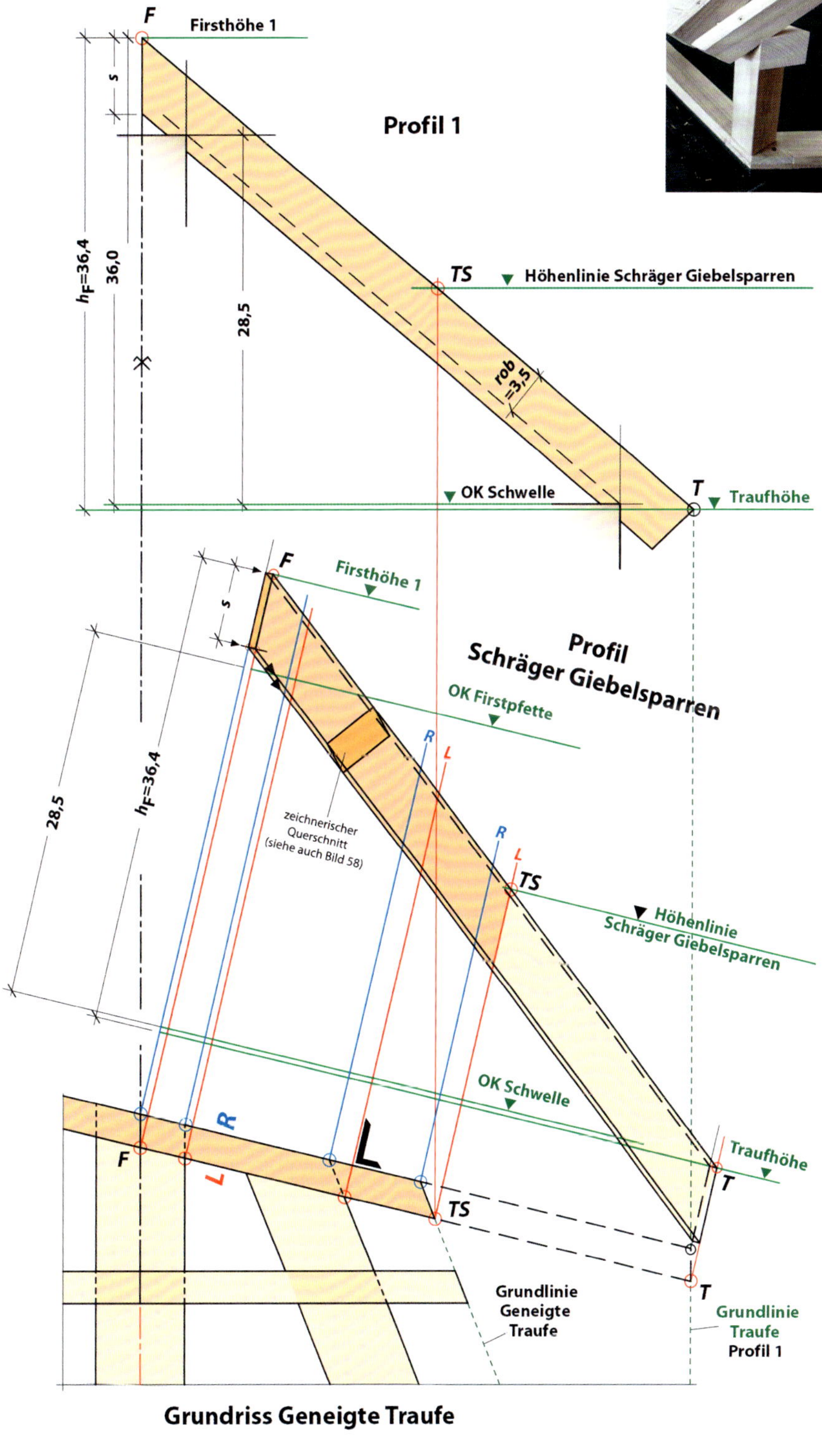

***Bild 199:** Für die Ermittlung der Abschnitte und Kerven am schrägen Giebelsparren wird dessen Profil benötigt. Es wird rechtwinklig zu seinen Grundriss-Seitenkanten angelegt. Die untere Kantenfläche des schrägen Giebelsparrens ist hier durch Übertragung der Senkelhöhe **s** aus Profil 1 geschehen.*

Dabei wird er zunächst so gezeichnet, als reiche er bis zur Traufhöhe des Normalsparrens hinunter. Die Höhe des Firstpunktes ***F*** ist gegeben durch die Höhe $\boldsymbol{h_F}$ = **36,4** cm aus Profil 1 (vergleiche **Bild 157** auf **Seite 76**).

Die Grundmaße ergeben sich im Grundriss aus den Schnittpunkten der Sparren-Außenkanten mit der Firstgrundlinie beziehungsweise der Traufgrundlinie von Profil 1. Die Abschnittspunkte auf der Oberkante des schrägen Giebelsparrens werden durch die Schnittpunkte der Traufgrundlinie der geneigten Traufe mit den Sparren-Außenkanten festgelegt (alles noch **Bild 199**).

Für die zeichnerische Ermittlung des Firstabschnitts, der Firstpfettenkerve und der Kerve der geneigten Schwelle sind Profil und Grundriss des schrägen Giebelsparrens in **Bild 200** größer herausgezeichnet.

Firstabschnitt

Wie aus dem Profil des schrägen Giebelsparrens in **Bild 199** bereits deutlich erkennbar, wird durch die Schrägstellung eine Abgratung erforderlich.

Der Grund: Bei der Schrägstellung ist der Sparren um die senkrechte Achse durch den Firstpunkt ***F*** gedreht worden.

Das bedeutet, dass seine Seitenflächen senkrecht bleiben und die nach innen, zur Dachfläche hin, gedrehte Oberkante in der Dachflächenebene bleibt und die äußere sich über die Dachfläche erhebt und abgegratet werden muss.

Die Abgratungshöhe ergibt sich letztendlich aus dem Grundverstichmaß $\boldsymbol{v_G}$ (**Bild 200**). Der Abschnitt am First wird durch die Firstsenkellinien $\boldsymbol{sf_L}$ (links) und $\boldsymbol{sf_R}$ (rechts) festgelegt.

Firstpfettenkerve

Da die Firstpfette waagerecht liegt, verläuft auch die Firstpfettenkerve waagerecht durch den schrägen Giebelsparren. Die Kerve ergibt sich beim Anreißen des aufgelegten Sparrenholzes aus den Firstpfettensenkeln $\boldsymbol{fps_L}$ (links) und $\boldsymbol{fps_R}$ (rechts) und den links und rechts in gleicher Höhe angetragenen Waagerechten **HFP** durch die Firstpfetten-Oberkante (**Bild 200**).

Die Kerve der geneigten Schwelle

Diese Kerve wird prinzipiell angerissen wie dies beim „normalen" Sparren in **Bild 194** (auf **Seite 90**) geschehen ist (die Bezeichnung der Punkte wurde zur Erleichterung eines Vergleiches übernommen).

Dabei werden die untere Kantenfläche des schrägen Giebelsparrens und die obere Kantenfläche der geneigten Schwelle miteinander verschnitten (**Bild 200**).

Es wird ausgegangen von einem waagerechten Schnitt durch den Normalsparren.

Hierfür bietet sich im Normalprofil die Ebene „Oberkante Schwelle" an. Sie verläuft im gezeigten Beispiel von Punkt ***P7*** nach Punkt ***P1***.

Die waagerechte Ebene reicht bis zum Anstieg der geneigten Schwelle in Punkt ***P8*** (Unterkante) und ***P2*** (Oberkante) und verläuft von dort parallel zur Außenkante der geneigten Schwelle in deren Steigung zu Punkt ***P9*** an der Unterkante und ***P3*** an der Oberkante des schrägen Giebelsparrens.

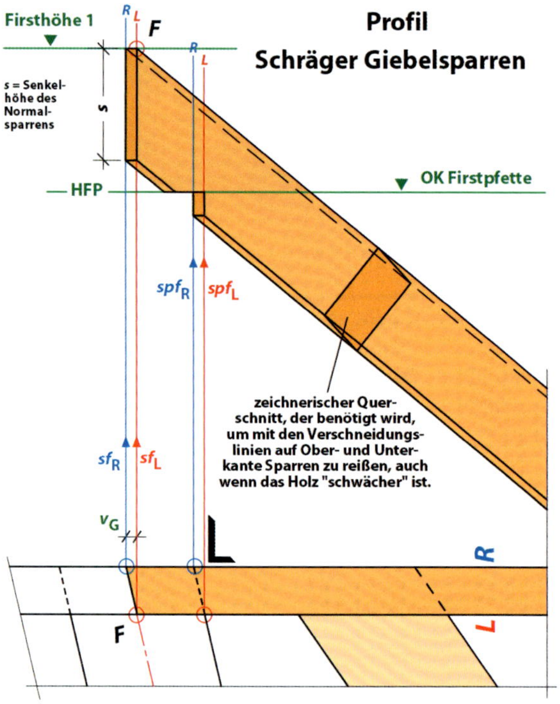

Grundriss Schräger Giebelsparren

Bild 200: *Für die Ermittlung der Abschnitte und Kerven am schrägen Giebelsparren wird dessen Profil benötigt. Es wird rechtwinklig zu seinen Grundriss-Seitenkanten angelegt.*
Die untere Kantenfläche des schrägen Giebelsparrens kann man ermitteln, indem man die Senkelhöhe ***s*** *vom Normalprofil (Profil 1) überträgt.*

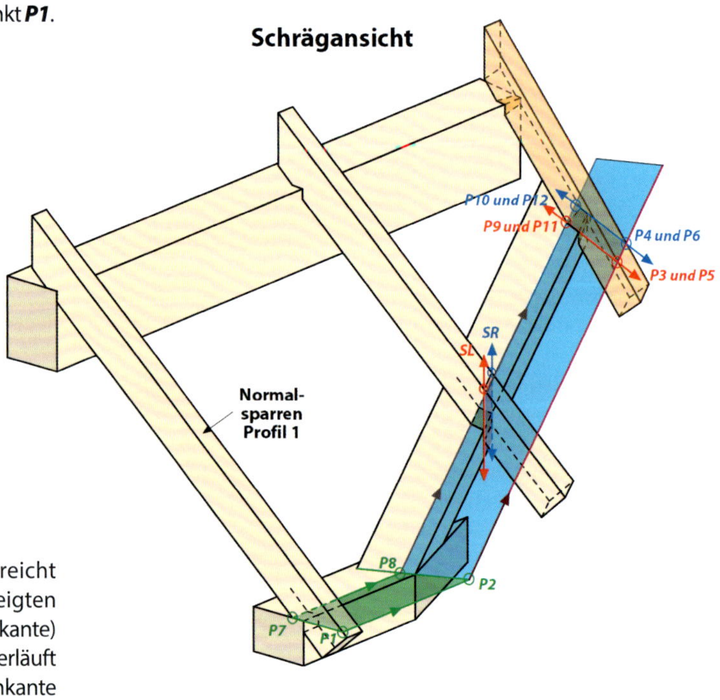

Bild 201: *Dreidimensionale Übersicht über die Methode der Flächenverschneidung zur Ermittlung der Kerve an der geneigten Schwelle des schrägen Giebelsparrens.*

Der Vorgang und die Zusammenhänge sind in **Bild 201** und in **Bild 202** verdeutlicht. Die Vorgehensweise kann so aussehen:

1. Grundriss der geneigten Schwelle mit Grundriss des schrägen Giebelsparrens reißen. Vorteilhaft für das Verständnis ist es, den schrägen Giebelsparren zunächst bis zur Traufhöhe des Normalprofils „durchlaufen" zu lassen.
2. Normalprofil Profil 1 „darunter" reißen
3. OK Schwelle in Profil 1 schneidet die Profilneigungslinie (OK Sparren) in ***P1***.
4. Rechtwinklige Abschnittslinie am Beginn der geneigten Schwelle nach außen verlängern („Beginn Anstieg geneigte Schwelle").
5. Die senkrechte Linie aus ***P1*** schneidet die Verlängerung der unteren Schwellen-Abschnittslinie in ***P2***.
6. Eine Parallele zur Außenkante der geneigten Schwelle (oder der Traufgrundlinie der geneigten Traufe) durch ***P2*** schneidet den Grundriss des schrägen Giebelsparrens in ***P3*** und ***P4***. Dabei liegt ***P3*** auf der linken Seite und ***P4*** auf der rechten Seite des schrägen Giebelsparrens.
7. Die Unterkante des Sparrens schneidet im Profil 1 die Oberkante der Schwelle in ***P7***. Eine Senkrechte aus ***P7*** schneidet die rechtwinklige Abschnittskante der geneigten Traufe im Grundriss in ***P8***.
8. Eine Parallele zur Außenkante der geneigte Schwelle (oder der Traufgrundlinie der geneigten Traufe) durch ***P8*** schneidet den Grundriss des Sparrens in ***P9*** und ***P10***. Dabei liegt ***P9*** auf der linken Seite und ***P10*** auf der rechten Seite des Sparrens. Diese Punkte liegen gleichzeitig auf der Unterkante des Sparrens, weil sie von der Unterkante her entwickelt wurden.
9. Die Punkte „oben rechts" ***P6*** und „unten rechts" ***P12*** werden miteinander verbunden. Diese Linie ist gestrichelt auszuführen, weil sie nicht sichtbar ist.
10. Die Punkte „oben links" ***P5*** und „unten links" ***P11*** werden miteinander verbunden. Diese Linie kann durchgezogen werden, weil sie sichtbar ist.
11. Die Kervensenkel der geneigten Schwelle werden unmittelbar aus dem Grundriss, ausgehend von den Punkten ***SL*** und ***SR*** in das Profil übertragen.
12. Nun kann das Sparrenholz auf das Profil aufgelegt und die Kervenrisse können übertragen werden.

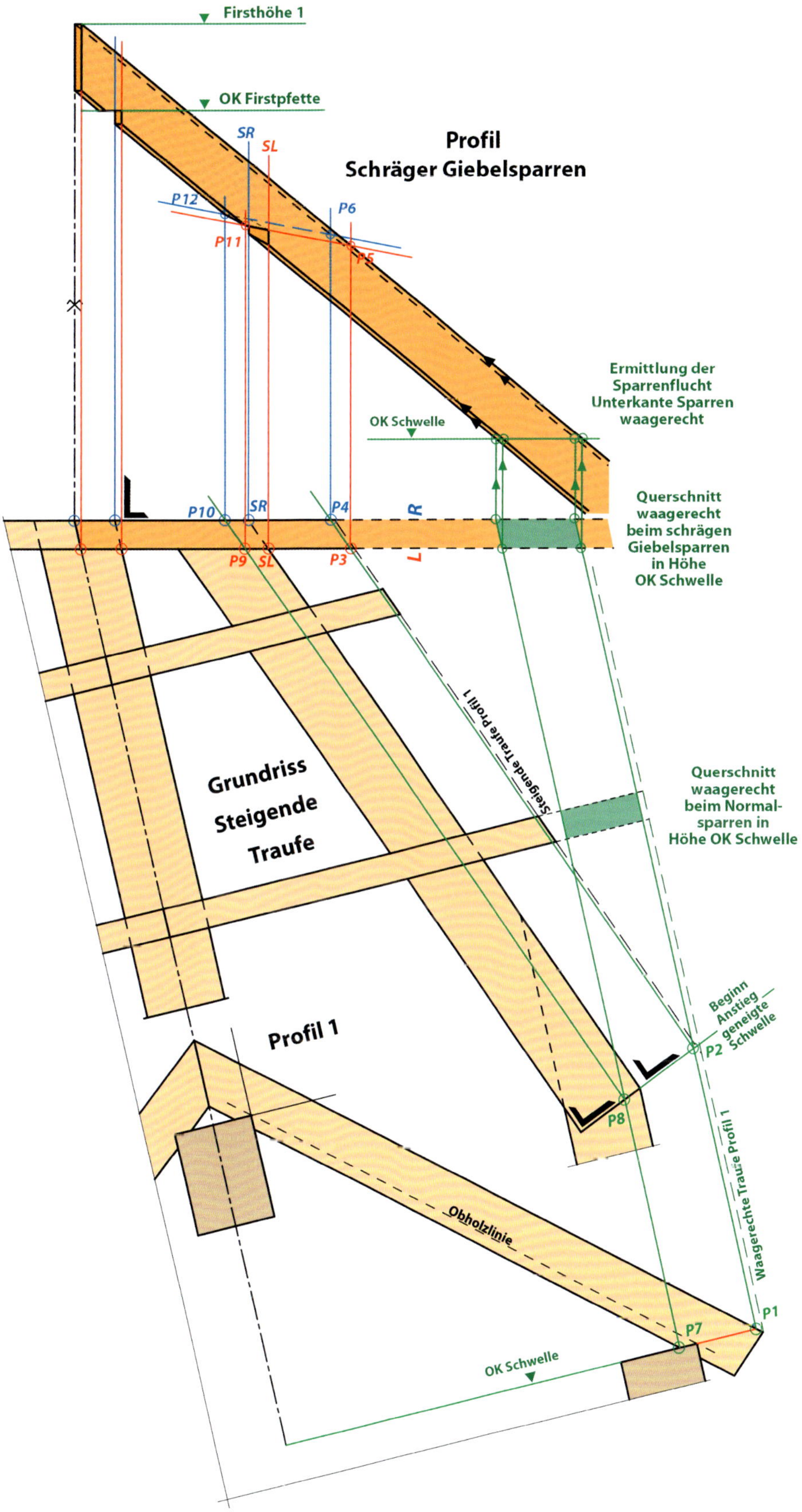

Bild 202: Die Methode der Flächenverschneidung zur Ermittlung der Kerve an der geneigten Schwelle des schrägen Giebelsparrens ist hier mit allen Zusammenhängen dargestellt. Der schräge Giebelsparren läuft noch über die waagerechte Trauflinie des Normalprofils hinaus. Der Traufabschnitt erfolgt später!

Der Hexenschnitt

Der Traufabschnitt am schrägen Giebelsparren ist als „Hexenschnitt" zu bezeichnen, weil der schräge Giebelsparren nicht parallel zu den „normalen" Sparren verläuft (**Bild 203**). Deswegen ist er aber noch lange kein Hexenwerk, wie der Vorgang in **Bild 204** verdeutlicht:

1. Der „obere" Traufpunkt ***T1o*** von Profil 1 entspricht dem Traufpunkt ***T1o*** im Grundriss.
2. In diesem Punkt beginnt die Neigung der Trauflinie und damit gleichzeitig des Traufabschnitts an der Oberkante der Sparren.
3. An der Unterkante des Sparrens beginnt die Neigung im „unteren Traufpunkt" ***T1u*** (Profil 1). Eine senkrecht in den Grundriss gezogene Linie schneidet sich mit einer im Grundriss rechtwinklig zur waagerechten Traufgrundlinie gerissenen Linie durch den Traufpunkt ***T1o***. Dieser Punkt entspricht dem „unteren Traufpunkt" ***T1u*** des Profils und soll deshalb ebenfalls ***T1u*** heißen.
4. Die Anstiege der „oberen" Trauflinie und der „unteren Trauflinie" verlaufen parallel. Die Parallele im Grundriss zur (geneigten) Trauflinie durch ***T1u*** schneidet den Grundriss des schrägen Giebelsparrens in den Punkten ***U1*** und ***U2***.
5. Die „oberen" Traufpunkte ***O1*** und ***O2*** des schrägen Giebelsparrens entstehen durch den Schnitt der Grundlinie der geneigten Traufe mit dem Grundriss des schrägen Giebelsparrens.
6. Überträgt man die Punkte ***O1*** und ***U1*** beziehungsweise ***O2*** und ***U2*** senkrecht an Ober- beziehungsweise Unterkante (Achtung: richtige Kanten wählen!) im Profil des schrägen Giebelsparrens, so erhält man die Punkte ***O3*** und ***U3*** beziehungsweise ***O4*** und ***U4***.
7. Diese jeweils miteinander verbunden ergeben die Abschnittsrisse für den Traufabschnitt. Sie werden über die Schifterkanten hinausgezogen. Nun kann das Sparrenholz mit seiner Seitenfläche auf das Profil aufgelegt und die Abschnittsrisse können übertragen werden.

Bild 205 zeigt den fertig ausgearbeiteten schrägen Giebelsparren.

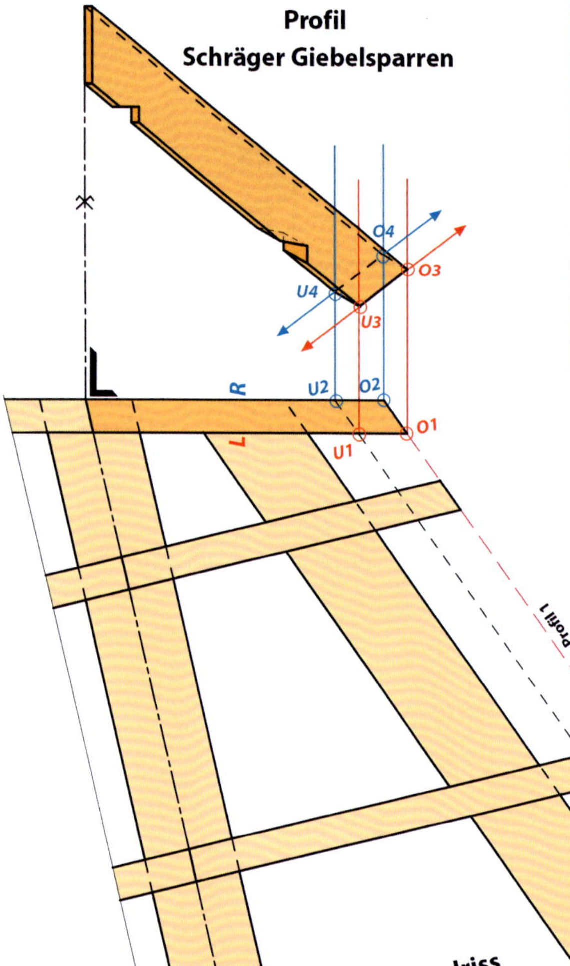
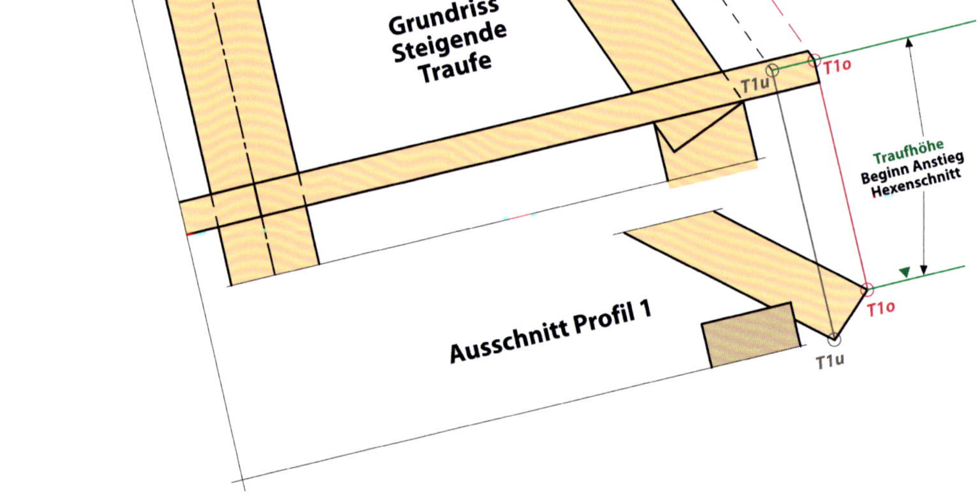

Bild 204: *Der Hexenschnitt am schrägen Giebelsparren mit geneigter Traufe. Die Bezugslinien kommen aus dem Normalprofil (Profil 1).*

Zum besseren Verständnis und zur Vergleichbarkeit wurde diese Methode ab ***Seite 91*** *(**Bild 196**) auch für die durch die geneigte Traufe verkürzten Normalsparren angewendet. Dies ist bei den verkürzten Normalsparren natürlich nicht erforderlich, weil sie nicht schräg liegen und deshalb die Abschnittsrichtung unmittelbar vom Normalsparrenprofil übernommen werden kann!*

Bild 203

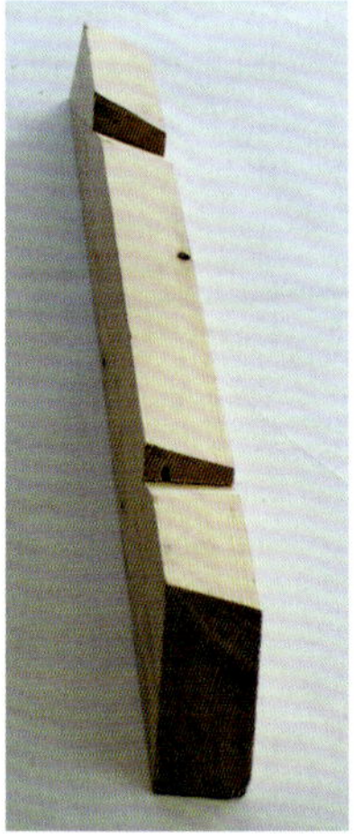

Bild 205

Firstpfette bei geneigter Firstlinie Pfettenneigung zu Profil 2

Eine Möglichkeit der Ermittlung der Lage und der Abschnitte der geneigten Firstpfette wurde bereits auf Seite 74 behandelt. In diesem Abschnitt wird ein anderer Weg beschritten, der auch später in Verbindung mit dem Anreißen des Sparrens von Interesse ist.

Voraussetzungen

Es werden benötigt:

- Grundriss der geneigten Firstpfette (wir wollen hier statt „steigend" oder „fallend" den allgemeinen Begriff „geneigt" verwenden),
- Grundriss des Teildachkörpers mit den Traufgrundlinien von Profil 1 und Profil 2;
- Grundriss des Normalsparrens von Profil 2.

Zur Verdeutlichung der Situation zeigt **Bild 206** das fertige Modell mit dem Dachteil, in dem die geneigte Firstpfette liegt. **Bild 207** zeigt nur noch die „beteiligten" Hölzer, **Bild 208** stellt in einer Schrägansicht den Reißvorgang dar, der wiederum in **Bild 209** ausführlich dargestellt ist.

Das Prinzip

Das Prinzip des hier vorgestellten Reißvorganges zur Ermittlung der Lage der geneigten Firstpfette und der Steigung dieser Pfette zum Profil 2: Die Lage bestimmter Punkte des Normalsparrens wird durch einen waagerechten Schnitt in die Ebene der oberen Kantenfläche der geneigten Pfette übertragen und dort in der Steigung der Pfette (parallel zur Pfettenkante) wieder zum Sparren zurückgeführt (**Bild 208**).

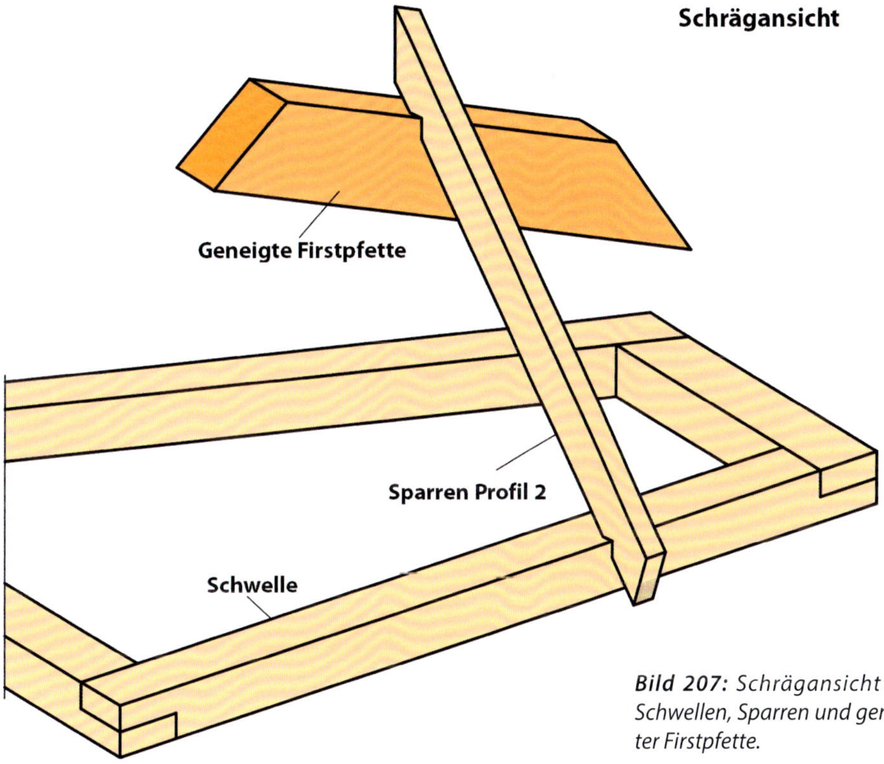

Bild 207: *Schrägansicht von Schwellen, Sparren und geneigter Firstpfette.*

Bild 206

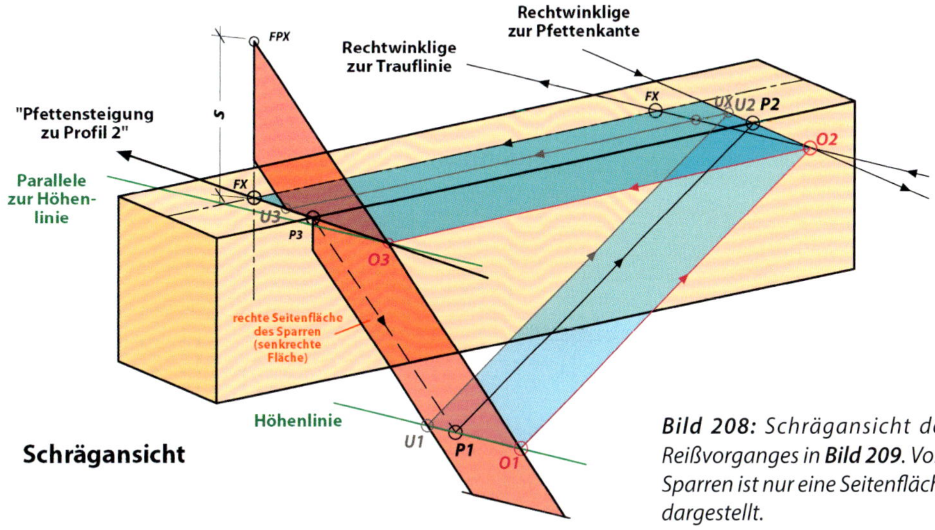

Bild 208: *Schrägansicht des Reißvorganges in **Bild 209**. Vom Sparren ist nur eine Seitenfläche dargestellt.*

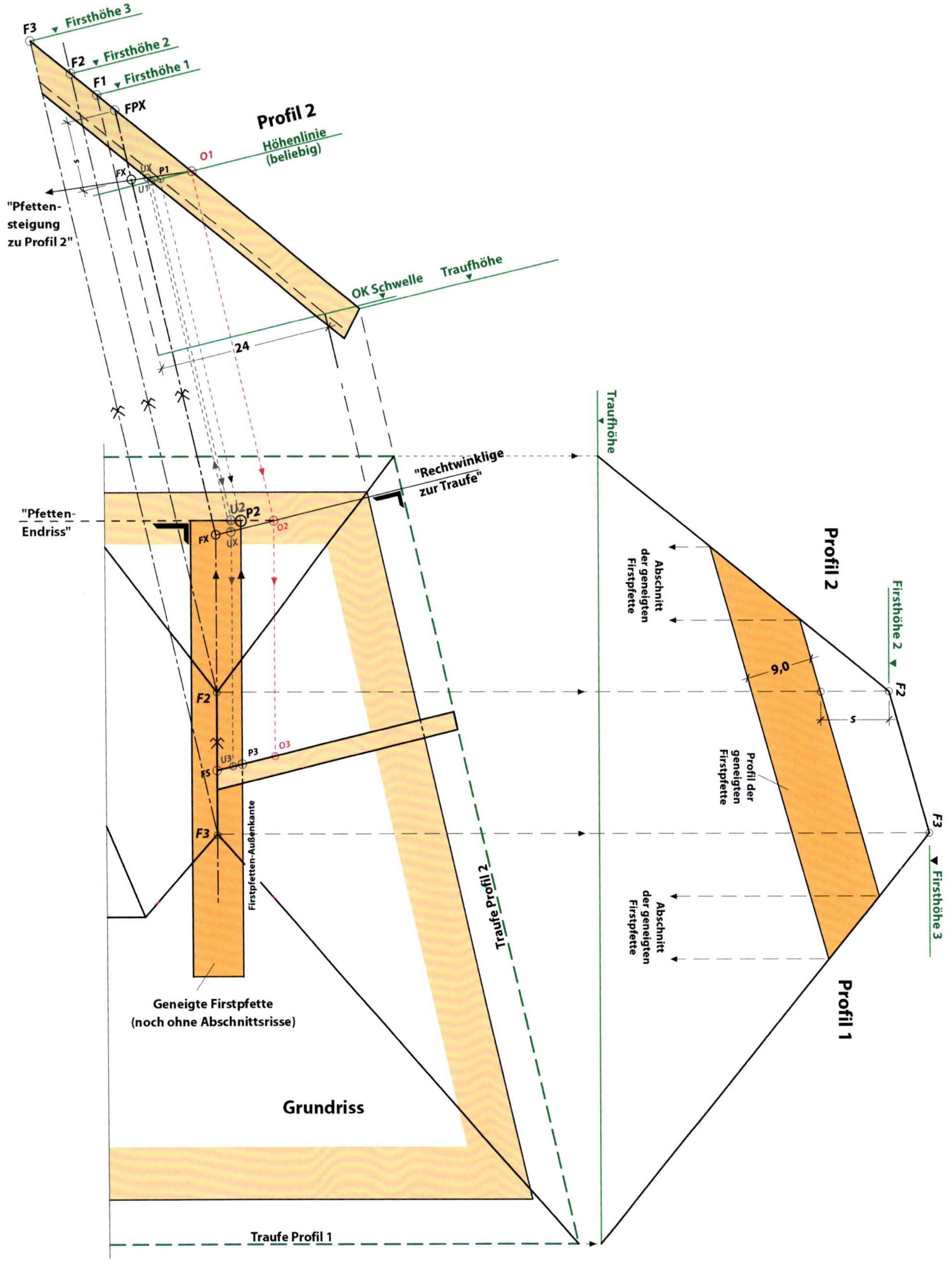

Bild 209: *Reißvorgang zur Ermittlung der Lage der geneigten Firstpfette und der Pfettensteigung zu Profil 2.*

***Bild 210:** Abschnitt der geneigten Firstpfette an der breiteren Seite des Teildachkörpers (Profil 1).*

Der Reißvorgang in Schritten

1. Grundriss und darüber Normalprofil Profil 2 reißen
2. Beliebige (waagerechte) Höhenlinie in das Profil ziehen
3. Diese Höhenlinie schneidet **UK** Sparren in ***U1***, die Obholzlinie in ***P1*** und **OK** Sparren in ***O1***.
4. Die senkrechte Linie aus ***P1*** in den Grundriss schneidet die Verlängerung der Firstpfetten-Außenkante in ***P2***.
5. Durch diesen Punkt ***P2*** wird ein rechtwinkliger „***Pfettenendriss***" gezogen (an dieser Stelle beginnt die Neigung der Pfette).
6. Aus ***O1*** und ***U1*** können nun Senkel in den Grundriss gezogen und mit dem Pfettenendriss in den Punkten ***O2*** und ***U2*** zum Schnitt gebracht werden.
7. Parallele Linien zur Pfettenkante (beziehungsweise Pfettenachse) führen diese Punkte weiter in den Grundriss des Sparrens, wo sie auf der rechten Sparrenkante ***O3*** und ***U3*** heißen.
8. Auf der Firstgrundlinie im Grundriss liegen die beiden Firstpunkte ***F2*** und ***F3***. Sie können durch Senkelrisse in das Normalprofil und auf die Sparren-Oberkante übertragen werden. Damit sind die Höhen dieser Punkte eindeutig festgelegt und können (zum Beispiel mittels Maßlatte) in das Profil der geneigten Firstpfette übertragen werden.
9. Ebenfalls auf der Firstgrundlinie liegt im Grundriss der „Sparren-Firstpunkt" ***FS***.
10. Nun kommt die Übertragung der Punkte in die Ebene der oberen Kantenfläche der geneigten Pfette. Hierzu ist es erforderlich, eine Rechtwinklige zur Trauflinie durch Punkt ***O2*** zu reißen.
11. Der Punkt ***FX*** (Schnittpunkt von verlängerter Firstgrundlinie mit Pfettenendriss) bezeichnet im Grundriss zum einen den Punkt auf der Oberfläche der Pfette und gleichzeitig auf der Oberkante des Sparrens (***FS***). Dies wird deutlich, wenn er durch eine Senkrechte in das Profil zu Punkt ***FPX*** übertragen wird.
12. Die Höhe ***s*** zwischen ***FX*** und ***FPX*** ist die Höhe, die an jeder Stelle der Firstlinie die senkrechte Entfernung zur Oberkante der Firstpfette wiedergibt. Aus dieser Erkenntnis heraus kann die Lage der Firstpfette im Pfettenprofil parallel zur geneigten Firstlinie mit dem senkrechten Maß ***s*** festgelegt werden. Die Firstpfetten-Unterkante wird durch rechtwinkliges Antragen der Firstpfettenhöhe (= **9,0 cm**) parallel zur Pfettenoberkante gerissen.

Sparrenkerve bei geneigter Firstpfette

Mit der Ermittlung der Pfettenneigung zu Profil 2 wurde die Voraussetzung für das Anreißen der Sparrenkerve an der geneigten Pfette geschaffen.

Die Ermittlung der Pfettenneigung und damit der Kervenrichtung soll hier noch einmal gezeigt werden, weil dieses Prinzip der Verschneidung „verlängerter" Ebenen oft angewandt werden kann. Gleichzeitig soll der „Blick" dafür geschult werden, welche Ebenen miteinander verschnitten werden können, um zu einem bestimmten Ziel zu kommen.

Wie **Bild 211** in der Draufsicht und dem Profil der geneigten Pfette verdeutlicht, werden sich die waagerechte Ebene durch Oberkante-Schwelle (**grüne** Ebene) und die obere Kantenfläche der geneigten Pfette (**blaue** Ebene) miteinander verschneiden, wenn Schwellen und Pfette zum spitzwinkligen Teil des Schwellenkranzes hin verlängert werden.

Weil Seitenfläche und obere Kantenfläche der geneigten Firstpfette rechtwinklig zueinander stehen, liegt auch jeder auf der oberen Kantenfläche angerissene Winkelriss waagerecht.

Daraus ergibt sich, dass die Verschneidungslinie **waagerecht** liegt und gleichzeitig ein Element der **„Pfetten"-Ebene** und der **waagerechten Ebene** ist.

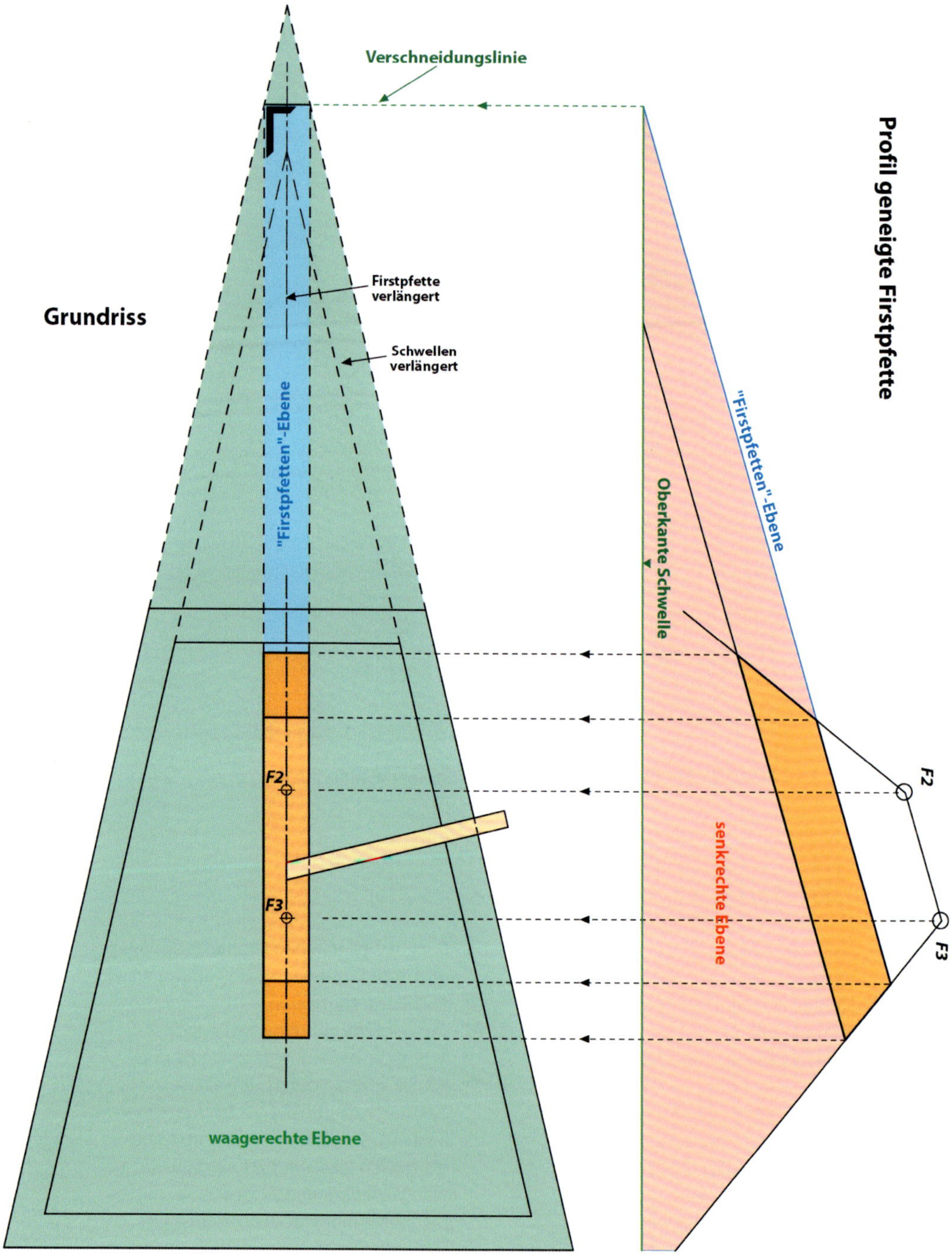

Bild 211: *Hier sind die Schwellen und die Firstpfette bis zu ihrer Verbindung verlängert. Die **Verschneidungslinie** der **„Firstpfetten"-Ebene** (geneigte obere Kantenfläche der Firstpfette) mit der **waagerechten Ebene** ist **waagerecht**.*

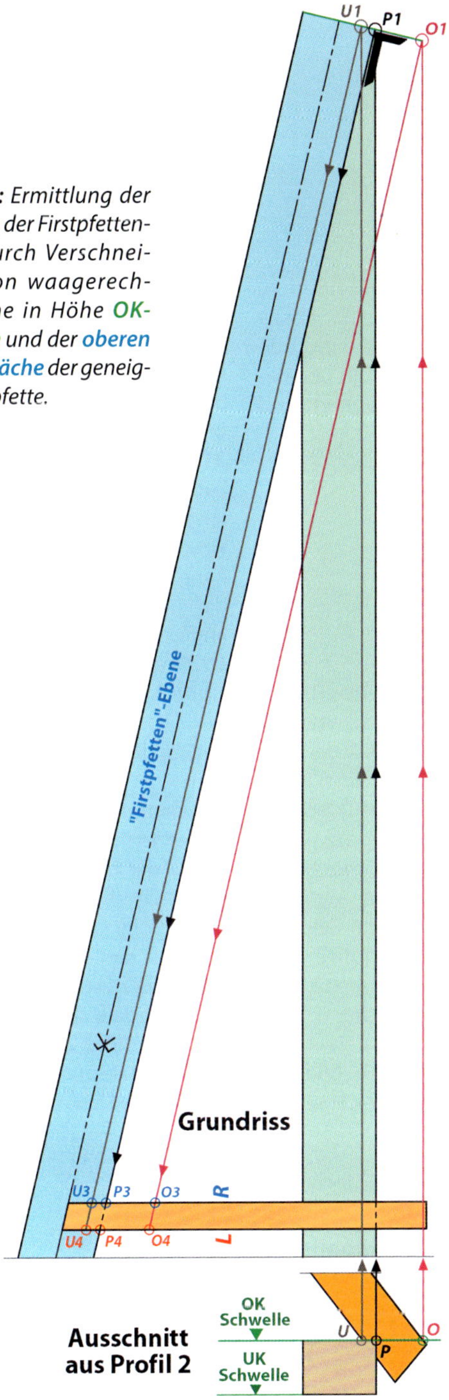

__Bild 212:__ Ermittlung der Richtung der Firstpfettenkerve durch Verschneidung von waagerechter Ebene in Höhe OK-Schwelle und der oberen Kantenfläche der geneigten Firstpfette.

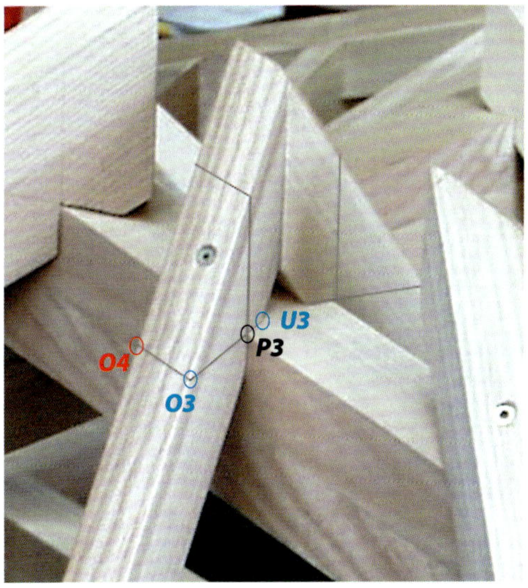

Bild 214

Diese Tatsache hilft beim Festlegen der geneigten Firstpfettenkerve im Sparren:

Außenkante Schwelle (Punkt ***P***) und parallele Linien dazu durch die Punkte ***U*** („Sparren unten") und ***O*** („Sparren oben") werden mit dem gleich hohen Abschnitt der geneigten Firstpfette verbunden (**Bilder 212** und **213**).

Die Punkte ***O1***, ***U1*** und ***P1*** liegen in der waagerechten Ebene und in der Ebene der oberen Kantenfläche der geneigten Firstpfette. Die aus Punkt ***P1*** geneigte Firstpfettenkante durchdringt den Sparren in ***P3*** und ***P4***.

Eine Parallele zu dieser Pfettenkante durch ***U1*** beschreibt an der Unterseite des Sparrens zwischen den Punkten ***U3*** und ***U4*** die Linie, an der die Firstpfette aus der Kerve „heraustritt".

Dementsprechend wird die Parallele zur Firstpfettenkante durch den Punkt ***O1*** an der Sparrenoberseite in den Punkten ***O3*** und ***O4*** die Linie erzeugen, aus der hier die Kervenebene „heraustritt".
Die Punkte ***U3*** und ***O3*** beziehungsweise ***U4*** und ***O4*** liegen damit eindeutig fest und lassen sich beim Anreißvorgang auf dem Sparrenholz miteinander verbinden (**Bild 214**).

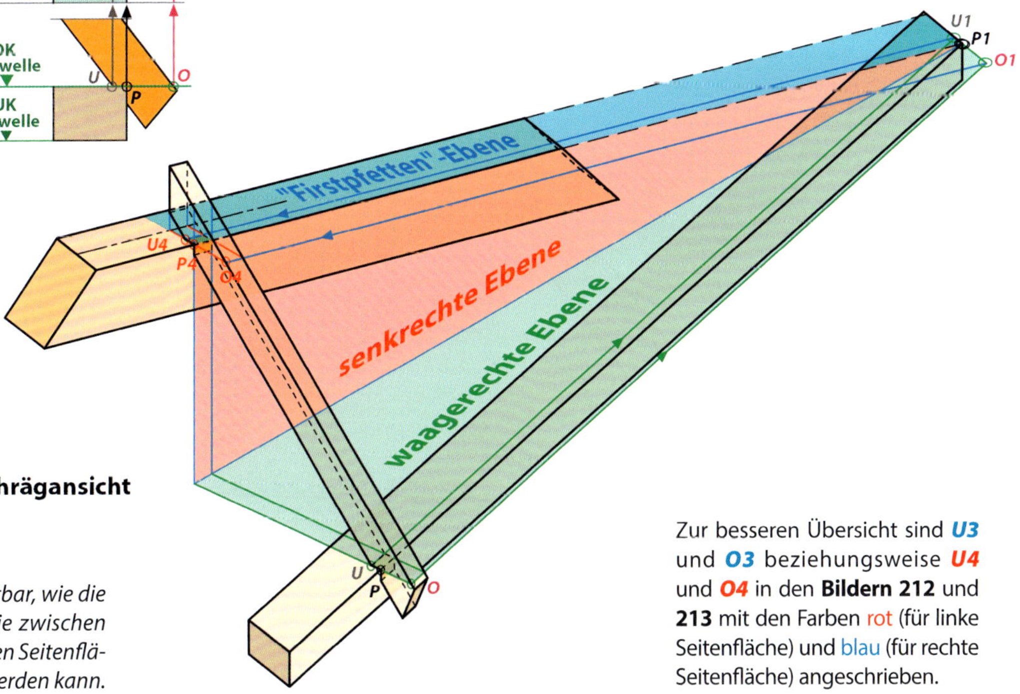

__Bild 213:__ Hier wird beispielhaft sichtbar, wie die Kervenrichtung als Verbindungslinie zwischen den Punkten U4 und O4 auf der linken Seitenfläche des Sparrenholzes angerissen werden kann.

Zur besseren Übersicht sind ***U3*** und ***O3*** beziehungsweise ***U4*** und ***O4*** in den **Bildern 212** und **213** mit den Farben rot (für linke Seitenfläche) und blau (für rechte Seitenfläche) angeschrieben.

Das Anreißen des Sparrens

Um den Sparren anreißen zu können, muss er in einer Ebene dargestellt werden, die das Auflegen des Sparrenholzes und das Übertragen von Punkten und Linien erlaubt.

Beim vorliegenden Beispiel bieten sich die zwei Möglichkeiten an, den Sparren nach links oder nach rechts (Blickrichtung First) in die Grundrissebene abzuklappen. Eine Klappung nach rechts würde ein recht unübersichtliches Gewirr von Linien erzeugen. Auch das Auflegen eines neuen Zeichenblattes wäre unhandlich, weil die Herkunft der Risse aus dem Grundriss verdeckt wäre.

Die Klappung nach links (**Bild 215**) ist deshalb vorzuziehen. Hier kann gegebenenfalls ein Zeichenpapier auf den bestehenden Aufriss geklebt und übersichtlich gearbeitet werden.

Um Platz zu sparen, wird die Höhenlinie in einen günstigen Bereich zwischen **OK-Firstpfette** und **OK-Schwelle** gelegt (**Bild 215** oben). Wer wenig Erfahrung hat, kann hier einige „Höhenlagen" ausprobieren. Aber ganz gleich, wo die Höhenlinie im oben genannten Bereich angelegt wird, die Punkte ***U2***, ***P2*** und ***O2*** liegen immer auf den Geraden zwischen ***U1***, ***P1*** und ***O1*** und ***U4***, ***P4*** und ***O4*** (siehe **Bild 213**!).

Im Grundriss ergeben sich nun die Punkte ***FR*** („Firstpunkt rechts"), ***FL*** („Firstpunkt links"), ***U3***, ***P3*** und ***O3*** auf der rechten und ***U4***, ***P4*** und ***O4*** auf der linken Sparrenseite.

Nun erfolgt der Klappvorgang, der sich hier nicht besonders schwierig gestaltet. Im Schrägbilddargestellt sieht der Vorgang aus wie in **Bild 216** gezeigt. Die Drehachse liegt beispielhaft in der (Grundriss-) Ebene **UK-Schwelle**.

Bild 215:
Der komplette Aufriss

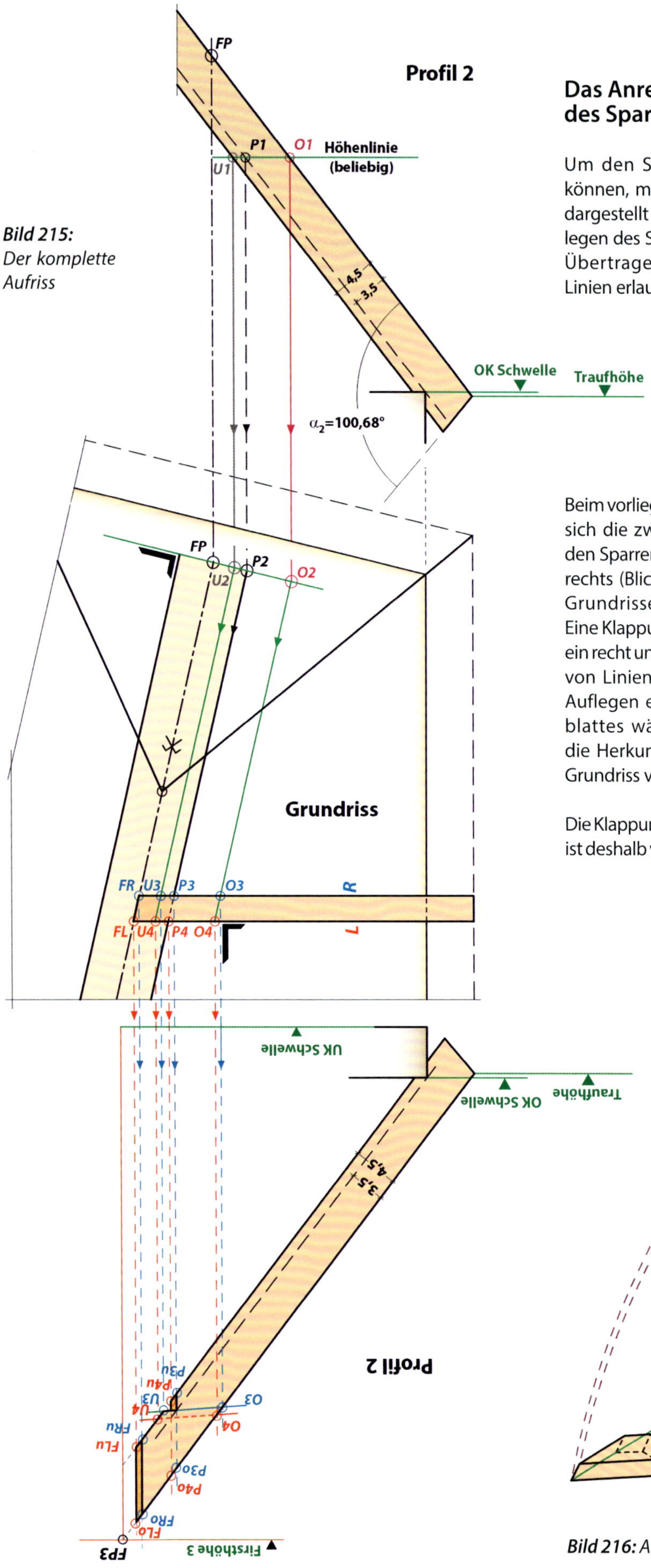

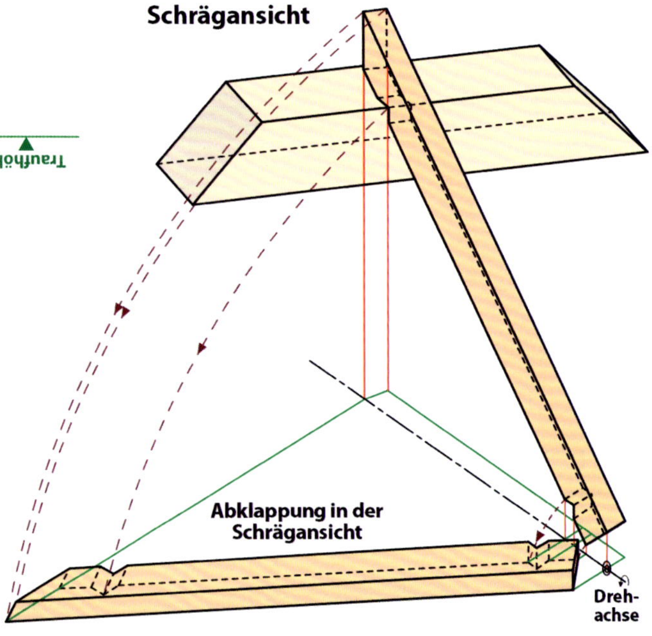

Bild 216: Abklappen des Sparrens in die Abbildungsebene

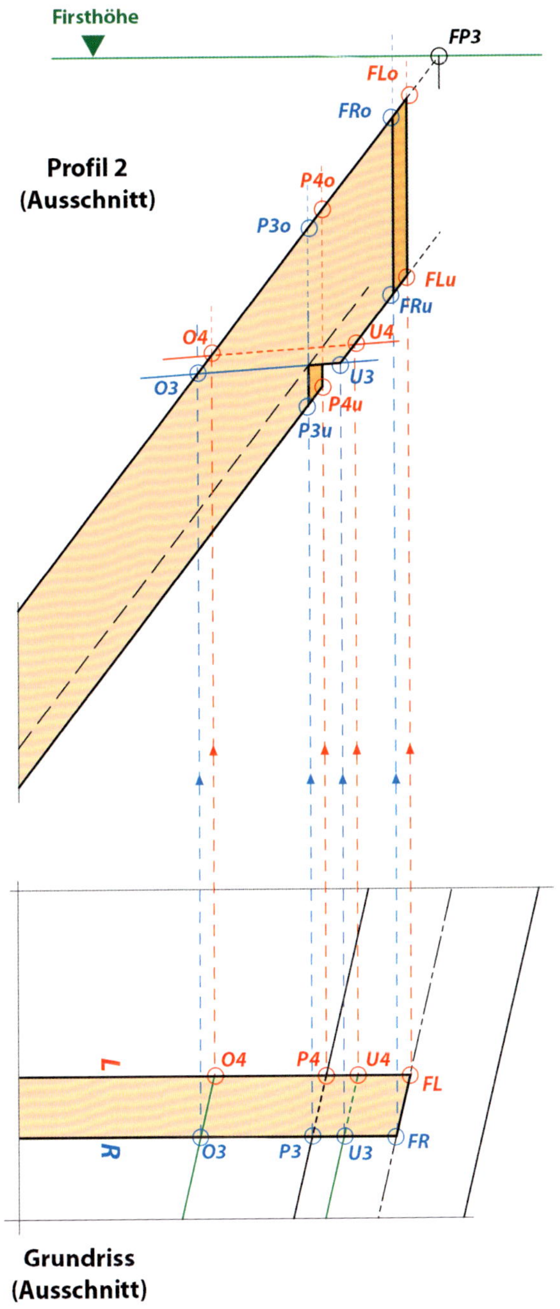

Bild 217: *Detail von der Übertragung der Punkte aus dem Grundriss in das Profil (die Ausklappung)*

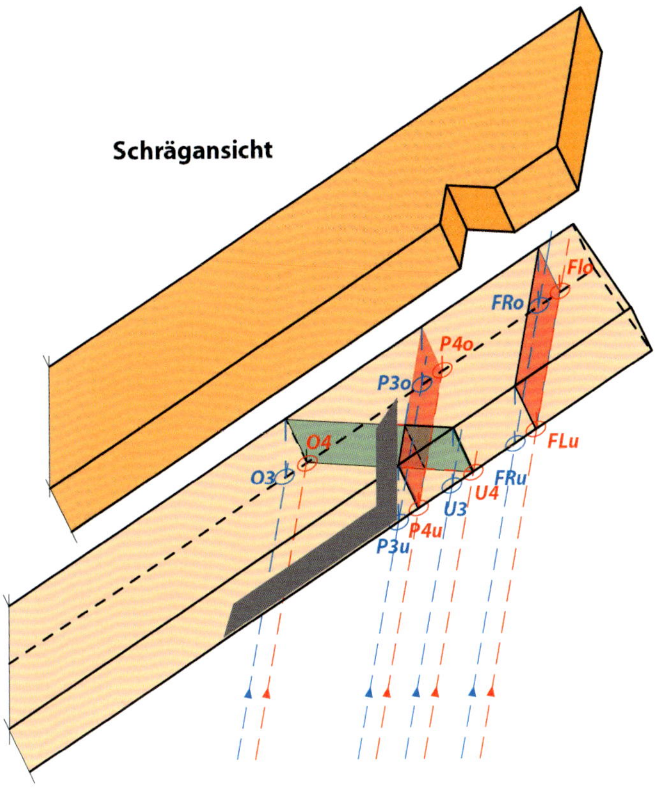

Bild 218: *Das Sparrenholz ist auf den Aufriss aufgelegt, die Punkte werden auf die jeweiligen Seiten des Holzes übertragen. Die verschiedenen Ebenen aus* ***Bild 213*** *sind innerhalb des Holzes in ihren Farben angedeutet. Darüber liegt ein fertig ausgearbeiteter Sparren.*

Bild 219: *Die fertig ausgearbeitete Kerve*

Auf der Reißplatte sieht der Vorgang so aus, dass Hilfslinien rechtwinklig zur Sparren-Außenkante nach unten gezogen werden. Das Anlegen des Sparrenprofils kann auf verschiedene Weisen geschehen, entsprechende Maß- und Winkelinformationen geben beispielsweise **Bild 145** (auf **Seite 71**) oder **Bild 170** (auf **Seite 81**). Dies gilt auch für das Reißen des Traufabschnitts.

Da der Sparren in **Bild 215** nach links geklappt wurde, blickt man nun auf seine rechte Seitenfläche (Die Beschriftung wurde mit der Abklappung mitgeführt und steht deshalb „auf dem Kopf". Ein Teil des senkrechten Abschnitts in der Kerve und der Firstabschnitt sind sichtbar und schraffiert.

Bei der Übertragung der für das Anreißen des Sparrens erforderlichen Punkte ist zu überlegen, welche nur auf der Sparren-Unterseite, welche nur auf der Sparrenoberseite und welche auf beiden Seiten benötigt werden.

So werden beispielsweise die Hilfslinien für Punkt ***U3*** nur bis zur Unterseite, für Punkt ***O3*** jedoch bis zur Oberseite des Sparrens durchgezogen.

Bei den Senkelrissen werden die Punkte auf der Oberseite (zum Beispiel ***P4o***, ***P3o***) und auf der Unterseite (zum Beispiel ***P4u***, ***P3u***) angemerkt und dann miteinander verbunden (man kann auch nur auf einer Seite anmerken und dann die Senkelrisse mit entsprechend eingestelltem Schrägmaß reißen).

Bild 217 zeigt die Situation in einem Detail und **Bild 218** am Sparrenholz, das auf den Aufriss gelegt ist. **Bild 219** schließlich zeigt die fertig ausgearbeitete Kerve, mit der der Sparren auf der geneigten Firstpfette aufliegt.

Gratsparren bei geneigter Firstlinie

Die beiden Gratsparren mit der Bezeichnung ***F*** liegen zwischen Dachflächen gleicher Neigung des Profils 2, der Gratsparren ***E*** jedoch verbindet Dachflächen mit den Dachneigungen der Profile 1 und 2.

Die Gratsparren ***F*** weisen eine Breite ***b*** = **3,5 cm** und eine Höhe ***h*** = **5,5 cm** auf. Es handelt sich um einen „linken" und einen „rechten" Gratsparren (**Bild 220**). Die Aufriss- und Anreißmethoden sind deshalb gleich, es sind lediglich die erforderlichen Risse jeweils an der zutreffenden Seite des Gratsparrenholzes anzubringen.

Der Gratsparren ***E*** (**Bild 220** links) ist **3,5 cm** breit und **7,5 cm** hoch und im Grund verschoben. Er weist deshalb ungleiche Abgratungsneigungen, aber gleiche Abgratungshöhen auf.

Bild 220: *Ansicht des Modells mit den beiden Gratsparren* ***F*** *zwischen Dachflächen gleicher Neigung (jeweils Profil 2) und dem Gratsparren* ***E*** *zwischen ungleich geneigten Dachflächen (Profile 1 und 2)*

Gratsparren *F*

Aus der Dachausmittlung hat sich ergeben, dass die beiden Gratsparren ***F*** mit der Gratgrundlinie in der Winkelhalbierenden zwischen den Traufen liegen (siehe **Seite 73 ff.**). Der Grund hierfür ist die Tatsache, dass sie zwischen Dachflächen gleicher Neigung (Profil 2) liegen. Deshalb sind die Abgratungen beiderseits gleich und es findet keine Gratgrundverschiebung statt. Den Grundriss der beiden Gratsparren mit Teilen des Schwellenkranzes und der geneigten Firstpfette zeigt **Bild 221**.

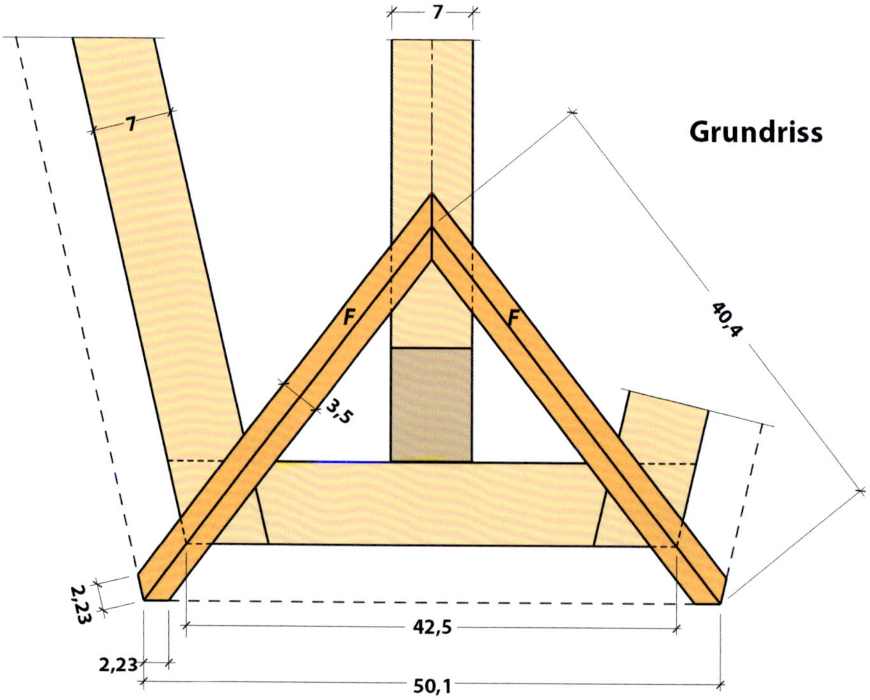

Bild 221: *Teilgrundriss des Modells mit den beiden Gratsparren* ***F*** *zwischen Dachflächen gleicher Neigung (jeweils Profil 2)*

Die Vorgehensweise

Für die Ermittlung der Firstpfettenkerve im Gratsparren bietet sich die Methode an, die bereits (**Seite 100 ff.**) für die Kerve im Sparren herangezogen wurde. Es handelte sich um eine Flächenverschneidung, bei der eine waagerechte Fläche (dort in der **Ebene Oberkante-Schwelle**) mit einer geneigten Fläche (dort **„Firstpfetten"-Ebene**) verschnitten wurde. Die „Firstpfetten"-Ebene ist bereits festgelegt (**Bild 222** und **Bild 213**).
Als waagerechte Ebene soll hier nun die Ebene durch die Traufe dienen.

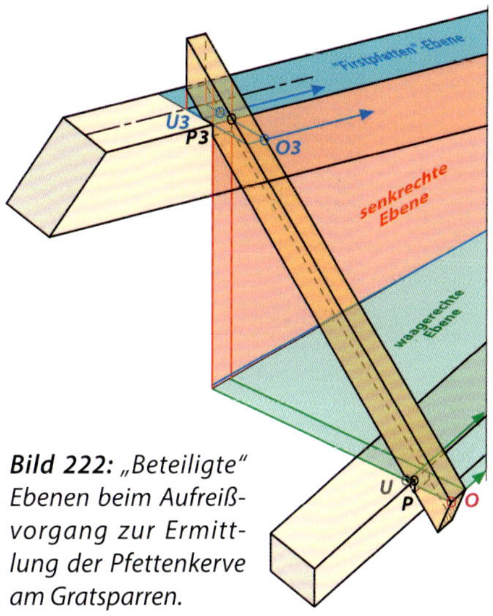

Bild 222: „Beteiligte" Ebenen beim Aufreißvorgang zur Ermittlung der Pfettenkerve am Gratsparren.

Wie **Bild 223** zeigt, wird bei dem Vorgang ein „Trick" angewendet: Aus dem Traufpunkt ***T*** (der gleichzeitig Punkt ***O*** an der Oberkante des Sparrens ist) des Profils wird die Trauflinie in den Grundriss gezogen.

Dort wird sie über den Gratraufpunkt ***TG*** hinaus verlängert, bis sie sich mit der rechten Außenkante des Gratsparrens in Punkt ***OR*** („**o**ben **r**echts") im Grundriss schneidet.

In das Gratprofil übertragen entsteht eine „herausgezogene Abgratungslinie", die in der Dachflächenebene liegt.

Zwischen ***OL*** und ***OR*** kann nun in der Dachneigung von Profil 2 eine Ebene aufgespannt werden (diese ist die obere graue Ebene in **Bild 224**).

Vom Prinzip her der gleiche Vorgang wird ausgehend von Punkt ***U*** (UK Sparren) durchgeführt. Es entstehen im Grundriss die Punkte ***UL*** und ***UR***. Die von dort aus aufzuspannende Ebene ist in **Bild 224** die untere **graue** Ebene.

Die **„Firstpfetten"-Ebene** wird mittels Unterkante-/Oberkante-Sparren „aufgespannt". Diese wurden in **Bild 212** im Grundriss festgelegt und können notfalls von der Firstgrundlinie her eingemessen werden.

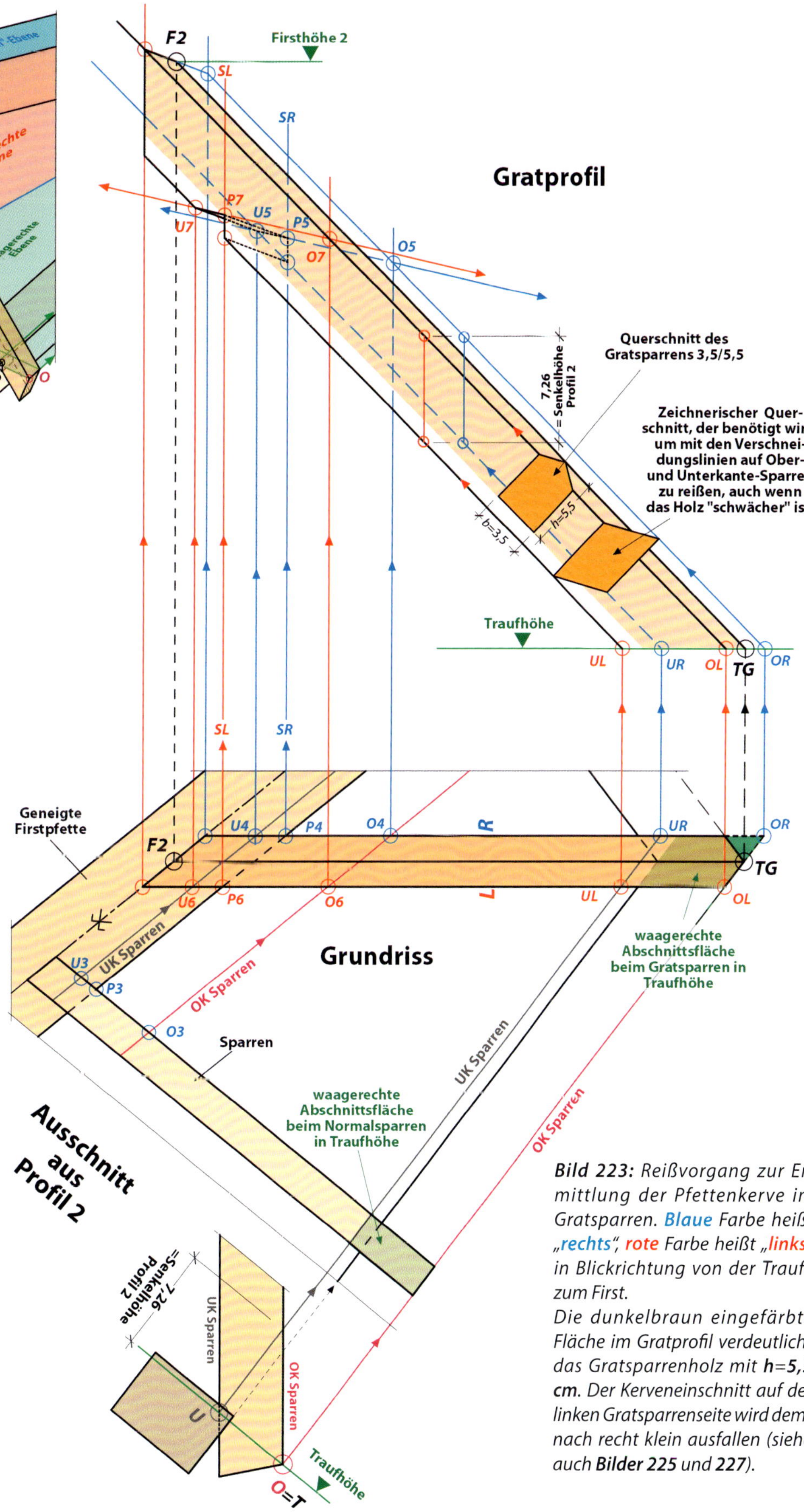

*Bild 223: Reißvorgang zur Ermittlung der Pfettenkerve im Gratsparren. Blaue Farbe heißt „rechts", rote Farbe heißt „links" in Blickrichtung von der Traufe zum First. Die dunkelbraun eingefärbte Fläche im Gratprofil verdeutlicht das Gratsparrenholz mit **h=5,5 cm**. Der Kerveneinschnitt auf der linken Gratsparrenseite wird demnach recht klein ausfallen (siehe auch **Bilder 225** und **227**).*

OK-Sparren schneidet den Gratgrund links in ***O6***, rechts in ***O4***, UK-Sparren schneidet ihn in ***U6*** und ***U4***. Damit sind die erforderlichen Ebenen für die Ermittlung der Kervenrichtung festgelegt. Übertragen in das Gratprofil entstehen die Schnittpunkte ***O7*** und ***O5*** („oben") und ***U7*** und ***U5*** („unten"). Miteinander verbunden erzeugen sie die Risse (mit Pfeilen auf beiden Seiten) für die Kervenrichtung auf der linken (roter Riss) beziehungsweise rechten (blauer Riss) Gratsparren-Seitenfläche.

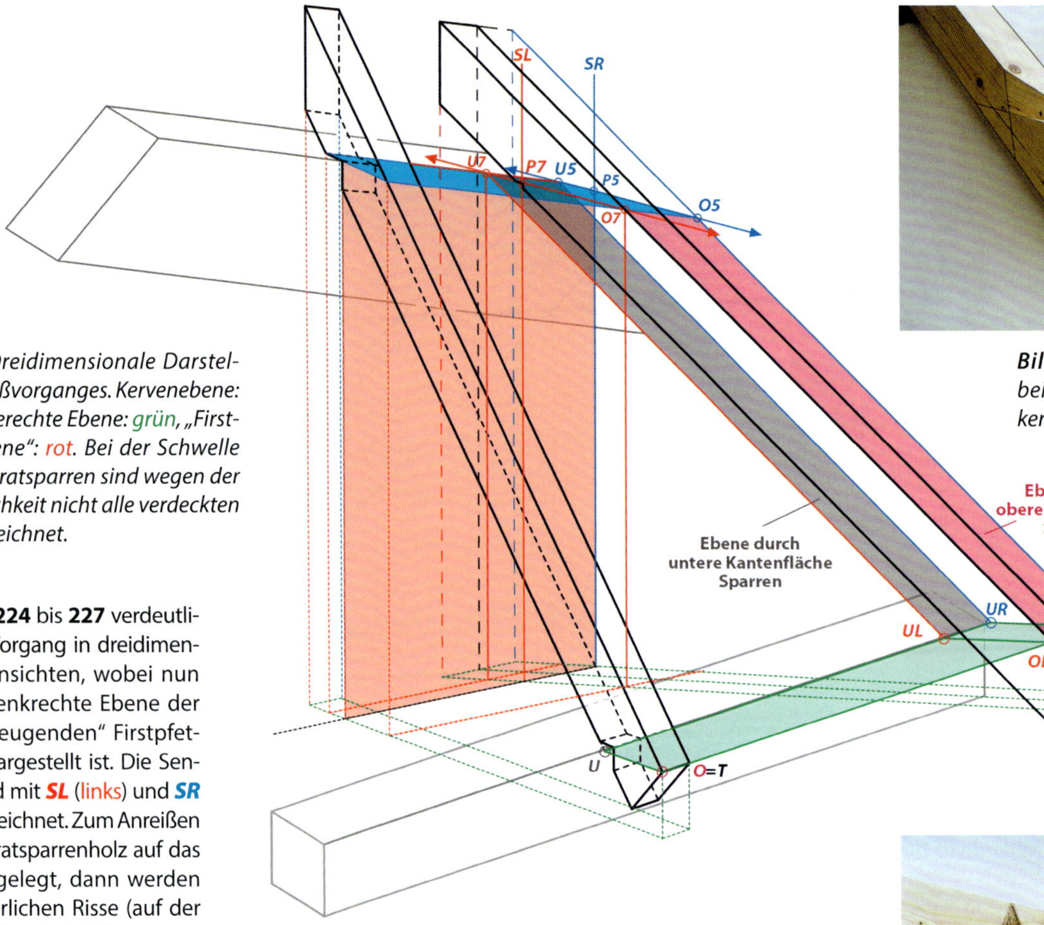

Bild 224: Dreidimensionale Darstellung des Reißvorganges. Kervenebene: blau, waagerechte Ebene: grün, „Firstpfetten-Ebene": rot. Bei der Schwelle und beim Gratsparren sind wegen der Übersichtlichkeit nicht alle verdeckten Kanten gezeichnet.

Bild 225: Ausgearbeitete Firstpfettenkerve

Die **Bilder 224** bis **227** verdeutlichen den Vorgang in dreidimensionalen Ansichten, wobei nun auch die senkrechte Ebene der „kervenerzeugenden" Firstpfettenkante dargestellt ist. Die Senkelrisse sind mit ***SL*** (links) und ***SR*** (rechts) bezeichnet. Zum Anreißen wird das Gratsparrenholz auf das Gratprofil gelegt, dann werden die erforderlichen Risse (auf der jeweils richtigen Seite) übertragen.

Bild 226: Ausgearbeitete Schwellenkerve

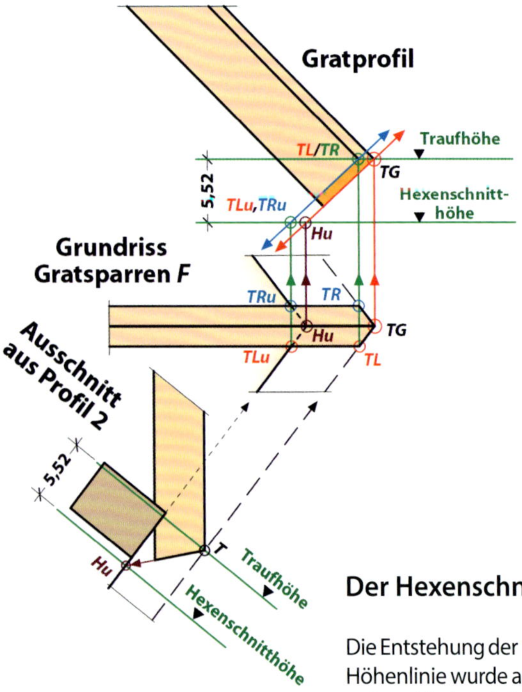

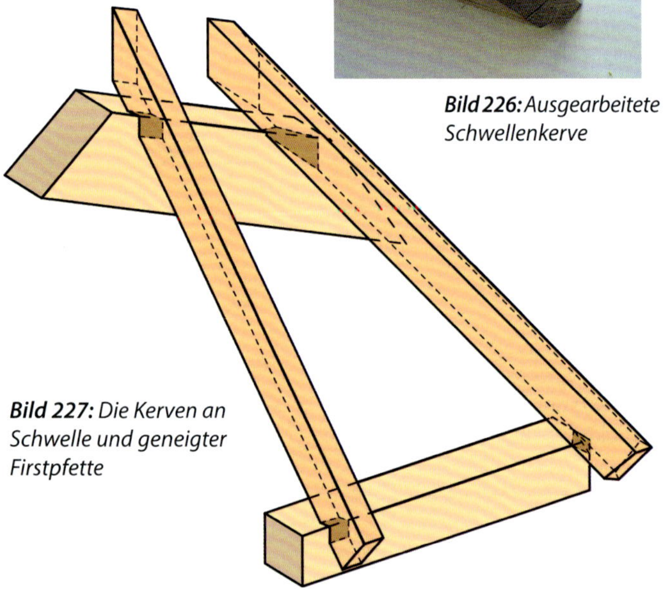

Bild 227: Die Kerven an Schwelle und geneigter Firstpfette

*Bild 228: Der Hexenschnitt beim Gratsparren **F**. Siehe auch **Seite 81 ff.***

Der Hexenschnitt

Die Entstehung der Hexenschnitt-Höhenlinie wurde ab Seite 81 eingehend behandelt. Die Traufabschnittsrichtung am Normalsparren kann aber auch mit Hilfe des senkrechten Maßes von **5,52 cm** zwischen Traufhöhe und Hexenschnitthöhe gerissen werden (**Bild 228**).

Bild 228 zeigt auch, wie der Hexenschnitt vom Normalsparren auf den Gratsparren übertragen wird. Da der Gratsparren zwischen Dachflächen gleicher Neigung liegt, werden auch die Hexenschnitte auf beiden Seitenflächen in der gleichen Neigung zur Gratlinie verlaufen.

Dies wird auch dadurch bestätigt, dass die Punkte ***TL*** („Traufpunkt links") und ***TR*** („Traufpunkt rechts") ebenso wie ***TLu*** („unten") und ***TRu*** im Gratprofil übereinander liegen.

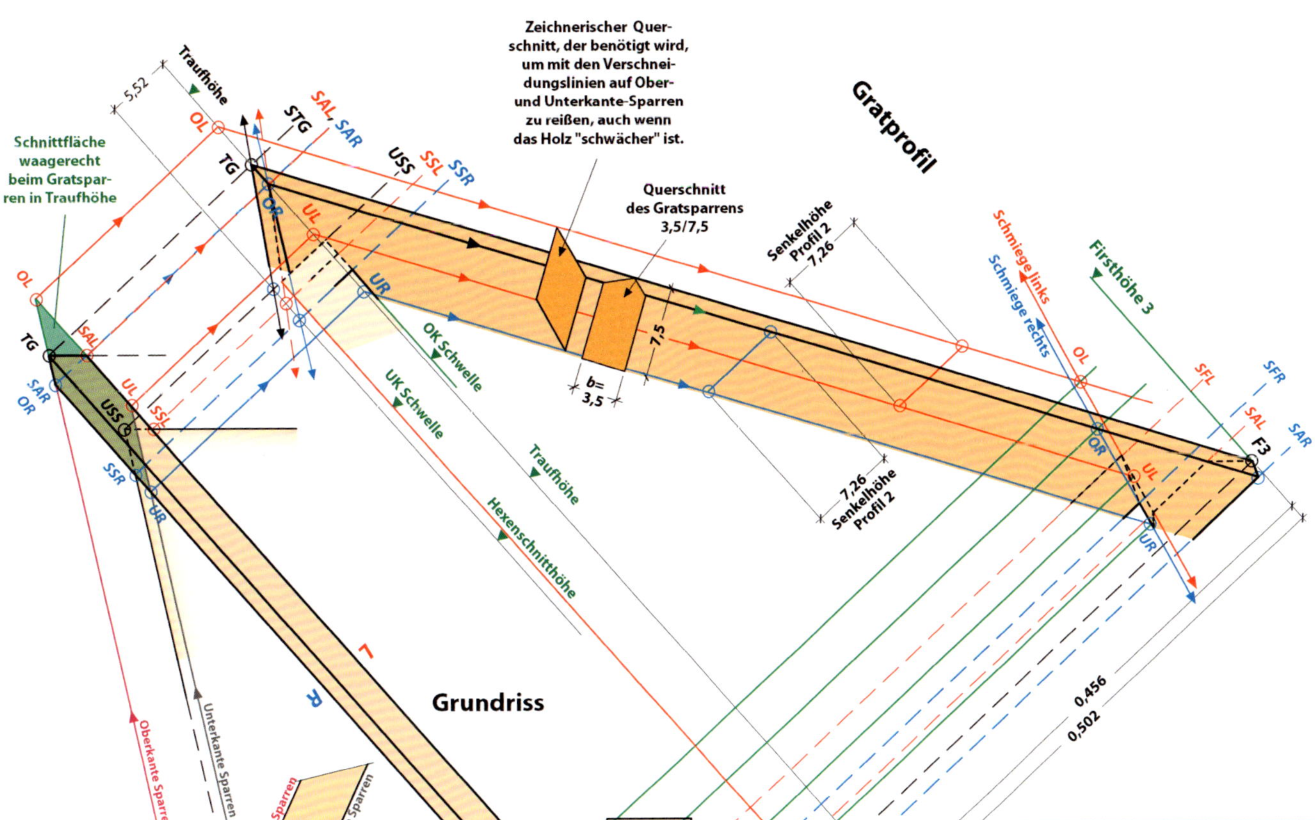
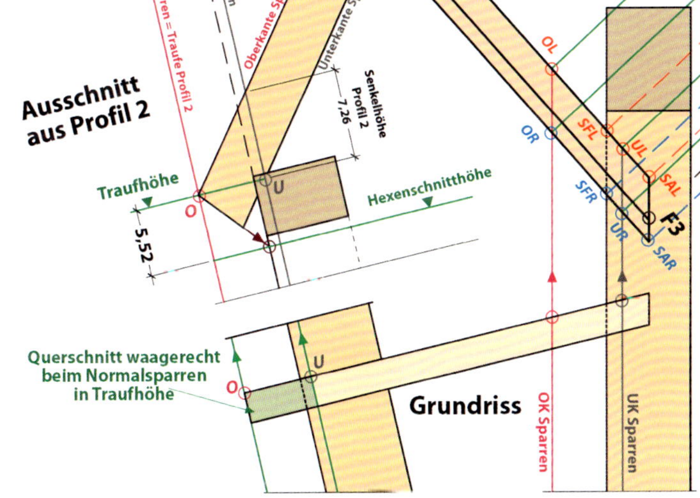

*Bild 229: Der Aufriss für den Gratsparren **E***

***Bild 232:** Ausgearbeitete Schwellenkerve mit Hexenschnitten*

***Bilder 230** und **231:** Ausgearbeitete Firstpfettenkerve von Profil 1 aus gesehen*

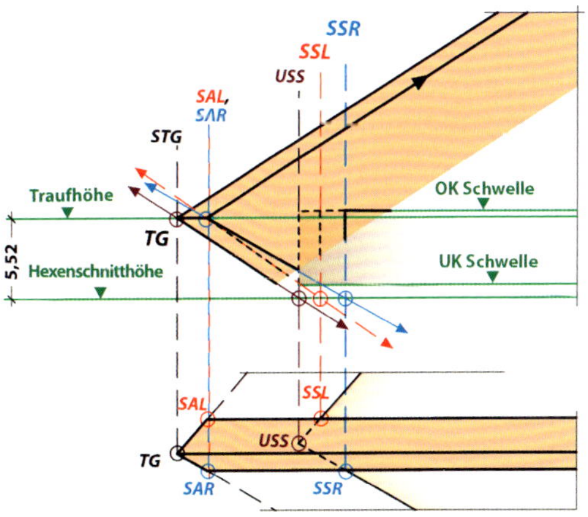

***Bild 233:** Aufreißvorgang für die Hexenschnitte*

Der Gratsparren *E*

Bild 229 zeigt den Schiftvorgang für den Gratsparren ***E***.
Es wird nach dem gleichen Prinzip vorgegangen, wie dies bei den Gratsparren ***F*** der Fall war. Hier wird nun auch deutlich, dass die Übertragung von „Unterkante-Sparren“ an der linken beziehungsweise rechten Kantenfläche des Gratsparrens (durch grüne Linien nachvollziehbar dargestellt) auch durch Antragen der Senkelhöhe (= **7,26 cm**) aus Profil 2 geschehen kann. Die **Bilder 230** und **231** zeigen die Firstpfettenkerve aus verschiedenen Richtungen.
Die Hexenschnitte fallen aufgrund der verschiedenen Dachneigungen unterschiedlich aus. Die Entwicklung zeigt **Bild 233**, und in **Bild 232** ist schließlich eine Ansicht des fertig ausgearbeiteten Gratsparrenkopfes dargestellt.

Senkrecht eingebaute Gratklauenschifter und Gratklauenwechsel

Hier sollen ein Gratklauenschifter (Bezeichnung ***L***) und ein Gratklauenwechsel (Bezeichnung ***M***) im Bereich der beiden Gratsparren mit der Bezeichnung ***F*** konstruiert werden. Beide sind mit ihren Seitenflächen senkrecht angeordnet und müssen deshalb abgegratet werden.

Die beiden Hölzer weisen die gleiche Breite von ***b*** **= 2,5 cm** auf. Die Höhen sind unterschiedlich und ergeben sich aus der Senkelhöhe des Normalsparrens in Profil 2. Dies erlaubt, dass die unteren Kantenflächen der Hölzer so abgegratet werden, dass sie in der gleichen Ebene liegen, wie die untere Kantenfläche des Normalsparrens.

Bild 234 zeigt beide Hölzer in einer Schrägansicht der Dachkonstruktion, **Bild 235** verdeutlicht die Klauen an den Gratsparren in einer Schrägansicht aus dem Dachraum heraus.

Für das Ausarbeiten des Gratklauenschifters ***L*** ist die Höhe ***hs*** **= 5,0 cm** ausreichend, für den Gratklauenwechsel ***M*** genügt die Höhe ***hw*** = 10,5 cm.

Die für das Einpassen der beiden Dachhölzer in die Konstruktion erforderlichen Maße und Winkel zeigt **Bild 236**.

Die Vorgehensweise: Gratklauenschifter *L*

Der Gratklauenschifter ***L*** ist gleichzeitig ein Strahlenschifter, weil er im Grundriss nicht rechtwinklig zur Traufgrundlinie verläuft. Durch das Drehen des Holzes bei Beibehaltung der senkrechten Lage schiebt sich die von der Traufe aus nach oben gesehene linke Seitenkante über die Dachfläche hinaus und macht so eine Abgratung erforderlich. Gleichzeitig ändert sich die Neigung des Schifters!
Er weist deshalb ein Profil auf, das von Profil 2 geringfügig abweicht!

Beim Reißen des Gratklauenschifters wird vom Grundriss ausgegangen. Das Holz liegt im Grundriss in einem Winkel von **80°** zur Traufgrundlinie und beginnt mit seiner rechten oberen Kante im Schnittpunkt von Dachkörper-Mittelachse (Verlängerung der Firstgrundlinie) und Traufgrundlinie.

Bild 234: *Ansicht des Modells mit den beiden Gratsparren* ***F****, der dazwischen aufgespannten Dachfläche mit Profil 2, dem senkrecht stehenden Gratklauenschifter* ***L*** *und dem senkrecht stehenden Gratklauenwechsel* ***M****.*

Bild 235: *Teilansicht des Modells von unten (aus dem Dachraum heraus). Gratklauenschifter und Gratklauenwechsel sind unten abgegratet und klauen von unten auf die Gratsparren auf.*

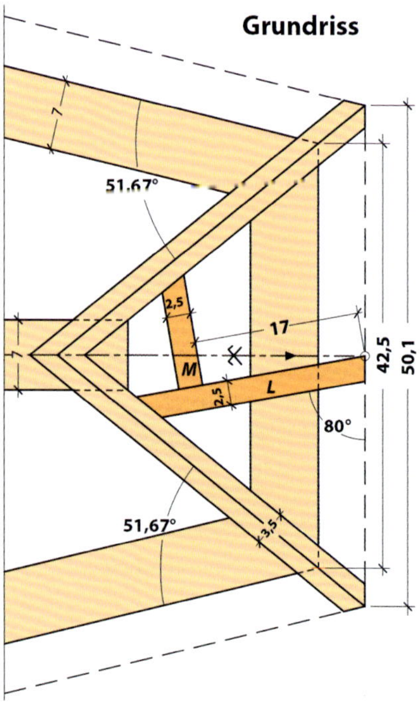

Bild 236: *Bemaßte Lage des Gratklauenschifters* ***L*** *und des daran anschließenden Gratklauenwechsels* ***M***

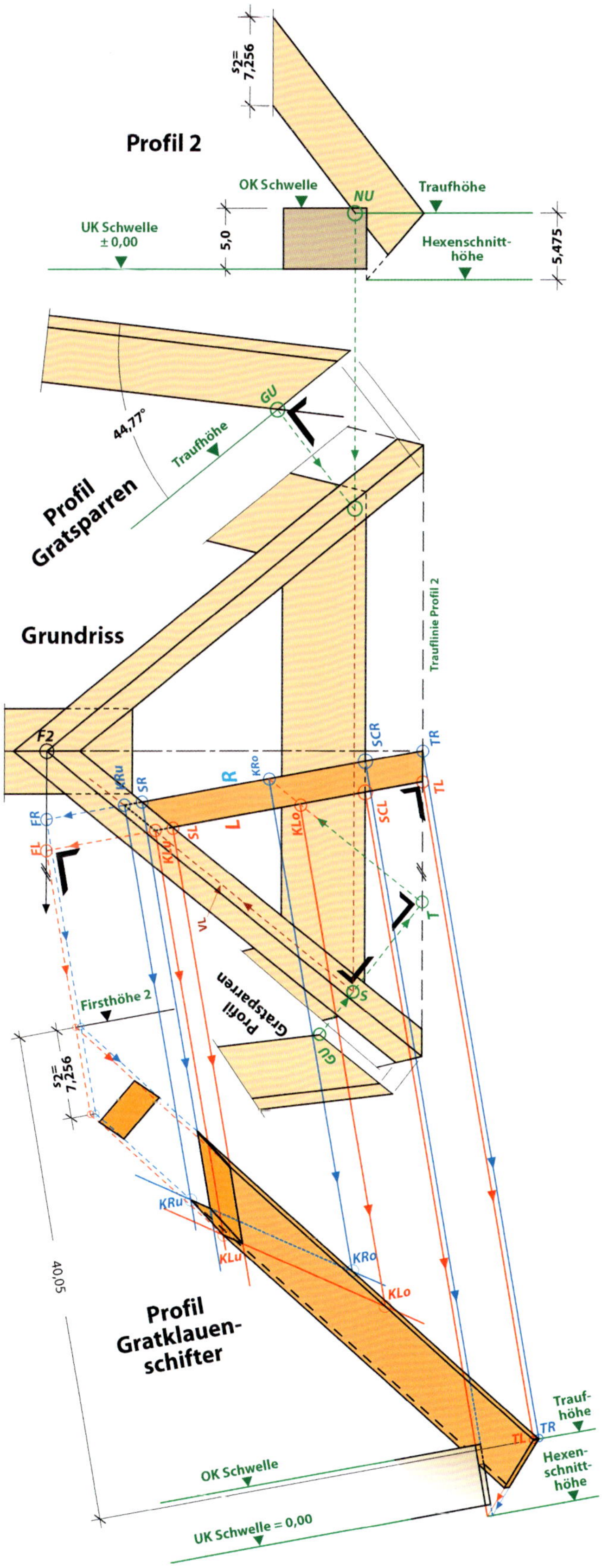

*Bild 237: Mögliche Vorgehensweise beim Reißen des Gratklauenschifters **L***

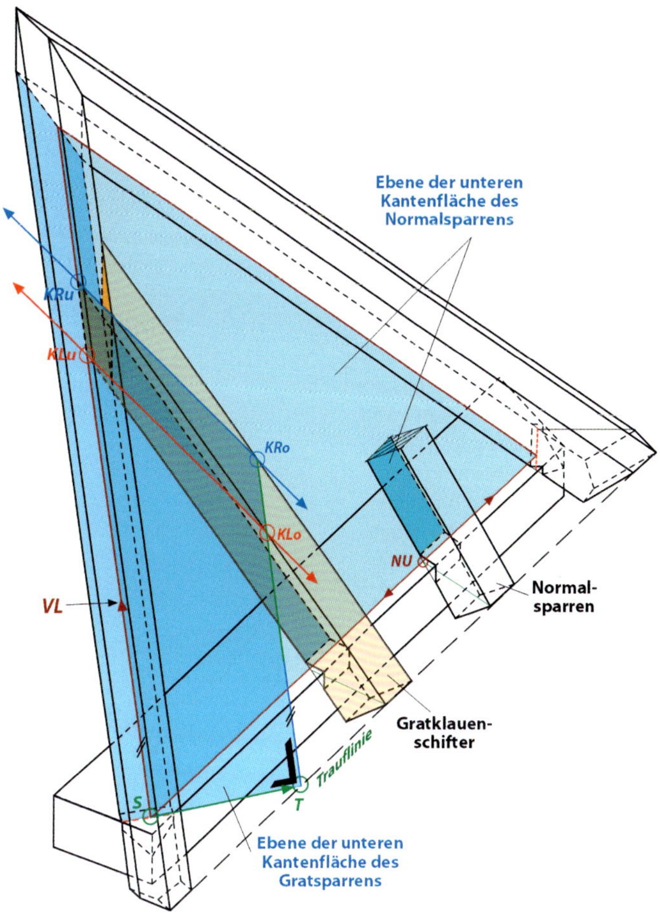

Bild 238: „Aufspannen" der Ebenen der unteren Kantenflächen von Gratsparren und Normalsparren

Der Vorgang zur Konstruktion des Gratklauenschifter-Profils ist in **Bild 237** dargestellt:

1. Um die von Profil 2 abweichende Neigung ermitteln zu können, werden die beiden Außenkanten des Schifters nach oben verlängert und mit einer Linie zum Schnitt gebracht, die rechtwinklig zur Firstgrundlinie durch den Firstpunkt ***F2*** verläuft. Die beiden entstehenden Punkte liegen auf Firsthöhe 2.
2. An der Traufe werden rechtwinklig zu den Schifter-Außenkanten verlaufende Hilfslinien eingezeichnet. In ausreichend bemessenem Abstand kann nun die Traufhöhe parallel zur Schifter-Außenkante angetragen werden. Es entstehen die beiden Traufpunkte ***TL*** (links) und ***TR*** (rechts) des Schifters, durch welche im Profil des Gratklauenschifters die Abschnittsrisse des Hexenschnitts verlaufen.
3. Nun können die beiden Anfallspunkte ***FL*** (links) und ***FR*** (rechts) der Schifter-Außenkanten in Firsthöhe 2 mit den zugehörigen Traufpunkten verbunden werden. Damit ist die Abgratungshöhe des Schifters in wahrer Größe dargestellt.
4. Die senkrecht verlaufenden Schmiegenrisse an der Seitenfläche des Gratsparrens werden rechtwinklig von ***SL*** (links) und ***SR*** (rechts) aus in das Gratschifter-Profil übertragen.
5. Die Höhe des Gratklauenschifters ergibt sich aus dem Antragen der Senkelhöhe s_2 des Normalsparrens von Profil 2. Rechte und linke Schifter-Unterkante werden parallel zu den Oberkanten gerissen.
6. Für die Ermittlung der Klauenrichtung (**Bild 238**) wird die Ebene der unteren Kantenfläche des Normalsparrens bis auf Traufhöhe „aufgespannt" und die Verschneidungslinie ***VL*** dieser Ebene mit der unteren Kantenfläche des

Gratsparrens erzeugt (wenn – wie oben angekündigt – der Gratklauenschifter an seiner unteren Kantenfläche in der Ebene der Unterseite des Normalsparrens abgegratet wird, liegt sein Abschnittsriss auf dieser Verschneidungslinie). Auf dem unteren Abschluss der erzeugten Ebene liegen die Punkte ***NU*** an der Unterkante des Normalsparrens und ***GU*** an der Unterkante des Gratsparrens, beide in Traufhöhe.

7. Gelingt es, die Ebene der unteren Kantenfläche des Gratsparrens durch den Gratsparrenwechsel hindurch zu erweitern, so legt diese Schnittebene die Richtung der Klaue eindeutig fest. Dies geschieht nun durch das Reißen einer im Grundriss rechtwinklig zur Verschneidungsgrundlinie ***VL*** aus dem Schnittpunkt ***S*** verlaufenden Linie, welche die Traufgrundlinie in ***T*** schneidet. Wird nun durch ***T*** eine Parallele zur Verschneidungslinie ***VL*** gezogen, so überträgt diese die Richtung der Verschneidungslinie auf die obere Kantenfläche des Gratklauenschifters. Es entstehen am Klauenschifter folgende Punkte: ***KLo*** an der Oberkante links, ***KRo*** an der Oberkante rechts, ***KLu*** an der Unterkante links, ***KRu*** an der Unterkante rechts, Senkelpunkt ***SL*** an der Oberkante links, Senkelpunkt ***SR*** an der Oberkante rechts. Die genannten Punkte werden in das Profil des Gratklauenschifters übertragen und, wo erforderlich, miteinander verbunden: ***KLo*** mit ***KLu***, ***KRo*** mit ***KRu***.
8. Nun kann der Querschnitt des Gratklauenschifters mit Breite ***b*** = 2,5 cm dargestellt werden. Die Gesamthöhe ***h*** im fertig abgegrateten Zustand beträgt rund **4,9 cm**.

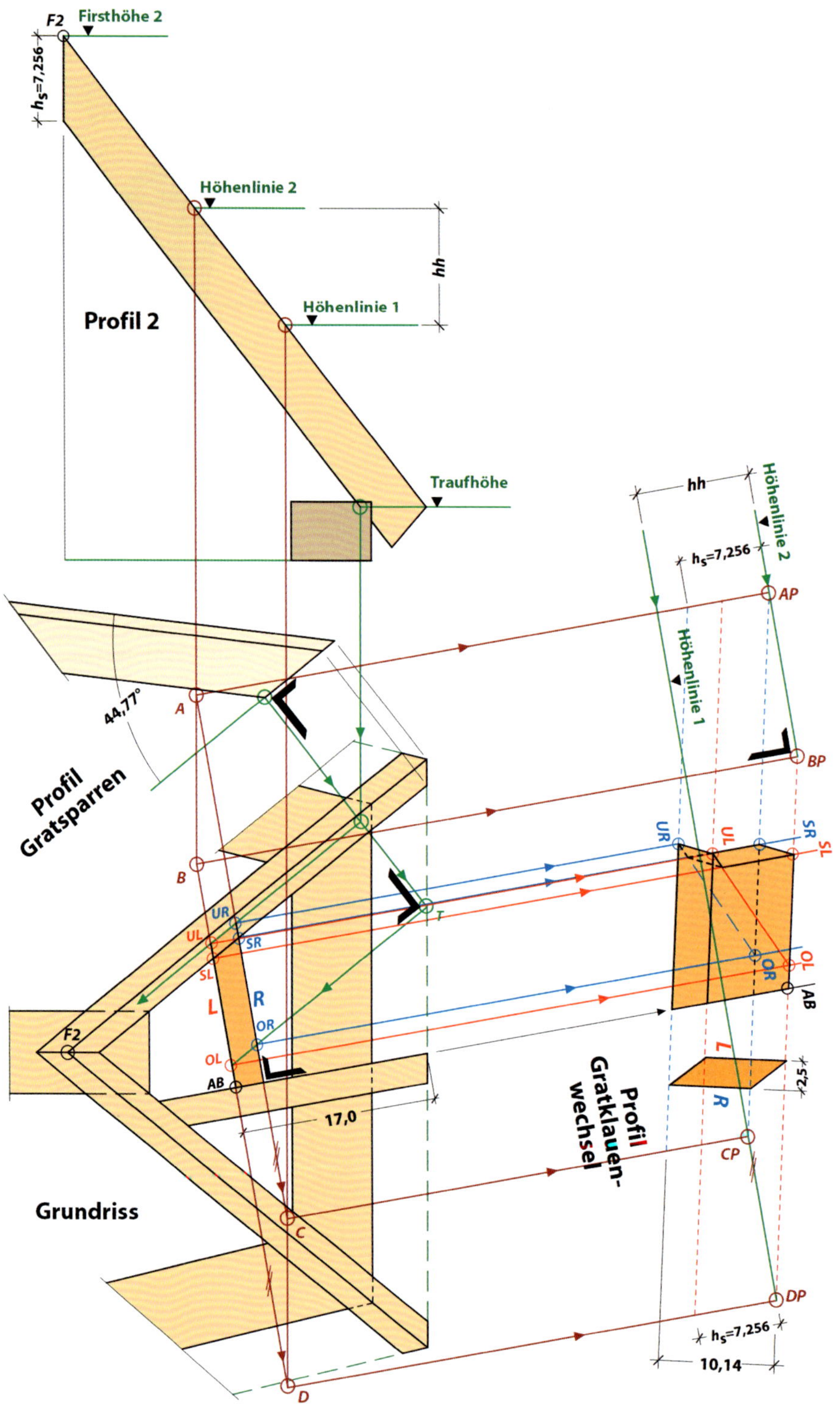

Bild 239: Das Austragen des Gratsparrenwechsels geschieht hier am besten nach rechts aus dem Grundriss heraus.

Gratklauenwechsel *M*

Der Gratklauenwechsel ***M*** schließt in einem Abstand (Grundmaß) zu Traufpunkt ***TR*** von **17,0 cm** senkrecht an den Gratklauenschifter ***L*** an (**Bild 236** und **Bild 239**). Am Modell sieht dies aus wie in **Bild 240** und in **Bild 241** gezeigt.

Die Vorgehensweise kann folgendermaßen aussehen (**Bild 239**):

1. Der Gratklauenwechsel wird im Grundriss maßgerecht eingezeichnet und seine Seitenkanten werden nach beiden Seiten verlängert.
2. Im Profil 2 sind zwei Höhenlinien so anzulegen, dass die zwei Senkrechten aus den Schnittpunkten mit der Profil-Neigungslinie (OK Normalsparren) die Verlängerungen der Seitenkanten des Wechsels „günstig" in den Punkten ***A***, ***B***, ***C*** und ***D*** schneiden. Damit ist gemeint, dass nicht andere Risse überlagert wer-

***Bild 240:** Ansicht der Hölzer am Modell in Richtung der senkrechten Seitenflächen des Gratklauenschifters (vergleiche auch Bild 241)*

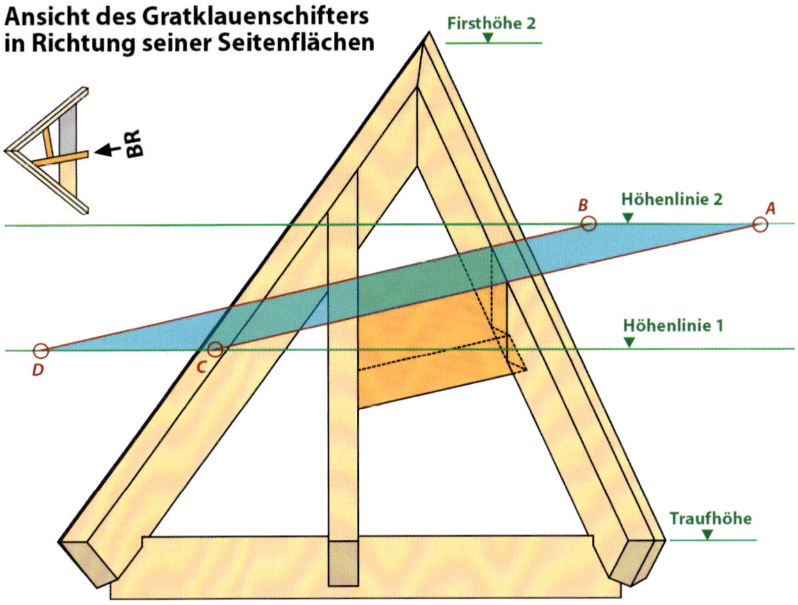

***Bild 242:** Darstellung der oberen Abgratungsfläche des Gratklauenwechsels.*

***Bild 241:** Gratklauenschifter und Gratklauenwechsel im Modell eingebaut und senkrecht von oben betrachtet*

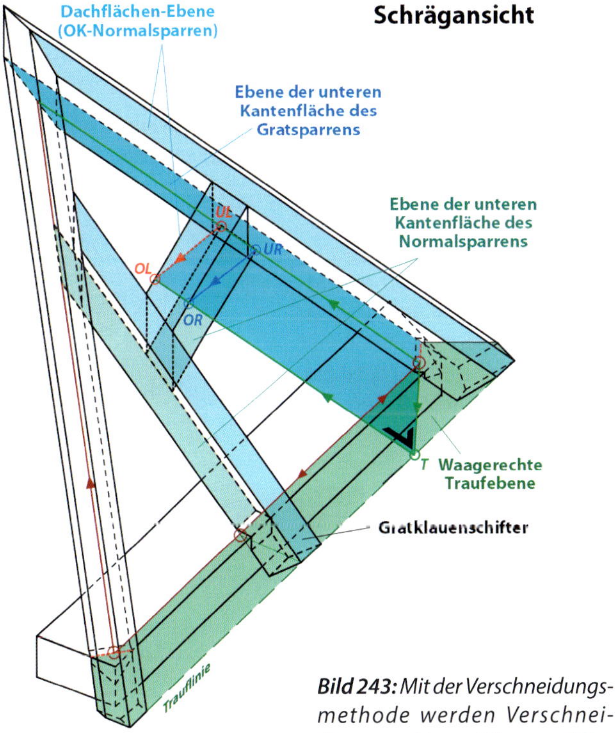

***Bild 243:** Mit der Verschneidungsmethode werden Verschneidungspunkte an Ober- und Unterkante des Wechsels ermittelt.*

den und der Aufriss unübersichtlich wird. Für die Lage der Höhenlinien können etwa **30 cm** (**Höhenlinie 2**) und **20 cm** (**Höhenlinie 1**) von **UK-Schwelle** = **± 0,00 m** empfohlen werden. Anmerkung: die Höhenlinien werden hier deshalb verwendet, weil der Gratklauenschifter im Grundriss nur einen sehr kleinen Neigungswinkel zur Traufgrundlinie aufweist. Bei deutlicherer Schrägstellung könnten auch die Firsthöhe und die Traufhöhe als Höhenlinien Verwendung finden (wie es beispielsweise ab **Seite 88** dargestellt ist).

3. Außerhalb des Grundrisses wird nun das Profil des Gratwechsels gerissen. Dazu werden zwei parallel zu den Gratwechsel-Außenkanten im Grundriss verlaufende Linien im Abstand ***hh*** zwischen den **Höhenlinien 1** und **2** gezeichnet.

4. Die rechtwinklig zu den Grundrisskanten des Gratklauenwechsels in sein Profil gerissenen Hilfslinien aus den Punkten ***A***, ***B***, ***C*** und ***D*** schneiden die Höhenlinien in den Punkten im Profil ***AP***, ***BP***, ***CP*** und ***DP***. Die Verbindungslinie zwischen ***AP*** und ***CP*** ist der Ort, auf dem die rechte obere Kante des abgegrateten Wechsels liegt. Auf der Linie zwischen ***BP*** und ***DP*** liegt die linke obere Kante. **Bild 242** verdeutlicht den Vorgang in einer Ansicht des Gratklauenschifters in Richtung seiner Seitenflächen.

5. Die Ermittlung der Klauenrichtung erfolgt auf die gleiche Art und Weise, wie dies beim Gratklauenwechsel (**Bild 238**) der Fall war. Mit der Verschneidungsmethode wird die Ebene der unteren Kantenfläche des Gratsparrens mit der Dachflächenebene (OK Sparren) verschnitten. Es entstehen Verschneidungspunkte an den Ober- und Unterkanten des Wechsels, die beim Anreißen des Holzes miteinander verbunden werden müssen.

Rechtwinklig zur Dachfläche (verkantet) eingebaute Gratklauenschifter und Gratklauenwechsel

In diesem Abschnitt werden Gratklauenschifter ***N*** und Gratklauenwechsel ***O*** so eingebaut, dass sie – mit jeweils rechteckigem Querschnitt – mit ihren oberen Kantenflächen in der Dachfläche von Profil 2 liegen. Daraus ergibt sich eine nicht senkrechte, sondern verkantete Lage.

Beide Hölzer werden nach den Maßen in **Bild 244** nach einer ihrer Unterkanten eingefügt. Die Maße der Hölzer entsprechen den Maßen der Normalsparren (***b*** **= 2,5 cm** und ***h*** **= 4,5 cm**).

Damit ist gewährleistet, dass auch die unteren Kantenflächen der Hölzer in der Ebene der unteren Kantenfläche der Normalsparren liegen (siehe hierzu auch die grundsätzlichen Ausführungen zum Verkanten von Hölzern in den **Bildern 182** und **183**).
Bild 245 zeigt das Teilmodell in einer dreidimensionalen Ansicht von oben außen, in **Bild 246** ist die Konstruktion von unten innen betrachtet und **Bild 247** zeigt die Vorderansicht in Richtung der Dachkörper-Mittelachse.

Durch die Verkantung der Hölzer sind beim Reißen des Grundrisses zunächst nur die beiden Bezugskanten bekannt (dick hervorgehoben in **Bild 244**).

Für den weiteren Schiftvorgang werden das Normalprofil (Profil 2) und das – am besten nach unten ausgeklappte – Gratprofil benötigt.

Bild 248 zeigt die Reißplatte zu Beginn des Schiftvorganges: Grundriss, Profil 2 und ein Teil des ausgeklappten Gratprofils sind fertig, die Bezugskanten für Gratklauenschifter ***N*** und Gratklauenwechsel ***O*** sind nach den Vorgaben eingezeichnet und die spätere Lage der Hölzer mit einem Kreuz bezeichnet.

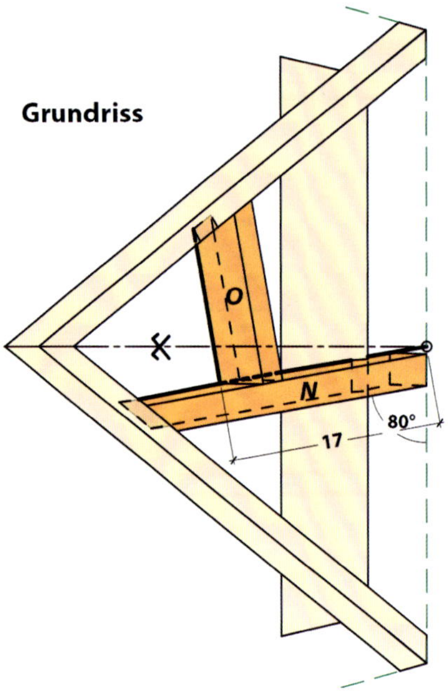

Bild 244: *Draufsicht mit den Festlegungen von Gratklauenschifter* ***N*** *und Gratklauenwechsel* ***O****.*

Bild 245: *Das Teilmodell in einer Schrägansicht.*

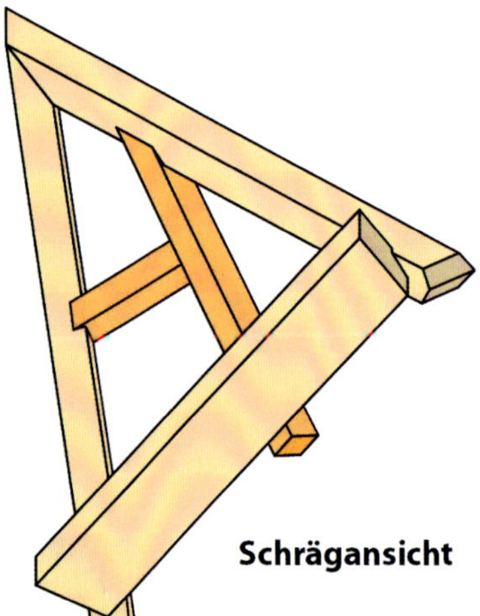

Bild 246: *Ansicht von unten aus dem Dachinnenraum heraus*

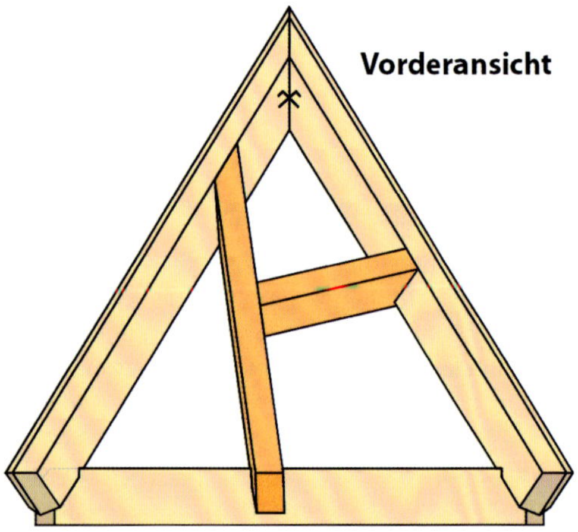

Bild 247: *Vorderansicht in Richtung der Mittelachse. Auch hier wird die Verkantung der Hölzer deutlich.*

Vorarbeit: Abklappen von Profil 2

Die Verkantung der Hölzer in die Dachfläche und ihr rechtwinkliger Querschnitt bedeuten im vorliegenden Fall, dass sie mit ihren Seitenflächen senkrecht zur Dachfläche stehen. Für das Anreißen der Hölzer ist diese Tatsache vorteilhaft, wenn es gelingt, die Dachfläche in eine waagerechte oder senkrechte Ansichtsebene (Grundriss oder Seitenansicht) zu projizieren, denn in diesen Ansichtsebenen liegen die Maße der eingefügten Hölzer in wahrer Größe vor.

Bild 249: *Abklappen von Profil 2 in die Grundrissebene*

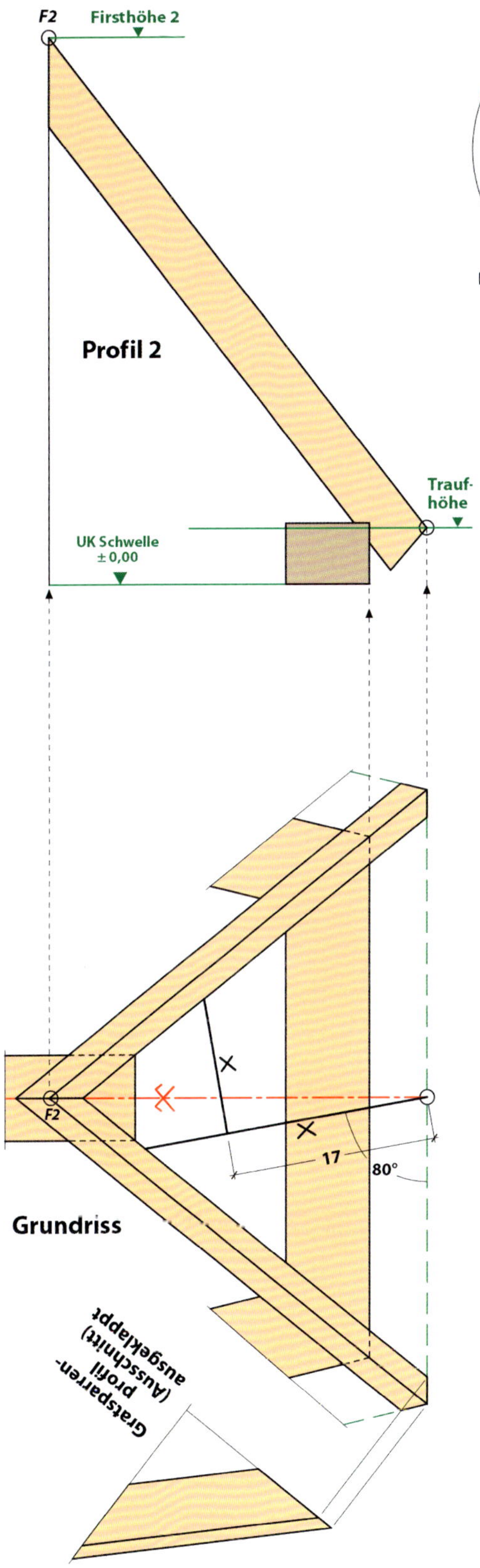

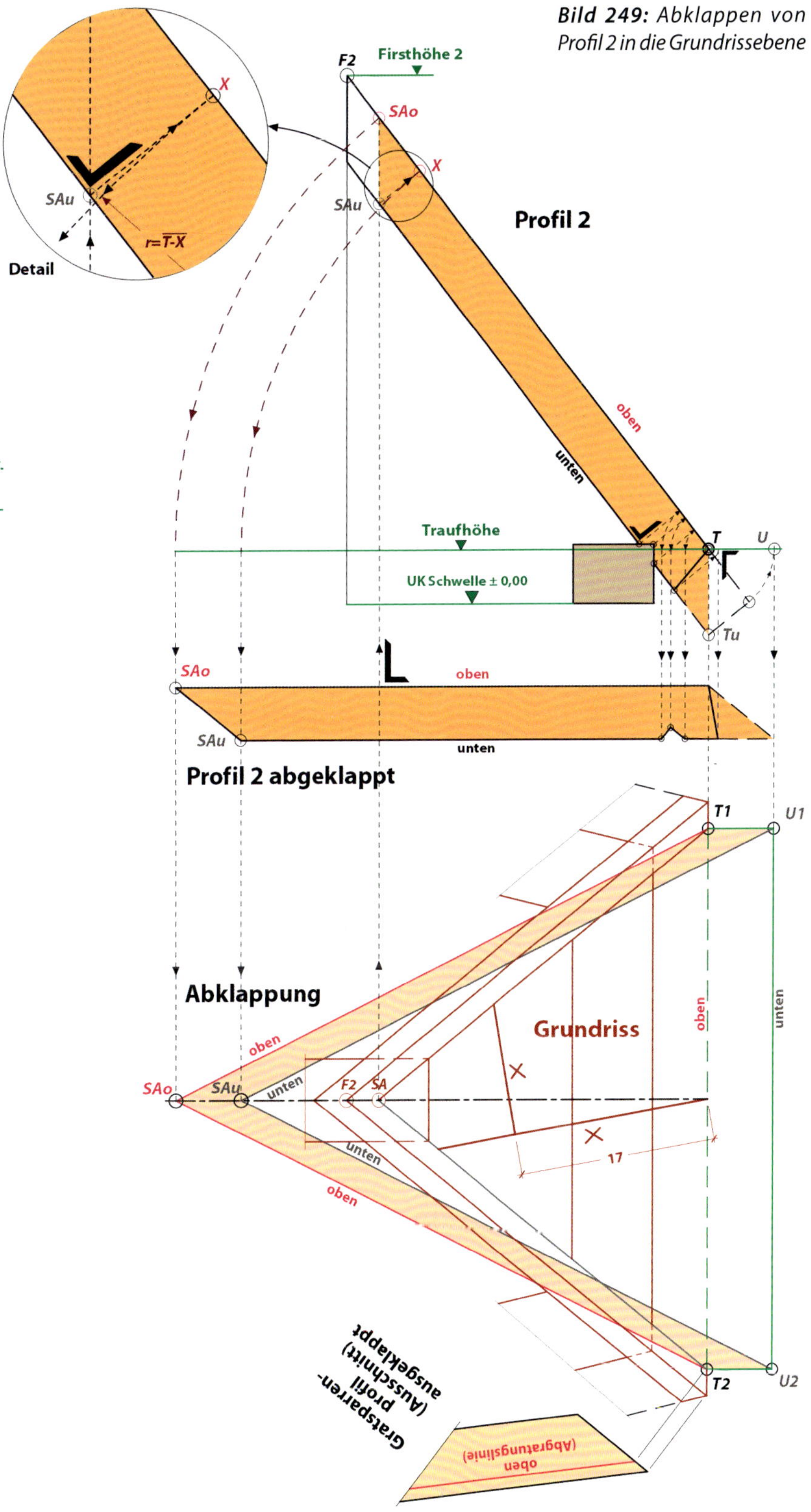

Bild 248: *Die Reißplatte bei Beginn des Schiftvorganges*

Im aktuellen Beispiel ist die Abklappung der Dachfläche in die Grundrissebene wohl der einfachste Weg. Dabei sind Sparrenoberseite und Sparrenunterseite als „Begrenzungsebenen" von Wichtigkeit, denn sie begrenzen die Schicht, innerhalb derer die Hölzer liegen, nach oben und unten. Die Abklappung von Profil 2 zeigt **Bild 249**. Drehachse ist die Trauflinie, Drehpunkt im Profil demnach der Traufpunkt ***T***. Abgeklappt wird die Fläche, die sich zwischen der Trauflinie und den Abgratungslinien der beiden Gratsparren aufspannt (im Grundriss: Punkte ***SA*** – ***T1*** – ***T2*** (mit ***SA*** = „Schnittpunkt Abgratungslinien"). Um Bezugspunkte für die Unterkante zu erhalten, werden die Schnittpunkte ***SAu*** und ***Tu*** der Senkelrisse aus ***SAo*** und ***T*** erzeugt und rechtwinklig auf die Sparren-Oberkante übertragen (siehe Detail in **Bild 249**). Nun erfolgt die Abklappung, die man sich als „Fallenlassen" der Fläche vorstellen kann.

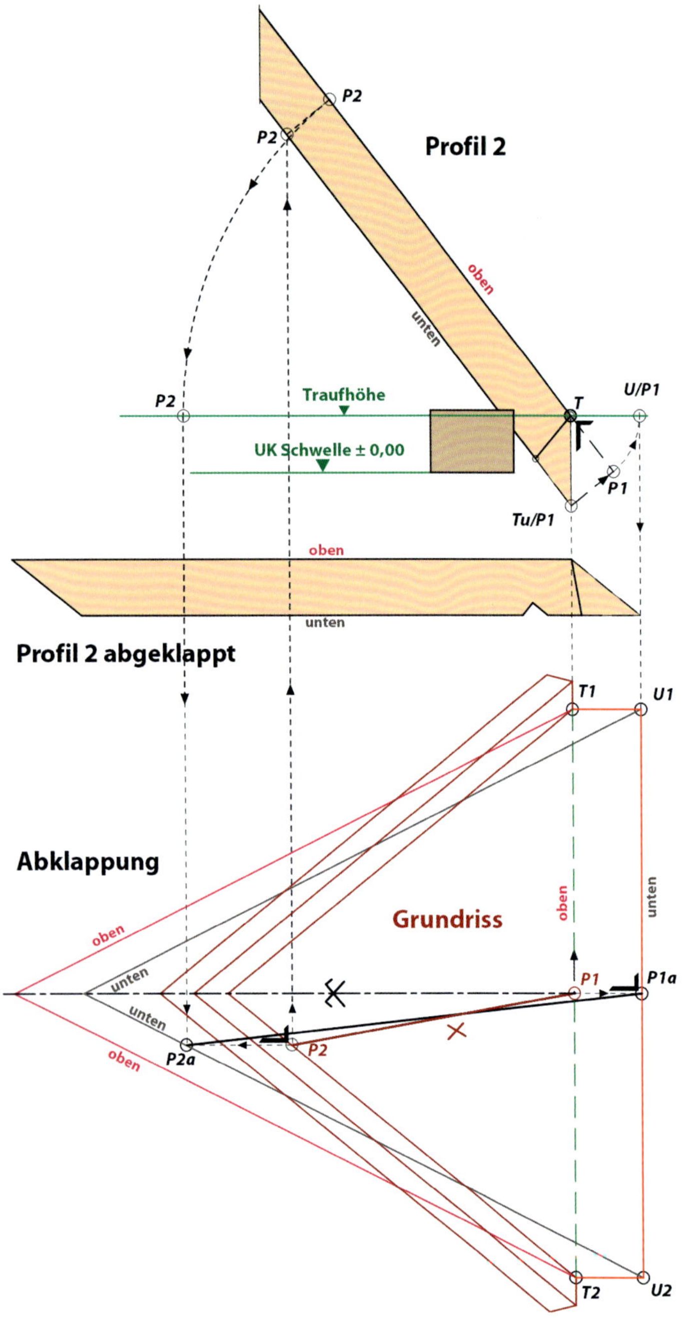

Bild 250: Darstellen der „wahren" Bezugskante des Gratklauenschifters in der Abklappung

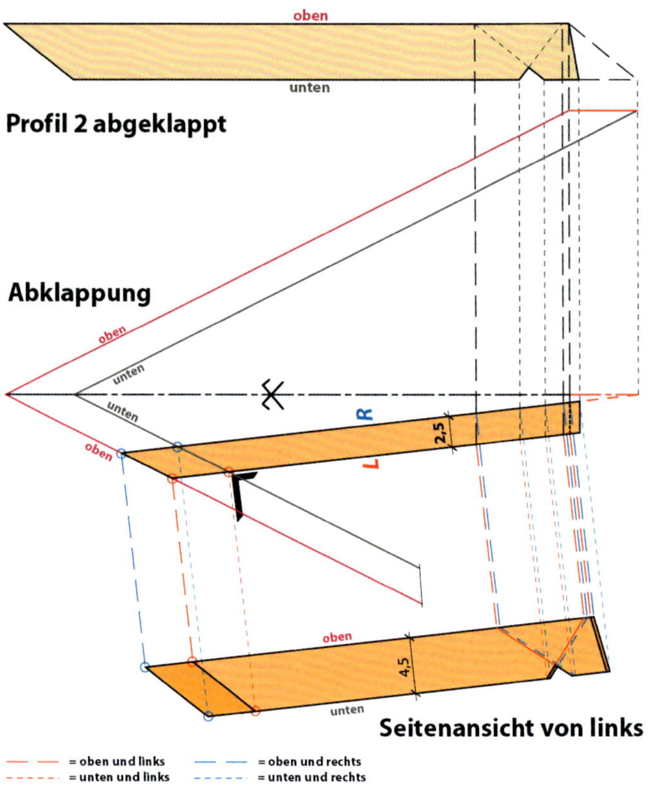

Bild 251: Anreißen der Fußpfettenkerve und der senkrechten Backenschmiege des Gratklauenschifters am Gratsparren

Dabei klappt der unterhalb des Drehpunktes liegende Punkt ***Tu*** nach oben und wird ***U1*** beziehungsweise ***U2***. Die Sparrenschicht" liegt nun „auf dem Boden" der Grundrissebene. Damit sind die Vorarbeiten abgeschlossen.

Der verkantete Gratklauenschifter

Wie in **Bild 244** verdeutlicht, wird der Gratklauenschifter ***N*** mit seiner (von der Traufe aus gesehen) rechten unteren Kante im Grundriss festgelegt. Diese Kante gilt es nun in die Grundrissebene zu drehen, um sie dort in ihrer wahren Länge zu erhalten. Die nun gezeigte Methode geht zurück auf Michael Riggenbachs „Schiften mit System". Den Vorgang zeigt **Bild 250**, wobei der Übersicht halber nur noch die „beteiligten" Risse und Bezeichnungen dargestellt sind:

1. Die Endpunkte ***P1*** und ***P2*** der Kante werden aus dem Grundriss in das Profil übertragen (in diesem Falle auf die Unterkante-Normalsparren).
2. Für den Abklappvorgang müssen sie rechtwinklig auf die Oberkante-Sparren übertragen werden.
3. Mit Drehpunkt Traufpunkt ***T*** sind sie nun mittels Kreisbögen auf die waagerechte Drehachshöhe (=Traufhöhe) zu drehen.
4. Von dort rechtwinklig in die Abklappung zurückprojiziert werden die „wahren" Endpunkte ***P1a*** und ***P2a*** festgelegt. Sie befinden sich logischerweise in der Ebene „unten" der Abklappung.
5. Der Gratklauenschifter kann nun mit seiner wahren Breite ***b*** = **2,5 cm** angetragen werden (**Bild 251**).
6. Das Gratklauenschifterholz kann nun bereits aufgelegt und die Risse für den Traufabschnitt, die Fußpfettenkerve und die senkrechte Backenschmiege am Gratsparren können übertragen werden. In **Bild 251** ist der umgekantete Gratklauenschifter – noch ohne Gratklaue – angerissen und ausgearbeitet dargestellt.
7. Für das Anreißen der Klaue ist es erforderlich, den Ort (die Linie) zu ermitteln, an der die untere Kantenfläche des Normalsparrens (und damit auch die Unterkante des Gratklauenschifters, der ja in der gleichen „Schicht" liegt) zu ermitteln und in die Abklappung zu übertragen.

Dies ist in **Bild 252** geschehen. „Hauptbeteiligte" sind die Senkelrisse aus den Schnittpunkten der Traufhöhenlinie und der jeweiligen Unterkante von Sparren beziehungsweise Gratsparren aus den ausgeklappten Profilen (Gratprofile und Profil 2). Sie schneiden sich im Grundriss in den Punkten ***S***. Diese „rutschen" nun bei der Ausklappung waagerecht (siehe Profil 2) in Richtung Trauflinie und ergeben den „Eintauchpunkt" ***E***, an dem die Unterkante-Sparren in die untere Kantenfläche des Gratsparrens „eintaucht".

Zieht man nun in der Ausklappung parallele Risse zu den Gratsparren-Außenkanten, erhält man die gesuchte Verschneidungslinie „***UK-Sparren***".

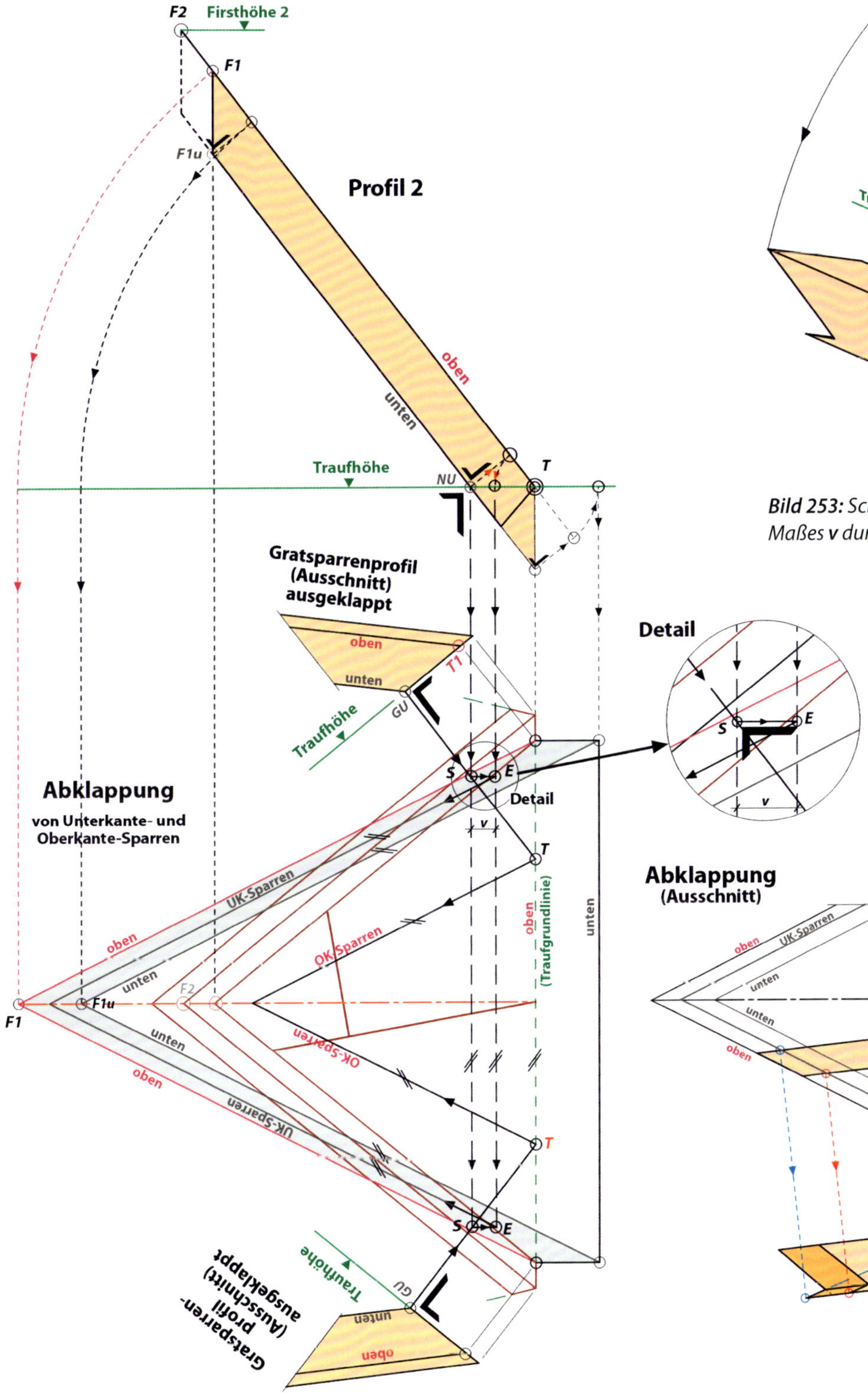

Bild 252: Abklappung der Verschneidungslinien für Oberkante (OK-Sparren) und Unterkante (UK-Sparren). In der Ebene dazwischen (Ebene der unteren Kantenfläche des Gratsparrens) liegt die Klauenschmiege.

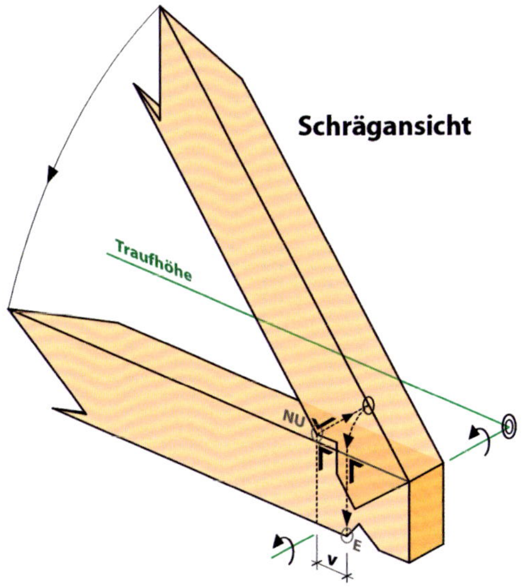

Bild 253: Schrägansicht des Zustandekommens des Maßes **v** *durch die Abklappung.*

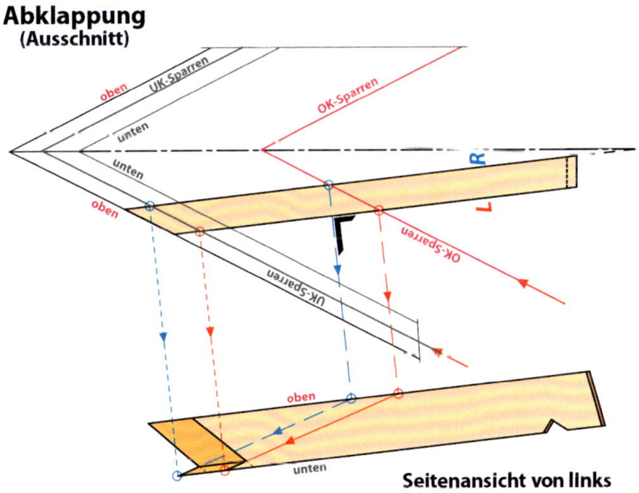

Bild 254: Zustandekommen der Verschneidungslinien OK-Sparren und UK-Sparren.

Die Verschneidungslinie für „***OK-Sparren***" erhält man durch Verlängern der Senkelrisse aus den Punkten ***GU*** der Gratprofile mit der Traufgrundlinie (Punkte ***T***).

Die Verschneidungslinien sind wieder Parallelen zu den Gratsparren-Außenkanten. **Bild 253** verdeutlicht den Vorgang in einer dreidimensionalen Ansicht, wobei erkennbar wird, dass die Ebene der unteren Kantenfläche des Gratsparrens durch die „Sparrenschicht" hindurch bis auf die Ebene „oben", der Dachfläche, erweitert wurde.

8. Das Anreißen der Klaue erfolgt nun wie in **Bild 254** gezeigt.

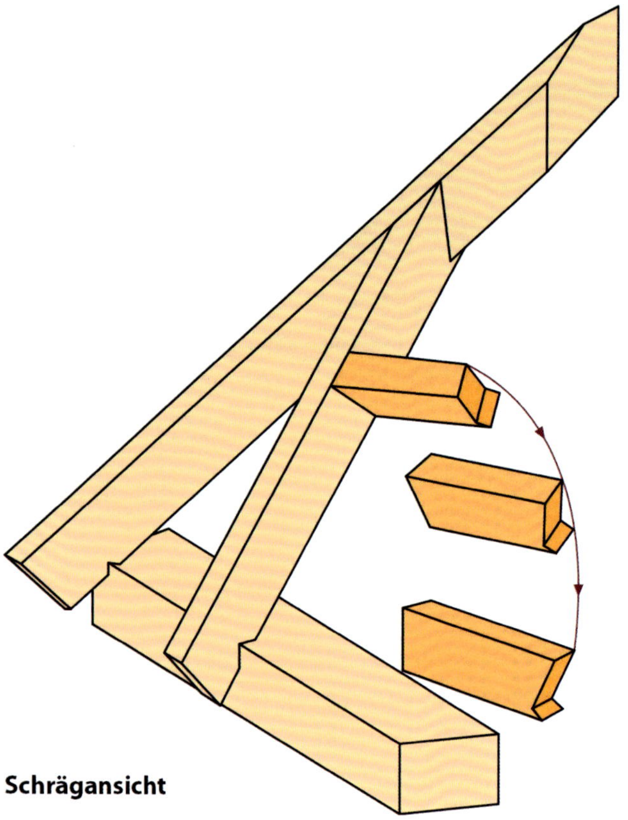

Bild 255: *Abklappung des Gratklauenwechsels*

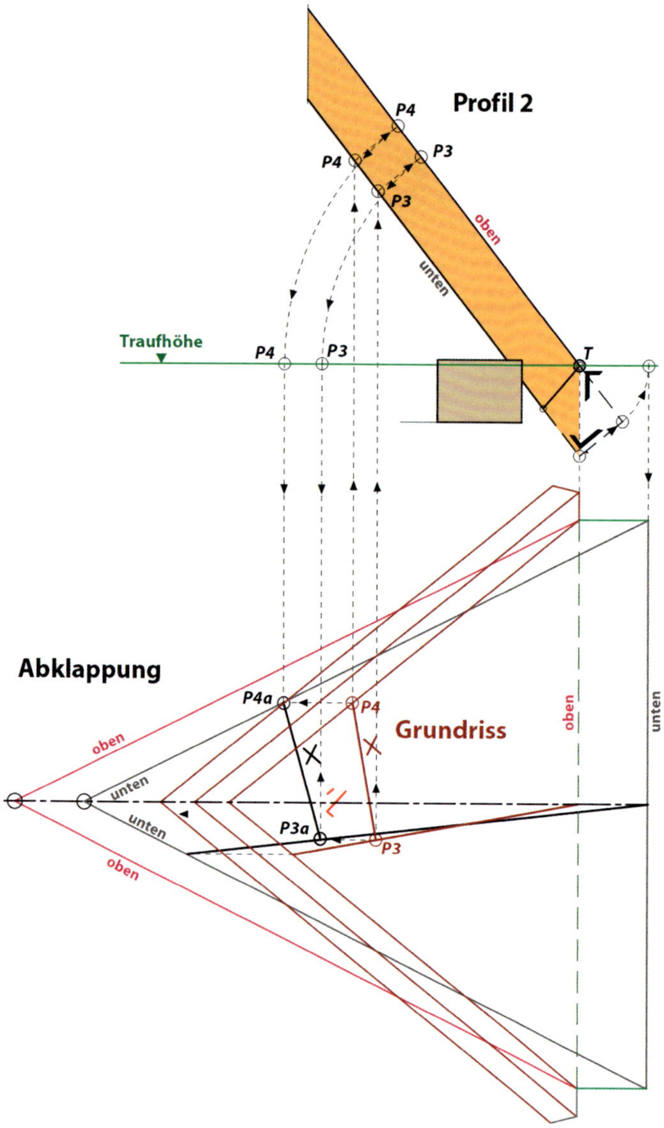

Bild 256: *Abklappung der Bezugskante für den Gratklauenwechsel*

Der verkantete Gratklauenwechsel

Die Lage des Gratklauenwechsels ist im Grundriss (**Bild 245** und **Bild 248**) festgelegt.
Wie beim Gratklauenschifter ist diese Grundlänge nicht die wahre Länge der Bezugskante. Die Kante muss deshalb nach dem in **Bild 250** für den Gratklauenschifter gezeigten Prinzip (nach Michael Riggenbachs „Schiften mit System") in die Grundrissebene abgeklappt werden (**Bild 255**).
Die Vorgehensweise zeigt **Bild 256**.

Bild 257 zeigt den umgekantet nach außen gezeichneten Gratklauenwechsel (Blickrichtung von rechts).

Für das Anreißen des Holzes ist dieses „Herauszeichnen" nicht erforderlich. Das Holz kann „hochkant" auf der Ausklappung an der Bezugskante angelegt und angerissen werden.

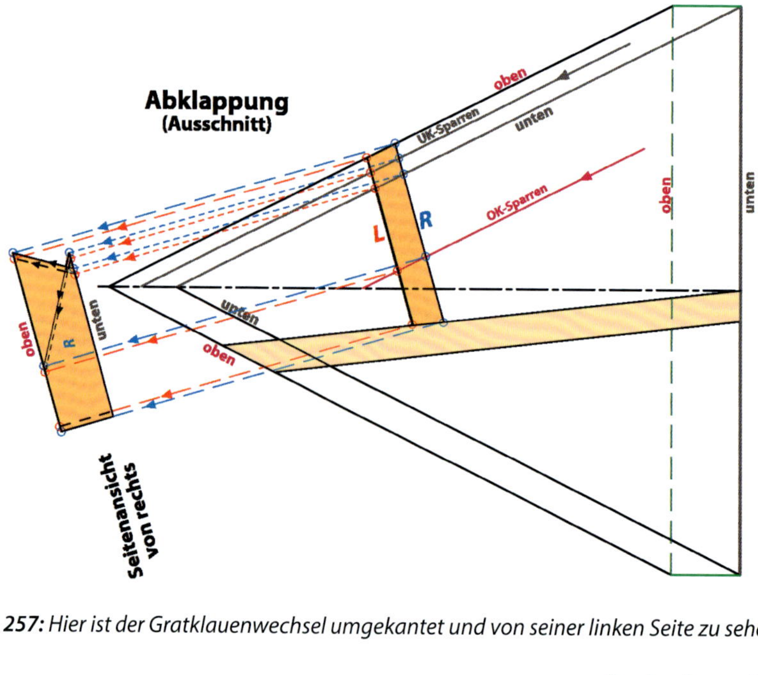

Bild 257: *Hier ist der Gratklauenwechsel umgekantet und von seiner linken Seite zu sehen.*

Trapezgaube:

Kehlbohle und Kehlbohlenschifter

Die Trapezgaube ist in den Holzdimensionen und Maßvorgaben so abgestimmt, dass sie auf Profil 1 des bereits ausführlich beschriebenen Modelles aufgesetzt werden kann.

In **Bild 258** sind in Vorderansicht, Profil, Grundriss und Gaubenprofil die wichtigsten Maße, Neigungen und Holzdimensionen aufgeführt.

Die Besonderheit

Bild 258 gibt einen Überblick über die Schiftung. Betrachtet man die Vorderansicht der Gaube etwas eingehender, so wird man feststellen, dass der mit seinen Seitenflächen senkrecht stehende Stirnschifter abgegratet ist. Es kann sich demnach nicht um einen Sparren des Gauben-Normalprofiles handeln. Bei der hier gezeigten Schiftung soll aber ein „echter" Kehlbohlenschifter eingebaut werden.

Hierfür wird zunächst die Ermittlung des Gauben-Normalprofils erforderlich.

Bild 259 verdeutlicht den Vorgang bei der Modelltrapezgaube. Als Hilfestellung dienen drei Höhenlinien:

- **H1** durch den Traufpunkt der Kehllinie ***TK₁*** beziehungsweise durch den Schnittpunkt ***T₁*** der Unterkante der Kehlbohle mit der Vorderkante des Gaubenpfostens,
- **H2** durch den Punkt ***H2₁*** am Schnittpunkt der Gauben-Neigungslinie (Oberkante des Randsparrens) mit der Vorderkante des Gaubenpfostens,
- **Gauben-Firsthöhenlinie** durch den Firstpunkt ***FG*** der Gaube.

Das Höhenmaß h_1 zwischen der Gauben-Firsthöhenlinie **HF** und die Höhenlinie **H1** beträgt rund **29,2 cm**.

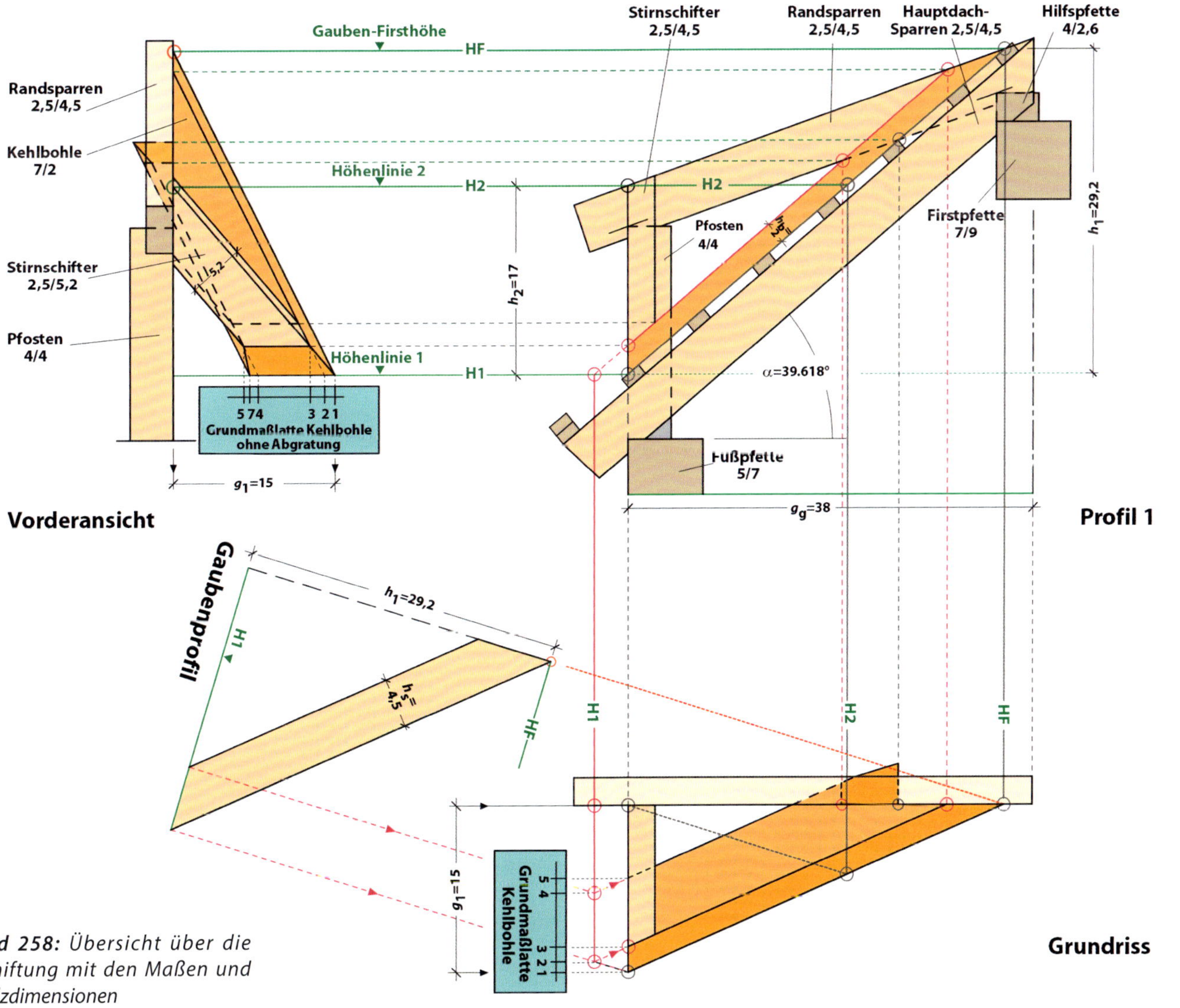

Bild 258: Übersicht über die Schiftung mit den Maßen und Holzdimensionen

Das Gaubenprofil

Die drei Höhenlinien werden in den Grundriss übertragen (**Bild 259**).

Im Grundriss ergibt sich die Lage der Kehlgrundlinie durch Antragen des Ausstell-Grundmaßes $\boldsymbol{g_1}$ =15 cm nach Punkt $\boldsymbol{TK_1}$ und die Verbindung mit dem Firstpunkt ***FG***.

Mit dem Verlauf der Höhenlinie **H2** im Grund wird im Grundriss sozusagen eine „Hilfstraufe" konstruiert. Die Höhenlinie ist Element der Dachfläche und gleichzeitig waagerecht.
Demnach muss die rechtwinklig zu ihr errichtete Linie die „Hangabtriebslinie" sein und so die Profillage festlegen.
Die Gauben-Firsthöhenlinie und die Höhenlinie **H1** können nun als Parallelen zu **H2** im Grundriss eingezeichnet werden.
Jetzt kann man außerhalb des Grundrisses das Gaubenprofil mit der Sparrenhöhe $\boldsymbol{s_h}$= 4,5 cm konstruieren.

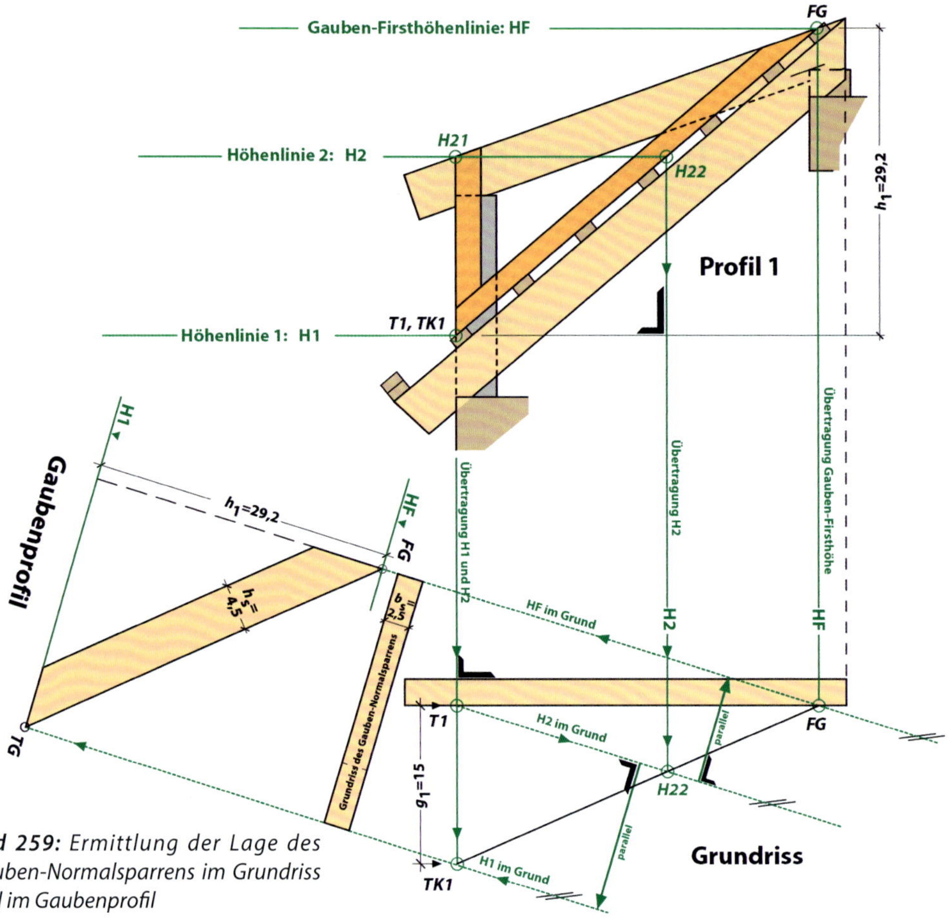

Bild 259: Ermittlung der Lage des Gauben-Normalsparrens im Grundriss und im Gaubenprofil

Die Kehlbohle

Die Kehlbohle soll so breit werden, dass die Schmiegenfläche des Kehlbohlenschifters voll aufliegt. Um diese Ziel zu erreichen, wird der Anfallspunkt $\boldsymbol{U_N}$ von Unterkante Normalsparren auf **H1** rechtwinklig in den Grundriss übertragen (**Bild 260**).
Zur Festlegung der Grundmaßlatte der Kehlbohle wird die Oberkante der Kehlbohle im Profil 1 bis **H1** verlängert.
Punkt $\boldsymbol{TK_2}$ liegt so auf der gleichen Höhe wie Punkt $\boldsymbol{TK_1}$.

Die Farben verdeutlichen die Zugehörigkeit zur Kehlbohle:
Violett gefärbte Elemente beziehen sich auf die **Oberkante** beziehungsweise die Außenfläche, **grau** gefärbte auf die **Unterkante** beziehungsweise Innenfläche der Kehlbohle.

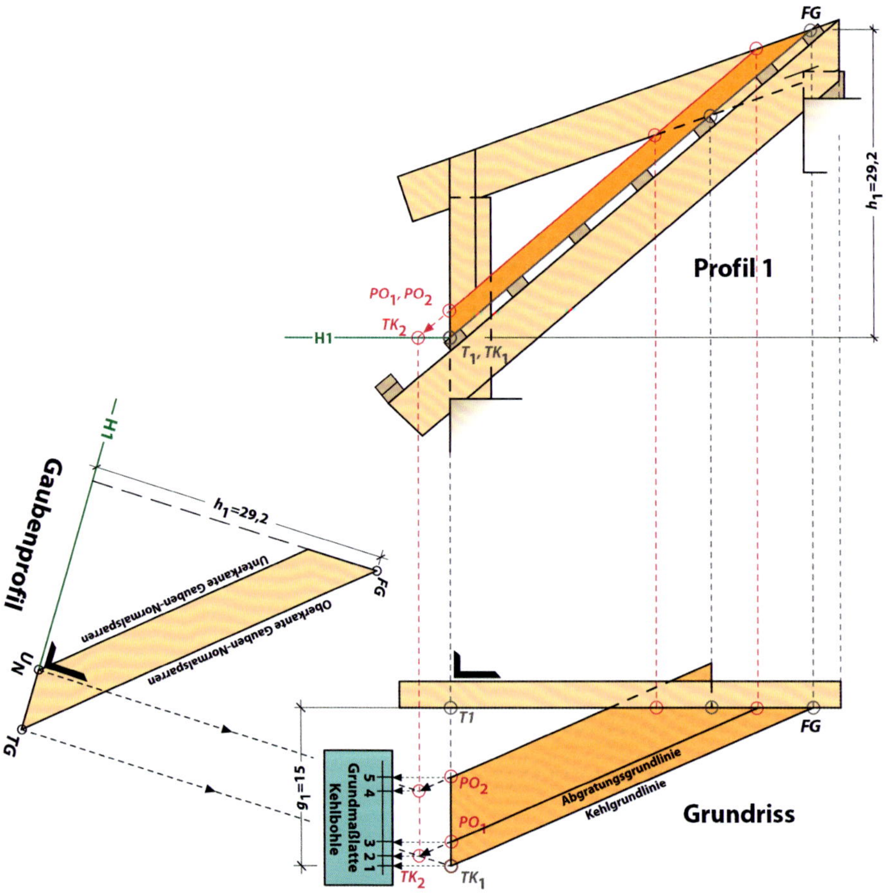

Bild 260: *Ermittlung der Breite der Kehlbohle im Grundriss über Unterkante Gauben-Normalsparren im Gaubenprofil*

Bild 261 zeigt die Ausklappung der Kehlbohle (das „Flächenprofil" oder genauer: die Draufsicht auf die Dachfläche, in der die Kehlbohle liegt).
Die Kehlbohle liegt hier in wahrer Größe vor; das Kehlbohlenholz kann deshalb aufgelegt und angerissen werden.

In dieser Darstellung ist die Kehlbohle an ihrer Innenkante (der Kante, an der die untere Kantenfläche des Stirnschifters anfällt) nicht abgegratet.
Die Maßlatte wird für den Aufriss der Vorderansicht benötigt.

Die Ausführung der Kehlbohle ohne und mit Abgratung ist in **Bild 262** gegenübergestellt.

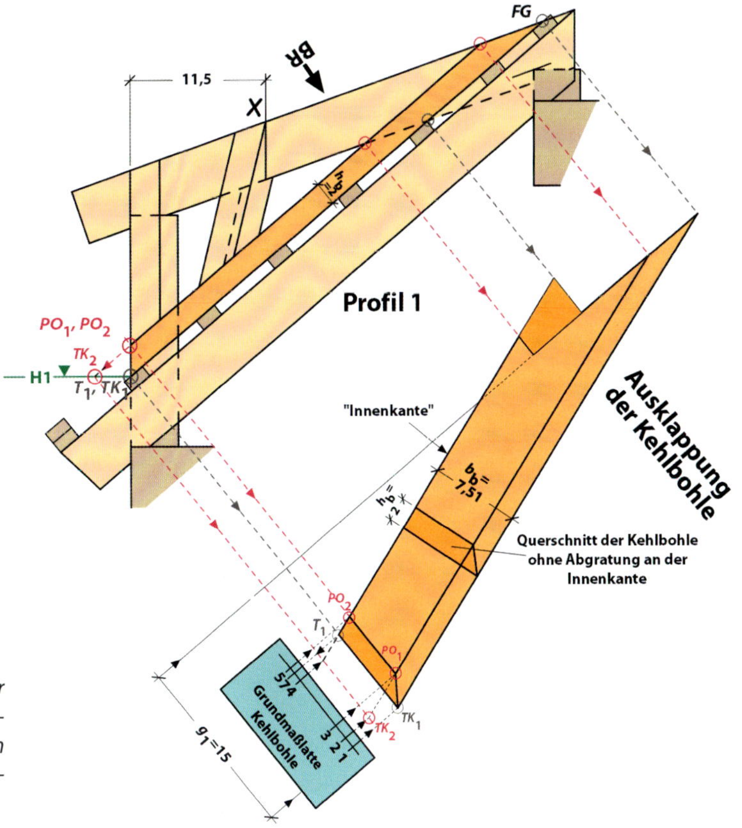

Bild 261: Ausklappung der Kehlbohle in die Flächenansicht der Dachfläche von Profil 1, wo sie in ihrer wahren Größe erscheint

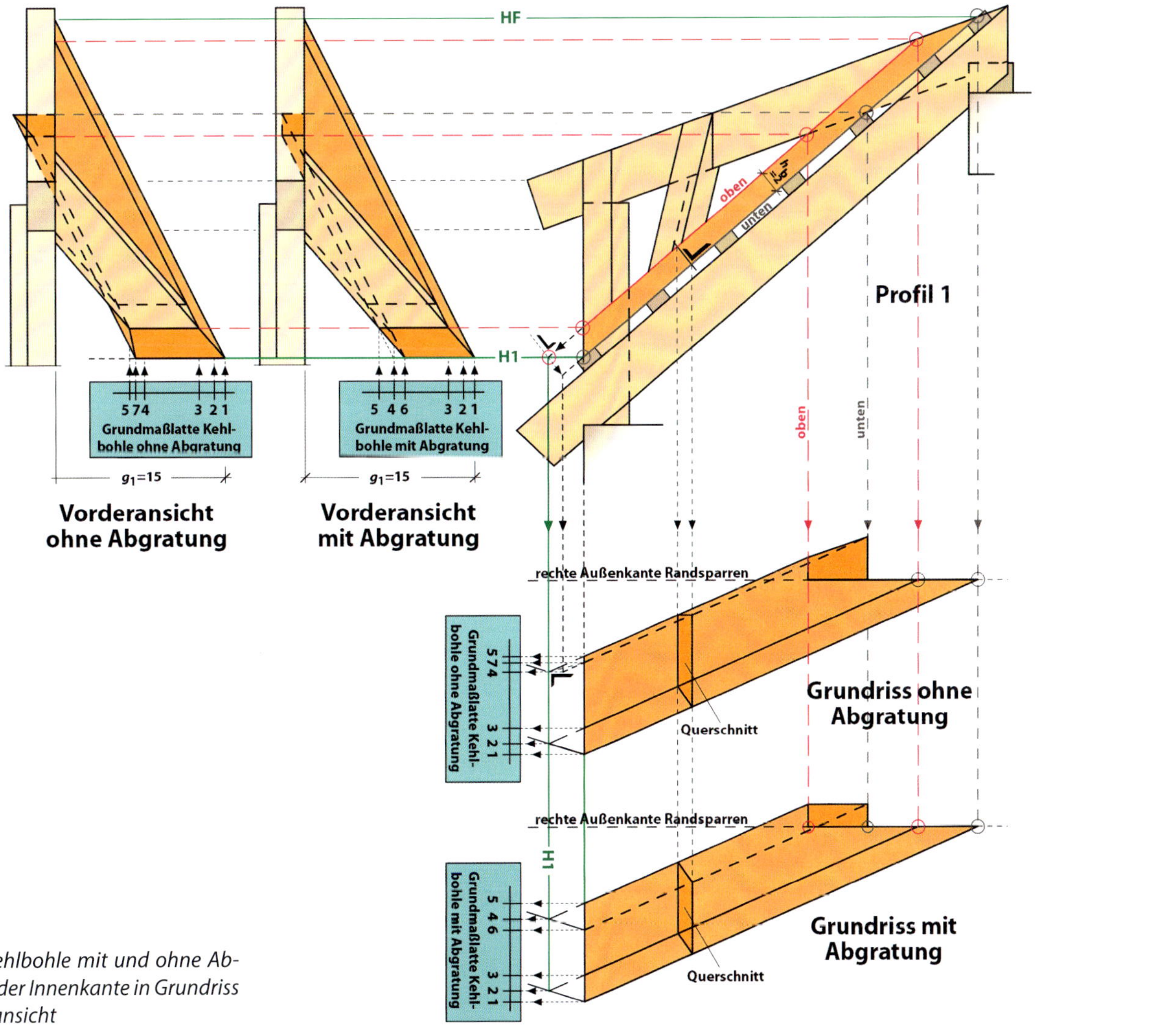

Bild 262: Kehlbohle mit und ohne Abgratung an der Innenkante in Grundriss und Vorderansicht

Kehlbohlenschifter

Der Kehlbohlenschifter muss zunächst im Grundriss in seiner Lage festgelegt werden (waagerechtes Maß **11,5 cm**, der Schifter „fällt zurück").

Der Anfallspunkt wird senkrecht in Profil 1 übertragen und dort mit der Außenkante des Randsparrens zum Schnitt gebracht (**Bild 263**).

Mit den anderen Punkten wird entsprechend verfahren.

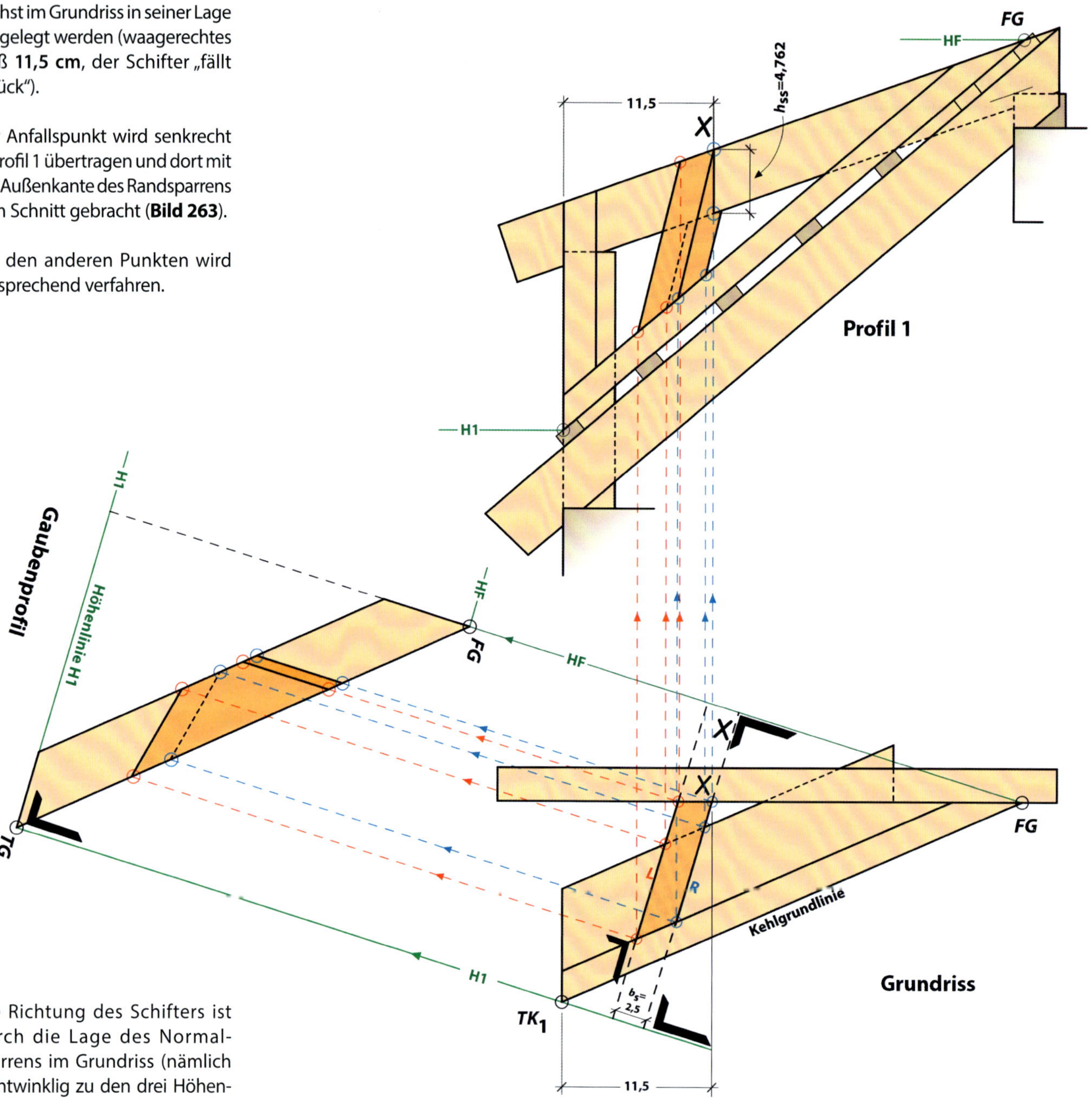

Bild 263: Austragung des Kehlbohlenschifters ohne Klaue am Randsparren

Die Richtung des Schifters ist durch die Lage des Normalsparrens im Grundriss (nämlich rechtwinklig zu den drei Höhengrundlinien) festgelegt.

Linke und rechte Schifterkante schneiden Randsparren und Kehlbohle in Punkten, die parallel zu den Höhenlinien im Grundriss (= senkrecht im Gaubenprofil) in das Normalprofil übertragen werden.

Die dunkleren Brauntöne im Gaubenprofil zeigen den Kehlbohlenschifter ohne die Klaue am Randsparren.

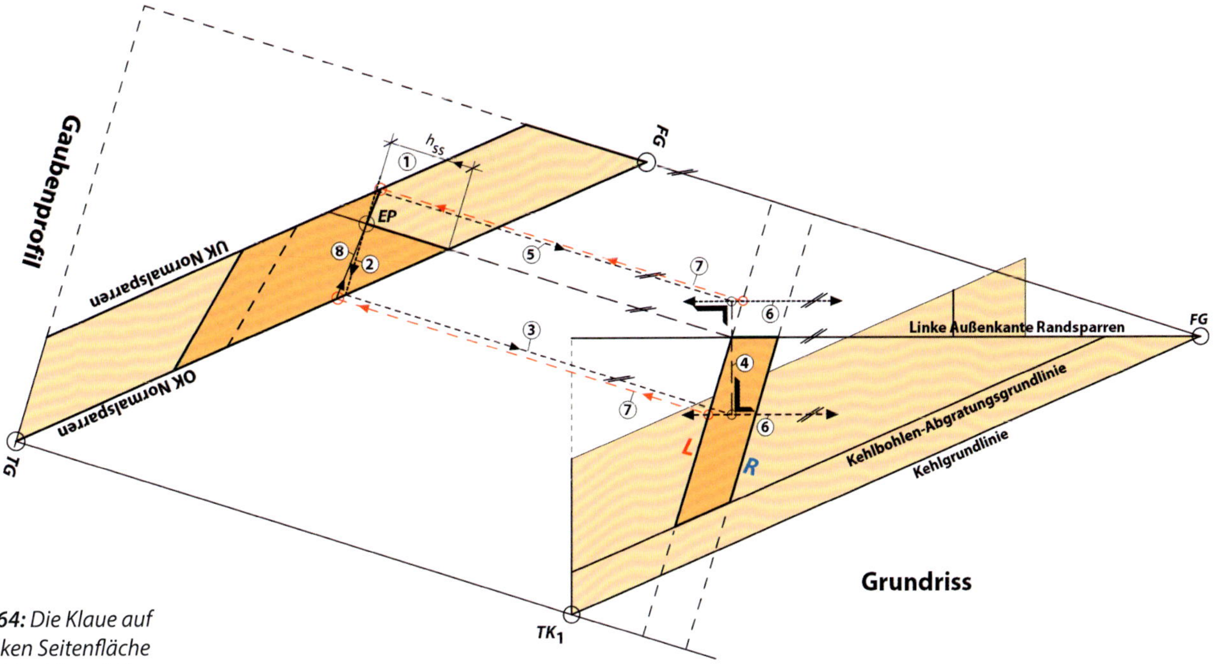

Bild 264: Die Klaue auf der linken Seitenfläche des Kehlbohlenschifters.

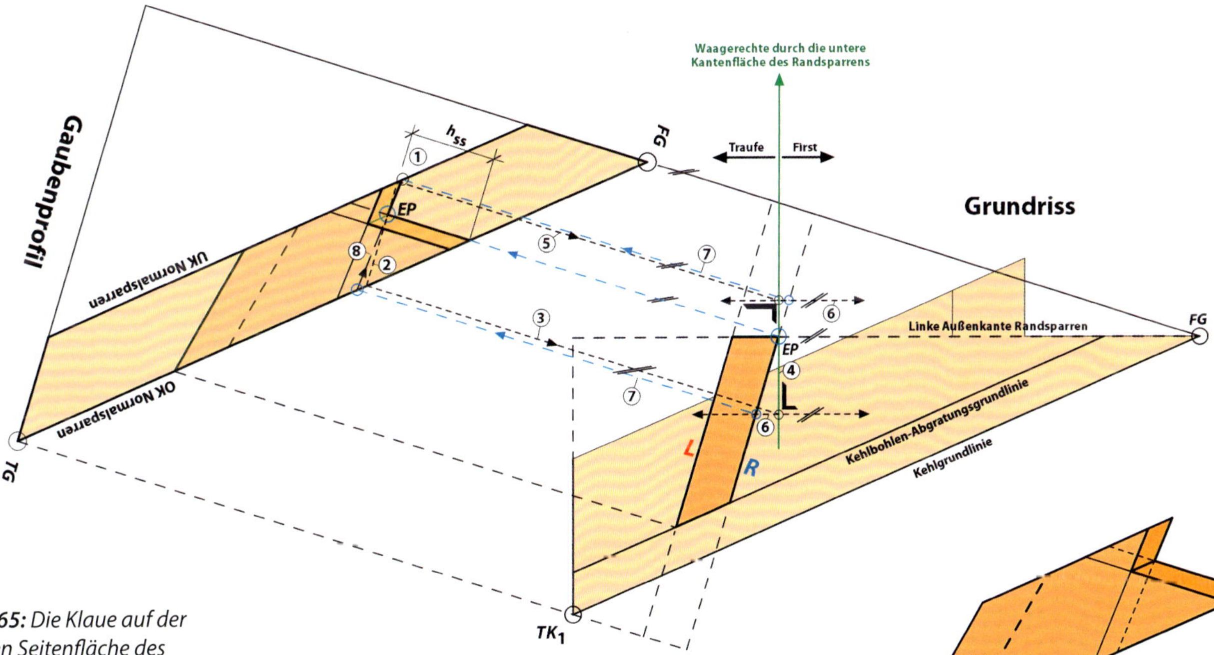

Bild 265: Die Klaue auf der rechten Seitenfläche des Kehlbohlenschifters.

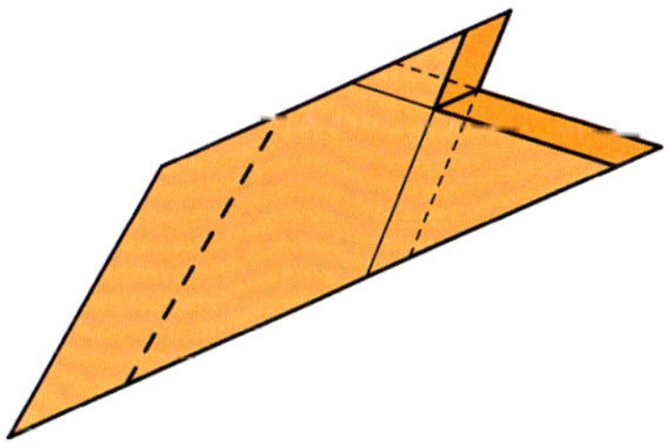

Bild 266

Die Klaue am Randsparren

Den Vorgang zur Ermittlung der Anreißlinien für die Klauenrichtung zeigt **Bild 264** für die linke Schifterseite.

Wichtiges Hilfsmittel ist die Senkelhöhe ***h*** am Randsparren der Gaube in Profil 1. Mit ihr lässt sich der „Eindringpunkt" ***EP*** der Randsparren-Unterkante in das Schifterholz der Höhe nach festlegen ①.

Die Geraden ②, ③, ④ und ⑤ liegen auf einer waagerechten Ebene durch ***EP***.

Die Strecke ④ ist eine Waagerechte auf der unteren Kantenfläche des Randsparrens. Die Geraden ⑥ sind Parallelen zur Außenkante des Randsparrens. Die Geraden ⑦ übertragen die Höhenunterschiede zur waagerechten Ebene durch ***EP*** auf Ober- und Unterkante des Normalsparrens. Die Verbindungslinie ⑧ ist die Anreißlinie für die Klauenrichtung.

Der Reißvorgang für die rechte Seitenfläche des Schifters erfolgt sinngemäß (**Bild 265**). Hier sind die Neigungsverhältnisse ausgehend von der waagerechten Strecke ④ noch einmal verdeutlicht.

Es ist auch möglich, den senkrechten Abschnittriss zu reißen, mit $\boldsymbol{h_s}$ den Punkt ***EP*** anzutragen und die Klauenrichtung mit dem Schrägmaß von der linken Seitenfläche zu übertragen.

Den fertig ausgearbeiteten Kehlbohlenschifter mit Klaue zeigt **Bild 266**.

Verkantete Mittelpfetten

Eckverbindung mit „stumpfem Stoß"

Verschiebt man den Fußpunkt eines Bundpfostens in Richtung Traufe, so wird aus dem Bundpfosten eine Bundstrebe. Wird dabei die Mittelpfette „mitgedreht", kommt sie in eine verkantete Lage. Dieses Detail findet man bei der Dachkonstruktion mit liegendem Stuhl.

Beim Walmdach mit liegendem Stuhl treffen sich die Mittelpfetten im Eckbereich und müssen aneinander angepasst werden. Die Ermittlung der Abschnittsrisse dieser Eckverbindung bei verkanteten Mittelpfetten soll anhand eines Modells (**Bild 267**) mit gleich geneigter Haupt- und Walmdachfläche über einem rechtwinkligen Grundriss dargestellt werden.

Grundriss und Profil des Modells sind in **Bild 268** im Maßstab 1:10 aufgerissen. Die Holzliste mit den Holzdimensionen zeigt **Bild 269**.

Das Modell eignet sich neben dem Aufriss-Training an verkanteten Pfetten auch für die nähere Betrachtung der Gratsparrenkerve auf dem Pfetteneck und des Anschlusses einer Gratstrebe.

Die Verbindung der beiden Pfetten im Eckbereich kann auf unterschiedliche Arten ausgeführt werden. In diesem Beitrag soll der „stumpfe Stoß" behandelt werden, wobei eine Pfette bis zur Flucht der Außenkantenfläche der anschließenden Pfette „durchlaufen" soll.

Zur Ermittlung der Abschnittsrisse ist zum einen das Profil (Normalsparrenprofil) und zum anderen der Grundriss beziehungsweise die Draufsicht auf den Eckbereich aufzureißen (**Bild 268**).

Ein Tipp zum Aufriss des Profils: Die Lage des Sparrens wird über die Kerveneckpunkte festgelegt, die sich aus Vorderkante und Oberkante von Schwelle und verkanteter Pfette ergeben.

Von der Obholzlinie können das rechtwinklige Obholz von **5,5 cm** nach „außen" und die verbleibende Kerveneinschnitttiefe von **2,5 cm** nach „innen" abgetragen werden.

__Bild 267:__ Das fertige Modell mit den beiden dunkler gefärbten verkanteten Mittelpfetten, die unter dem Gratsparren eine Eckverbindung eingehen.

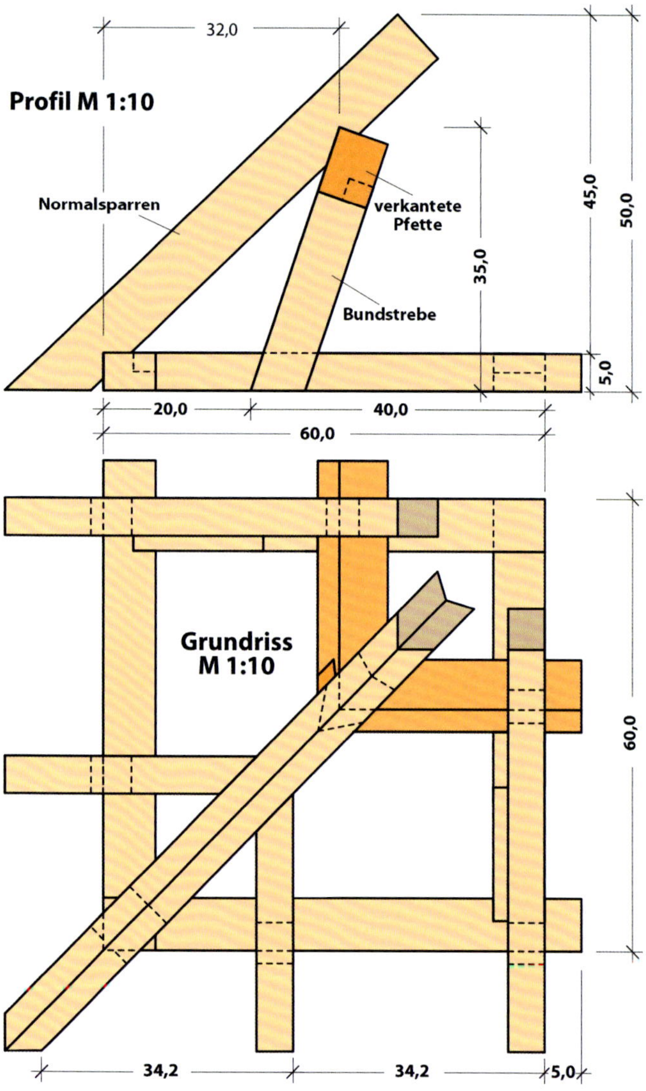

__Bild 268:__ Profil und Grundriss des Modells im Maßstab 1:10. Die verkanteten Mittelpfetten sind dunkler eingefärbt als die übrigen Konstruktionsteile.

Pos	Bezeichnung	Stück	b [cm]	h [cm]	l [m]
1	Schwelle	2	7,0	5,0	0,67
2	Schwelle	2	7,0	5,0	0,60
3	Sparren	2	5,0	8,0	0,75
4	Schifter	2	5,0	8,0	0,48
5	Bundstreben	2	7,0	7,0	0,35
6	Pfette	2	7,0	9,0	0,40
7	Gratsparren	1	7,0	11,0	1,10
Bemerkung: Rechtwinkliges Obholz = 5,5 cm					

__Bild 269:__ Holzliste zum Modell

Die Anpassung

Bild 270 zeigt in Schrägansichten die Lage der Pfetten zueinander.

Dabei wird klar, dass **Pfette 1** bis zur Flucht der äußeren Seitenfläche von **Pfette 2** „durchläuft" und an ihrer Unterseite einen Anpassungsabschnitt erhält.

Pfette 2 erhält eine Anschlussfläche an der inneren Seitenfläche von **Pfette 1** und schmiegt sich mit einer dreieckförmigen Anpassungsfläche auf die obere Kantenfläche von **Pfette 1**.

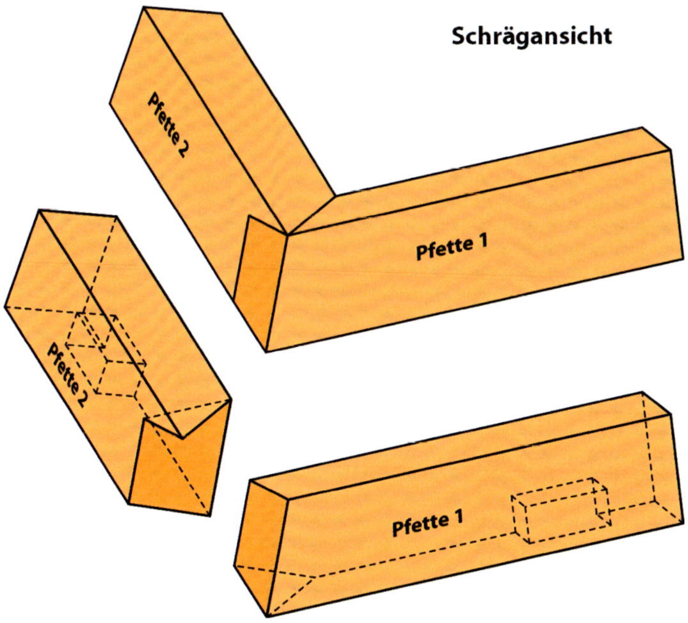

Bild 270: Schrägansicht und Explosionszeichnung.

Ermittlung der Abschnittsflächen

Um den Anschluss der verkanteten Pfetten anzureißen, müssen zunächst die Abschnittsflächen in der Flucht der jeweils anderen Pfette ermittelt werden.

Hierzu wird im Profil eine senkrechte Bezugsebene in **Kante 1** der Pfette eingezeichnet (**Bild 271**). Da diese Ebene in Pfettenrichtung verläuft, ist sie im Profil lediglich als Linie erkennbar.

Durch die Querschnittseckpunkte **1** bis **4** der Pfette werden waagerechte Hilfslinien gezogen.

Die Schnittpunkte dieser Hilfslinien mit der Vorderseite der Pfette werden waagerecht bis zu der Bezugsebene mit den waagerechten Grundverstichmaßen gv_1 bis gv_3 vermaßt.

Mit dem Grundverstichmaß gv_4 und dem Neigungsverstichmaß nv_1 kann die Anpassung an die untere Fläche übertragen werden.

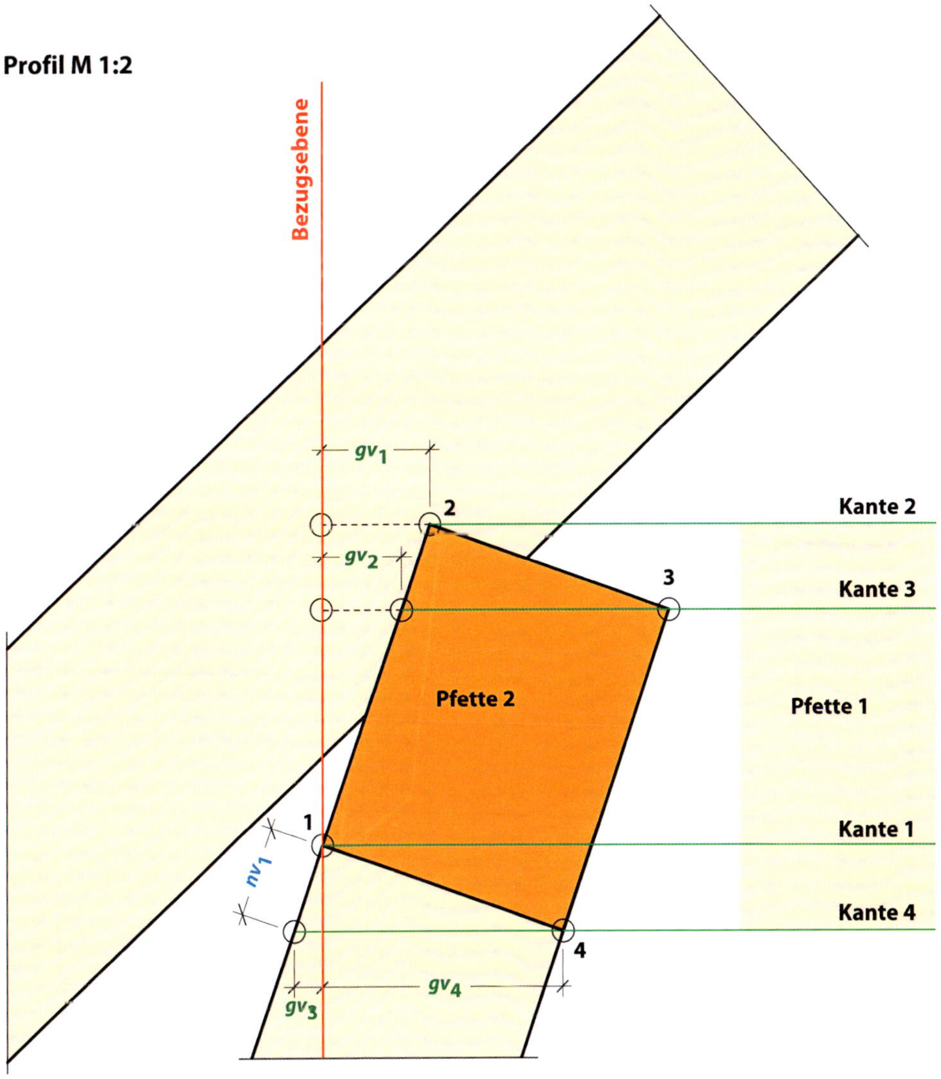

Bild 271: Profildetail

Die Kanten der ***Pfette 1*** werden zunächst entsprechend des Schnittes nummeriert (**Bild 272**).

Dann wird eine Bezugskante auf der **Pfette 1** an einem beliebigen Punkt P_0 um das Holz „herumgewinkelt".

Die Fläche, die von dieser Bezugslinie umspannt wird, liegt innerhalb der Bezugsebene (siehe **Bild 271** und **Bild 274**) und entspricht der Hirnholzfläche eines rechtwinkligen Pfettenabschnitts.

Von der Bezugskante aus werden die Verstichmaße gv_1 bis gv_3 an die entsprechenden Kanten angetragen.

Die entstehenden Punkte (P_0), G_1, G_2 und G_3 werden miteinander verbunden und ergeben die Abschnittsfläche in der Flucht der äußeren Seitenfläche der **Pfette 2**.

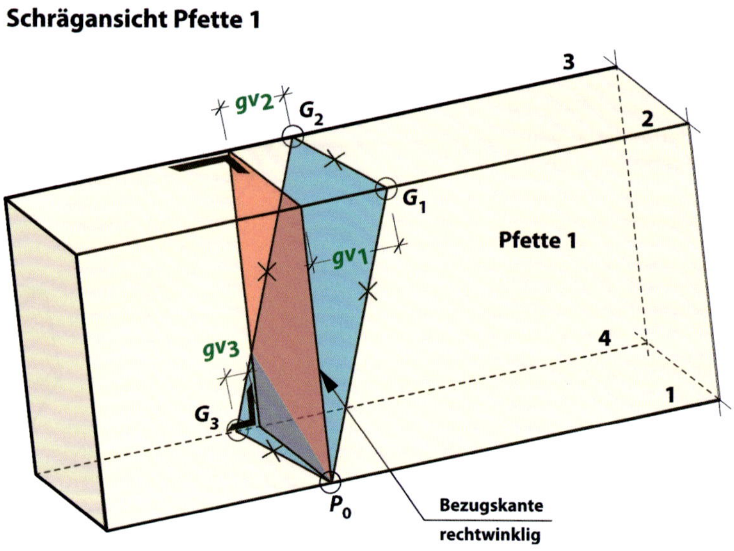

Bild 272: Nummerierung der Kanten von Pfette 1

Um die untere Anpassung anzutragen, muss das Verstichmaß gv_4 von der Bezugskante aus entlang der **Kante 4** nach Punkt G_4 angetragen werden (**Bild 273**).

Das Neigungsverstichmaß nv_1 wird entlang der Bezugskante rechtwinklig zur **Kante 4** nach Punkt N_1 angetragen.

Die Verbindung von Punkt N_1 mit Punkt G_4 ergibt den Abschnittsriss auf der inneren Seitenfläche.

Die Verbindung von Punkt G_4 mit P_0 auf **Kante 1** stellt den Abschnittsriss auf der unteren Kantenfläche von **Pfette 1** dar.

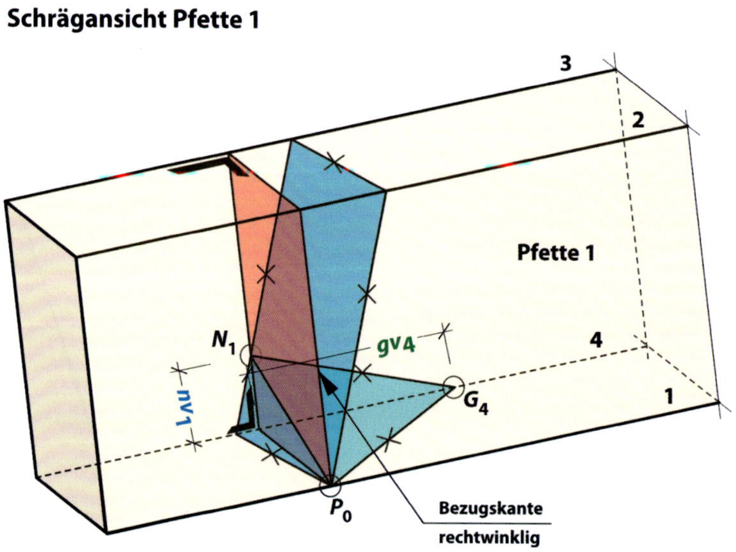

Bild 273: Antragen des Verstichmaßes gv_4.

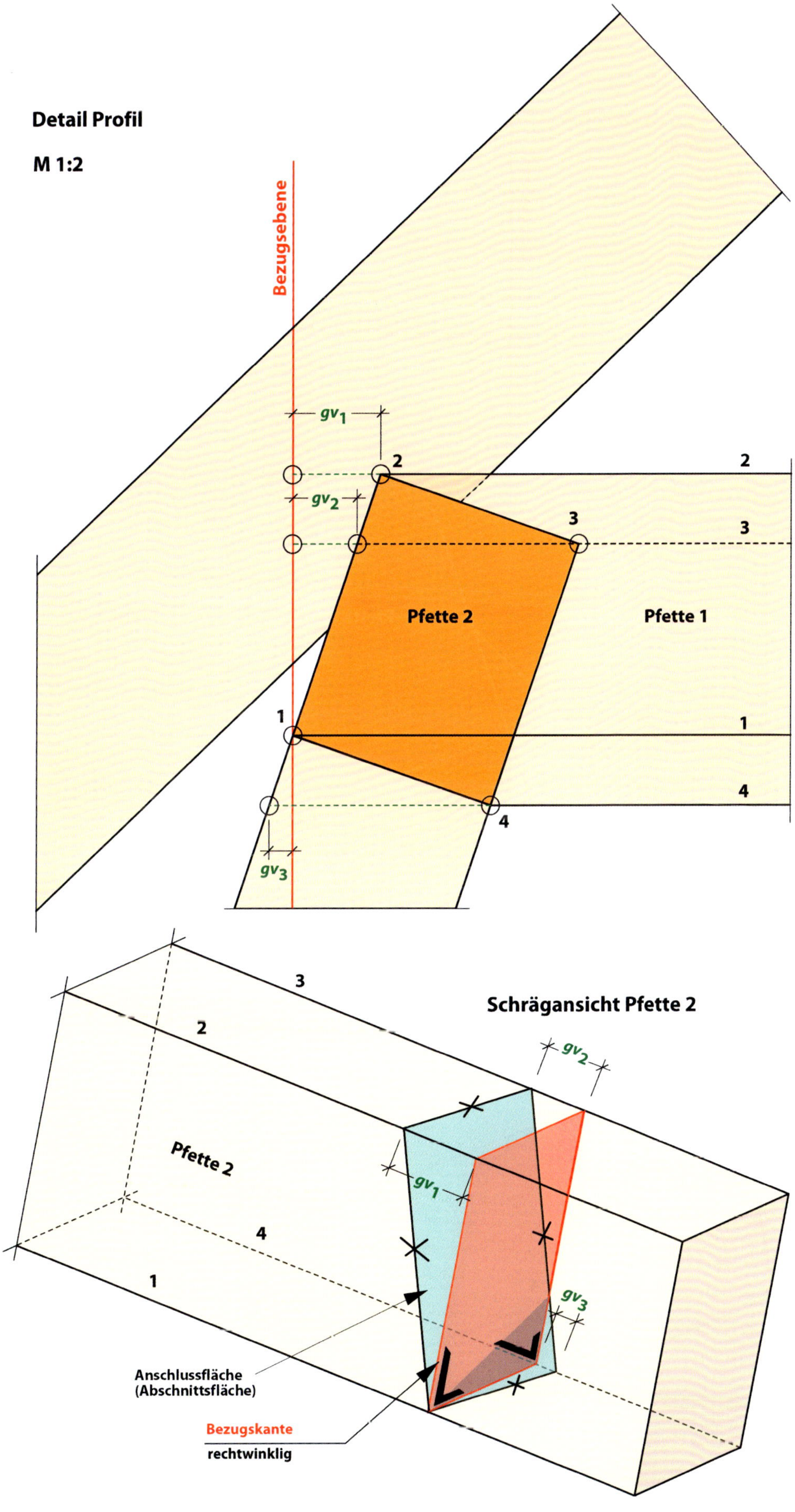

Bild 274

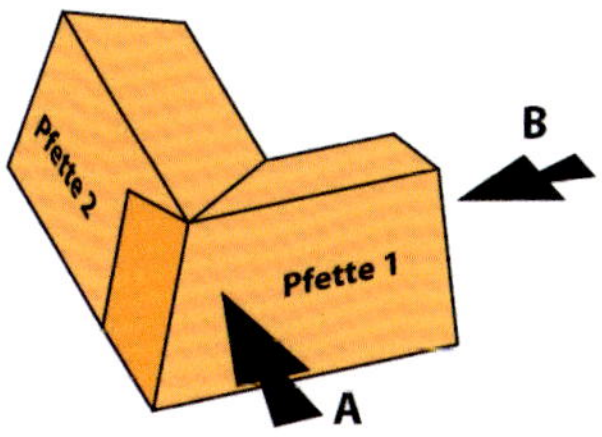

Bild 275

Blickrichtung A in Richtung der Achse von Pfette 2

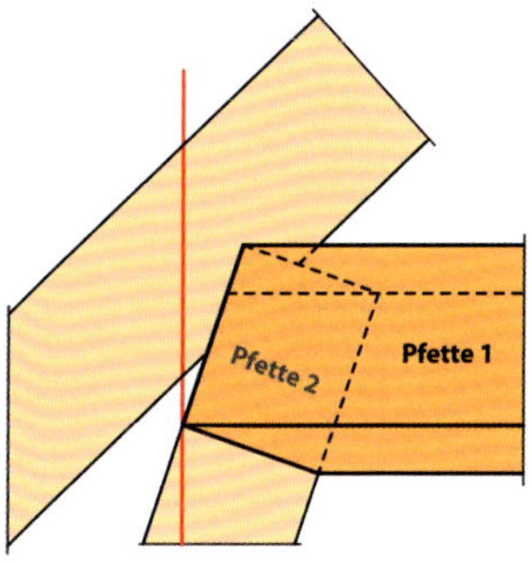

Bild 276

Blickrichtung B in Richtung der Achse von Pfette 1

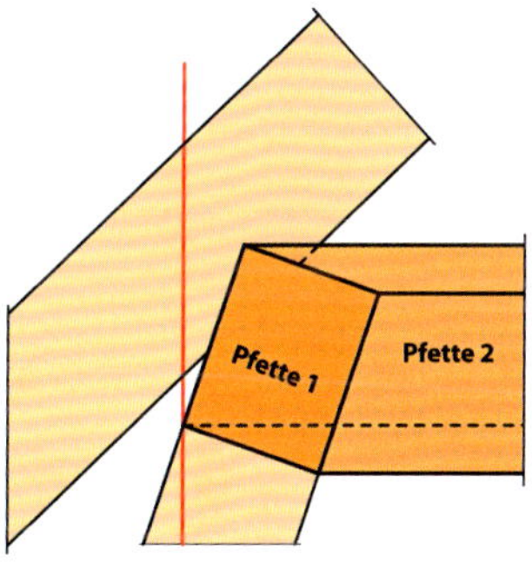

Bild 277

Abschnittsfläche von Pfette 2

Die Ermittlung der Abschnittsfläche der **Pfette 2** (**Bild 274**) wird nach dem selben Prinzip durchgeführt wie bei **Pfette 1**.

Dabei können die Verstichmaße aus dem bereits aufgerissenen Profil entnommen werden. Die Pfetten liegen im Grundriss rechtwinklig zueinander, beide Dachflächen haben die gleiche Neigung. Es ist deshalb für die Ermittlung der Verstich- und Neigungsmaße unerheblich, ob das Profil in Richtung von **Pfette 1** oder in Richtung von **Pfette 2** gesehen wird (**Bilder 275** bis **277**).

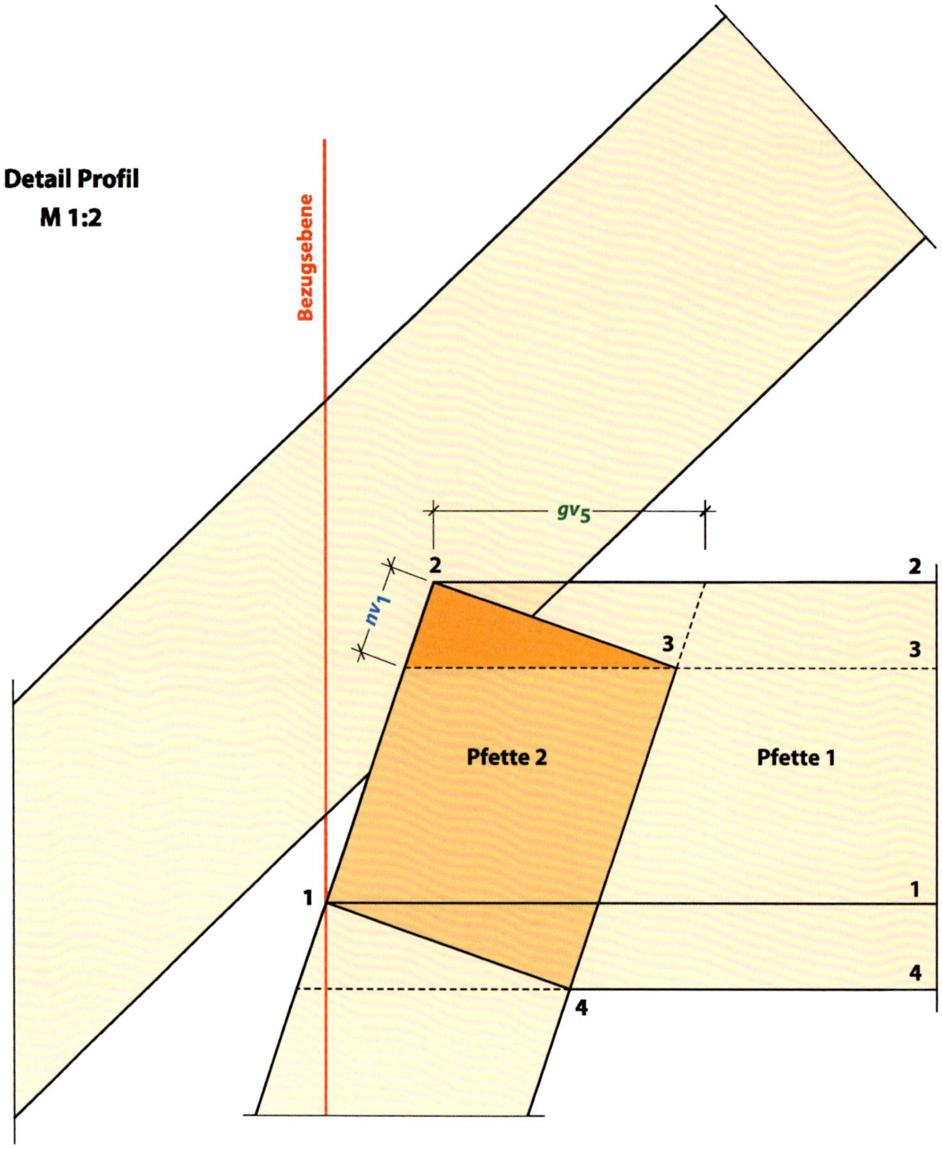

Ermittlung der oberen „Klaue“

Um die obere Klaue zu ermitteln, muss das Verstichmaß **gv_5** aus dem Profil auf die **Kante 2** übertragen werden (**Bild 278**).

Das Verstichmaß **nv_1** wird rechtwinklig zur **Kante 2** angetragen.

Der Schnittpunkt von **nv_1** mit der Abschnittsfläche wird mit dem Verstichmaß **gv_5** und dem Abschnitt in **Kante 3** verbunden.

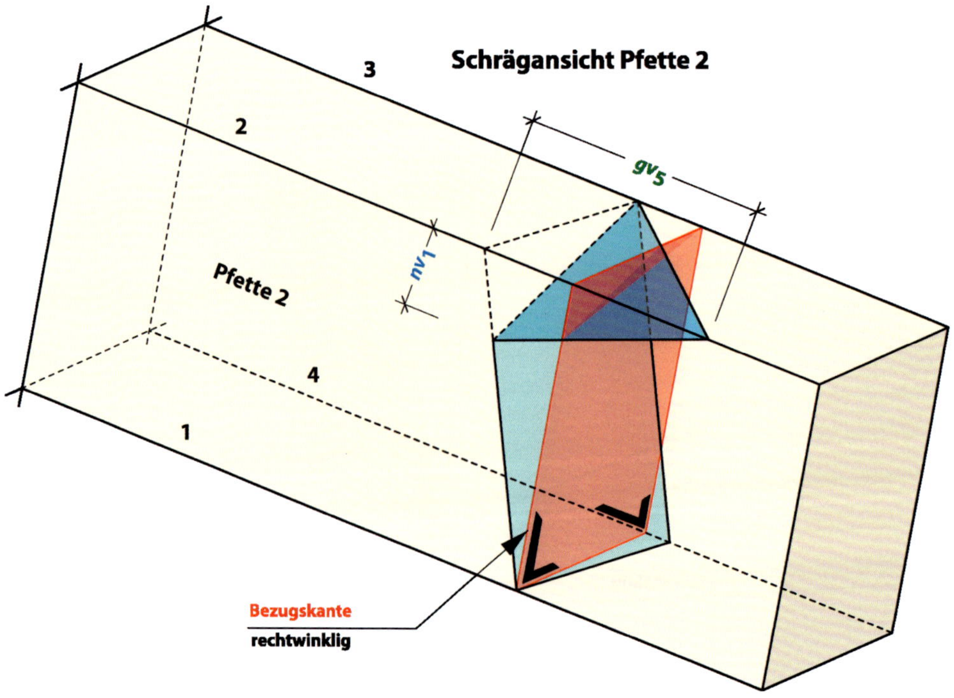

Bild 278: *Ermittlung der oberen „Klaue“*

Eckverbindung mit Überblattung

Hier erfolgt die Eckverbindung der beiden verkanteten Mittelpfetten mittels Überblattung.

Um die Überblattung (**Bild 279**) der verkanteten Pfetten anzureißen, müssen zunächst Abschnittsflächen und Blattlängen ermittelt werden, die in Richtung der Seitenfläche der jeweils anderen Pfette liegen.

Die Ermittlung der Flächen erfolgt wie bei einem stumpfen Stoß.

Hierzu wird im Profil eine Bezugsebene an der äußeren Kante der Pfette senkrecht eingezeichnet, durch die Querschnittseckpunkte der Pfette werden waagerechte Hilfslinien gezogen.

Die Schnittpunkte dieser Hilfslinien mit der Vorderseite der Pfette werden waagerecht bis zu der Bezugskante mit Verstichmaß gv_1 bis gv_4 vermaßt (**Bild 280**).

Mit dem Verstichmaß nv_1 kann die Anpassung an die untere Fläche und die obere Klaue der **Pfette 2** übertragen werden.

Weiterhin wird die Höhenlage der Überblattung festgelegt (hier halbe Höhe zwischen **Kante 2** und **Kante 4**) und mit nv_2 und nv_3 vermaßt.

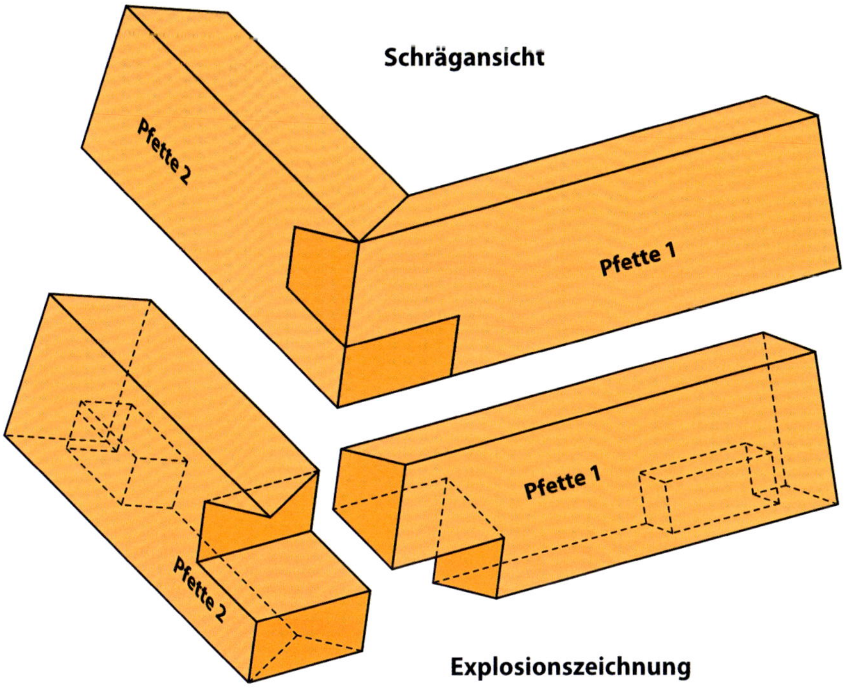

Bild 279: Überblattung

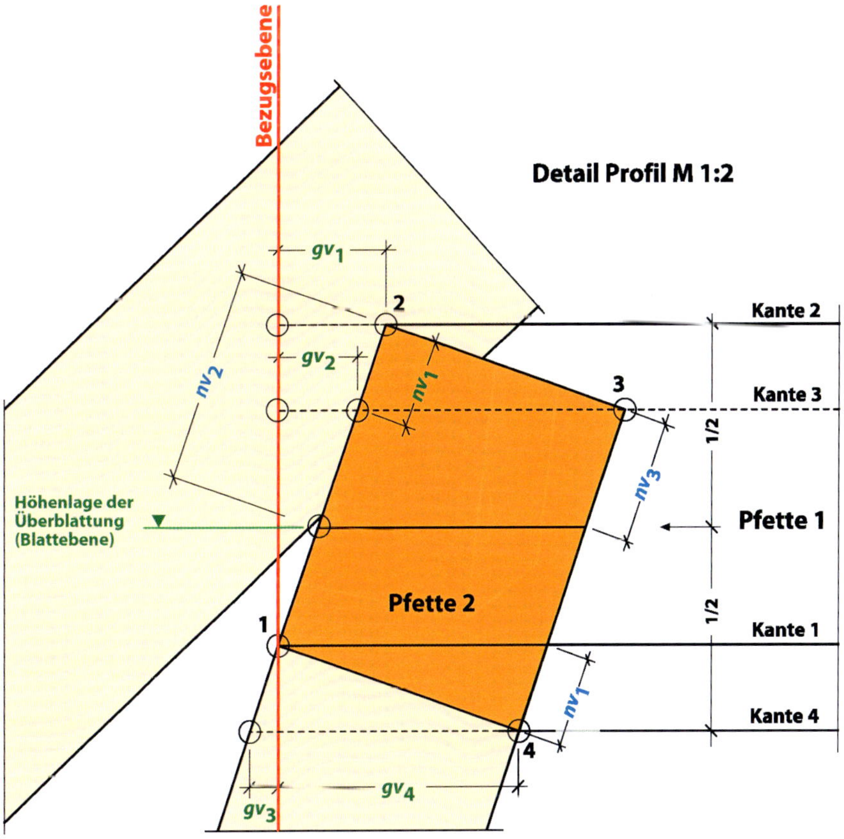

Bild 280: Vermaßung im Detail

Ermittlung der Abschnittsflächen

Die äußere Abschnittsfläche wird wie bei einem stumpfen Stoß (**Seite 122**) ermittelt.

Durch Antragen von Verstichmaß ***gv₄*** entlang der **Kante 4** wird Punkt ***P₁*** festgelegt (**Bild 281**).

Um die Blattlänge anzureißen, wird durch ***P₁*** eine Begrenzungsfläche parallel zur Abschnittsfläche

P₀–G₁–G₂–G₃

um das Holz gerissen (Längenbegrenzung der Überblattung).

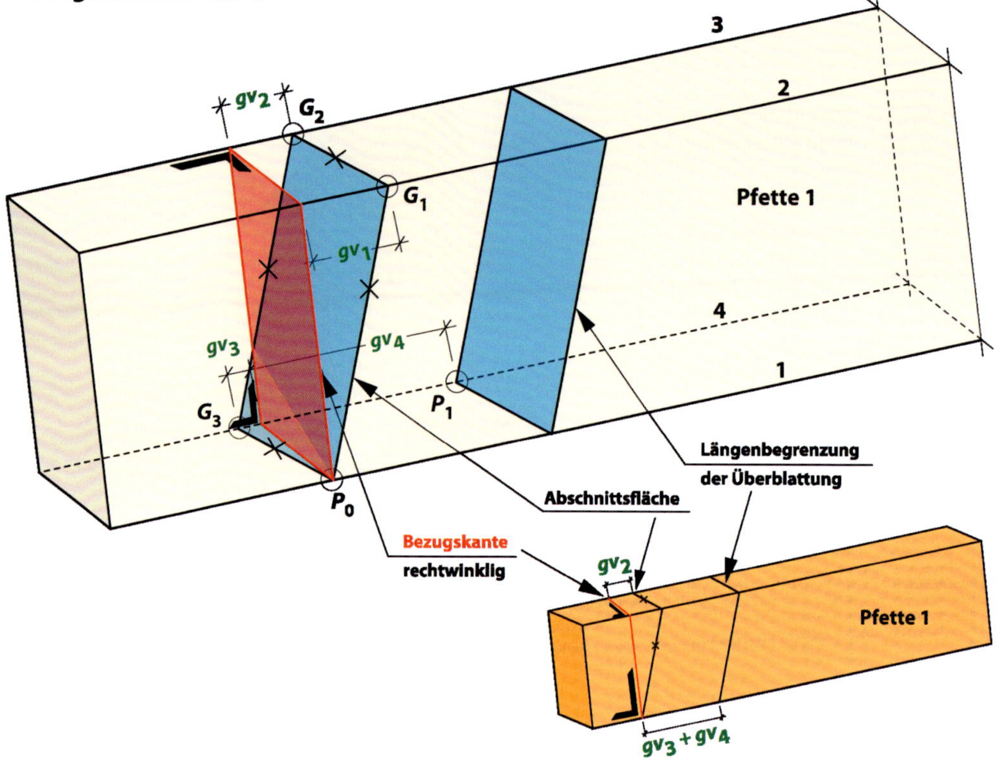

Bild 281

Anreißen der Blattdicke (Blattebene)

Durch rechtwinkliges Antragen (rechtwinklig zur jeweiligen Pfettenkante) von Verstichmaß ***nv₂*** auf der Außen- und ***nv₃*** auf der Innenseite ergibt sich die Lage der Blattebene und damit die Blattdicke (**Bild 282**).

Als ***Außenseite*** ist hier die Seitenfläche zwischen **Kante 1** und **Kante 2**, als ***Innenseite*** die Seitenfläche zwischen **Kante 3** und **Kante 4** bezeichnet.

Die Überprüfung der Blattfläche am ausgearbeiteten Holz zeigt, dass die Blattfläche ein Rechteck darstellt.

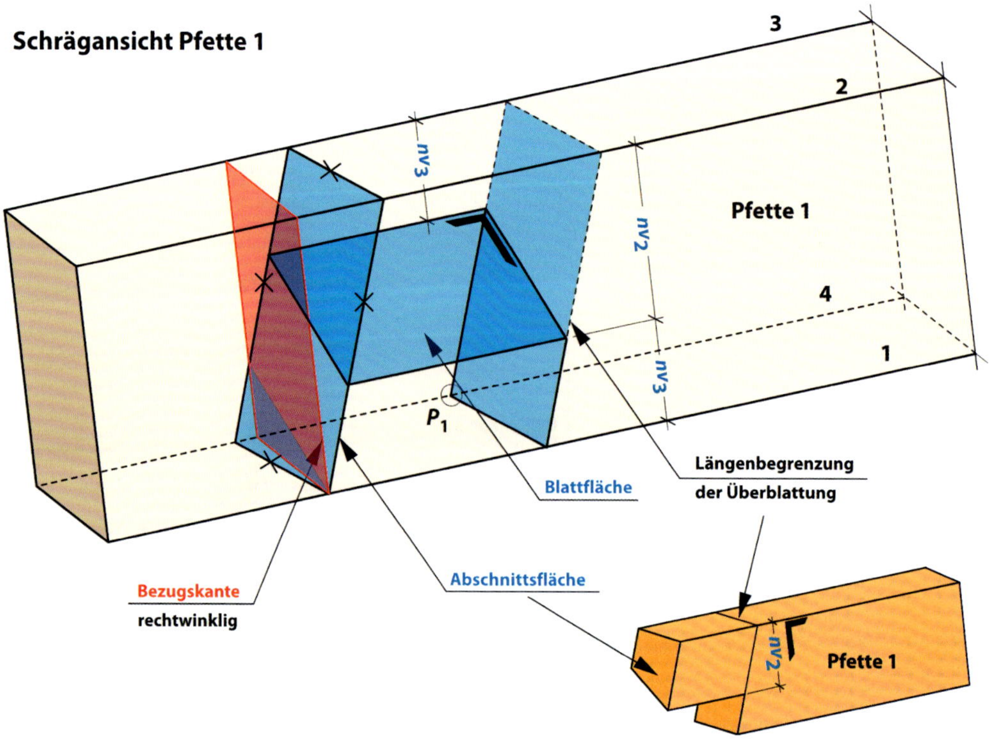

Bild 282: *Bei dem gezeigten Beispiel liegt die Blattfläche in der Mitte zwischen Kante 4 und Kante 2. Das Maß* ***nv₃*** *kann deshalb hier auf beiden Seiten, einmal von oben, einmal von unten, angetragen werden.*

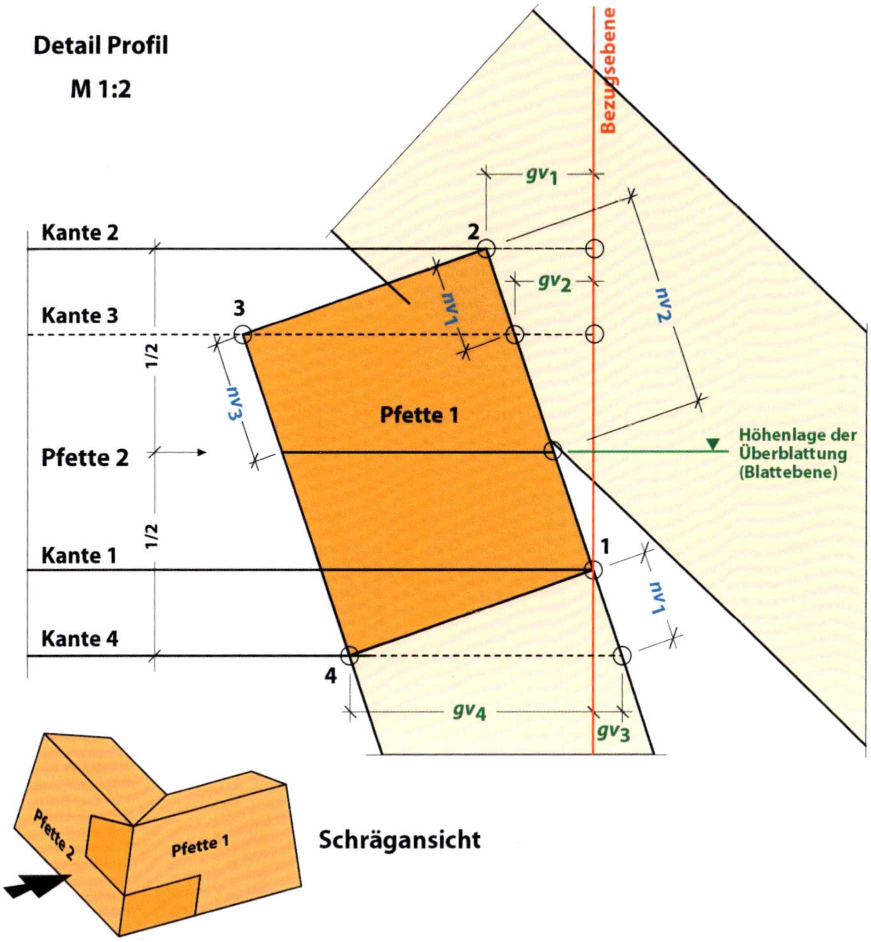

Bild 283: *Pfettenprofilansicht in Achsrichtung von Pfette 1*

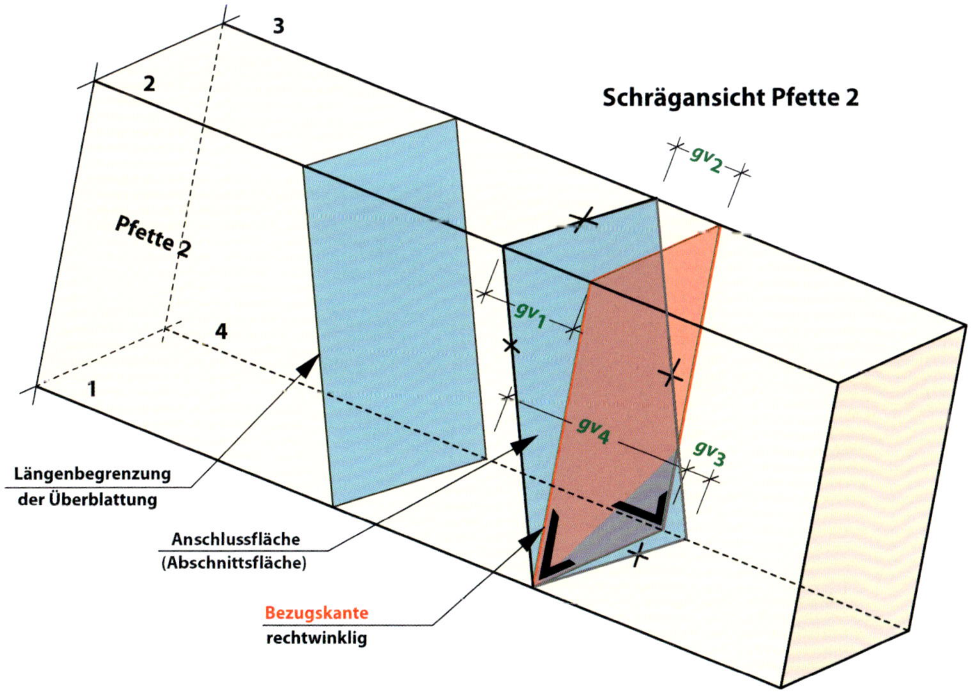

Bild 284: *Ermittlung der Abschnittsfläche und der Blattlänge an Pfette 2*

Abschnittsfläche und Blattlänge bei Pfette 2

Bild 283 zeigt, einmal anders, das Profil von **Pfette 1** von außen in Richtung der Pfettenachse.

Die Ermittlung der Abschnittsfläche und der Blattlänge an **Pfette 2** (**Bild 284**) wird nach demselben Prinzip durchgeführt wie bei **Pfette 1**.

Ermittlung der „Klauen"

Um die obere „Klaue" zu ermitteln, wird das Verstichmaß ***nv*₁** rechtwinklig zur Kante auf der äußeren Seitenfläche (Fläche zwischen **Kante 1** und **Kante 2**) angetragen (**Bild 285**).

Der Schnittpunkt von ***nv*₁** mit der hinteren Blattbegrenzung wird mit dem Abschnitt in **Kante 2** und der hinteren Blattbegrenzung in **Kante 3** verbunden.

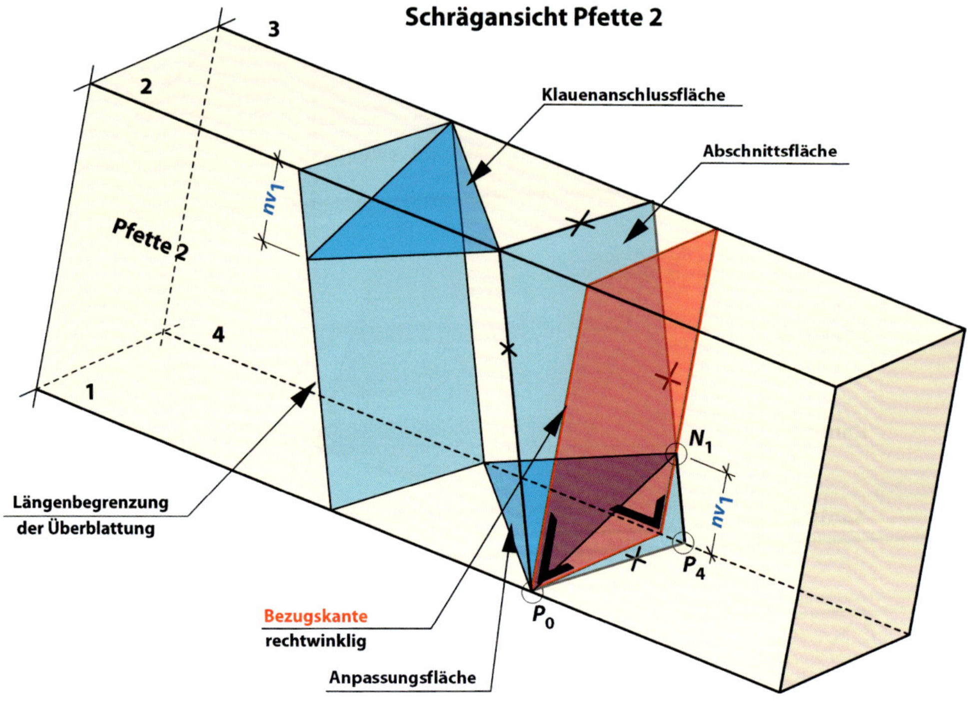

Bild 285: *Ermittlung der „Klauen" und der Anpassung.*

Ermittlung der Anpassung

Für die untere Anpassung (**Bild 285**) muss das Verstichmaß ***nv*₁** auf der inneren Seitenfläche rechtwinklig von **Kante 4** angetragen werden.

Diese Maßlinie muss genau durch den Schnittpunkt ***N*₁** der Abschnittsfläche mit der Bezugskante laufen.

Durch Verbinden dieses Schnittpunktes ***N*₁** mit der Blattbegrenzung in **Kante 4** und dem Abschnitt (Punkt ***P*₀**) in **Kante 1** ergibt sich die untere Anpassung.

Die Zusammenhänge

Die Ermittlung der Überblattungsfläche wurde bereits in **Bild 282** gezeigt. **Bild 286** zeigt die Überblattungsfläche mit den wichtigsten Konstruktionsmaßen im Zusammenhang mit den Anpassungsflächen.

Die Anpassungsfläche (Schmiege) der oberen Klaue ist parallel zur unteren Anpassungsfläche.

Anpassungsflächen und Blattfläche haben jeweils eine parallele Begrenzungslinie.

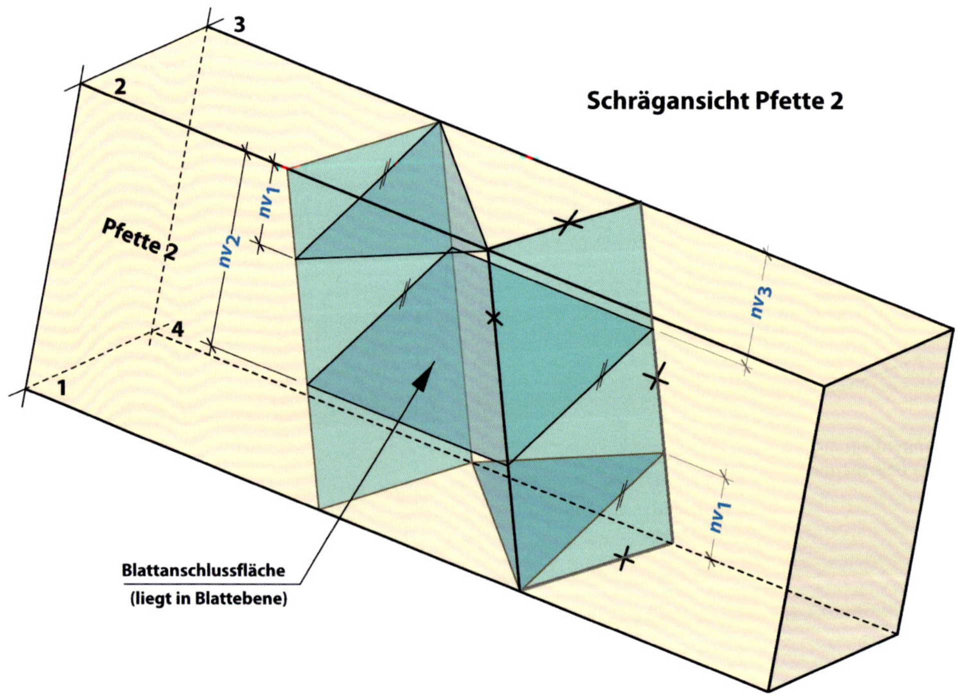

Bild 286: *Übersicht über die wichtigsten Konstruktionsmaße.*

Eckverbindung mit Scherzapfen

In diesem Teil wird die Eckverbindung der beiden verkanteten Mittelpfetten mittels Scherzapfen dargestellt.

Die Ausbildung der Eckverbindung zweier verkanteter Pfetten mittels Scherzapfen (**Bild 287**) wird in der Praxis eher selten vorkommen. Zum Trainieren des Umganges mit mehreren voneinander abhängigen Verstichmaßen ist er jedoch sehr gut geeignet.

Die Ermittlung der Abschnittsflächen, der Verbindungslänge und der oberen Klaue an **Pfette 2** wird vorgenommen, wie dies bei der Überblattung ab **Seite 127** ausführlich erklärt worden ist.

Anstatt der Blattdicke muss bei der Konstruktion des Scherzapfens zunächst die Lage und Dicke d_Z des Zapfens im Profil festgelegt werden.

In diesem Modell wurde die Zapfendicke d_Z mit **3 cm** gewählt (**Bild 288**). Sie wird im Profil angetragen, wie dies in **Bild 289** dargestellt ist:

Die (senkrechte) Höhe zwischen **Kante 2** und **Kante 4** wird halbiert und von dieser Mittelwaagerechten aus die Zapfendicke zur Hälfte nach oben und unten abgetragen.

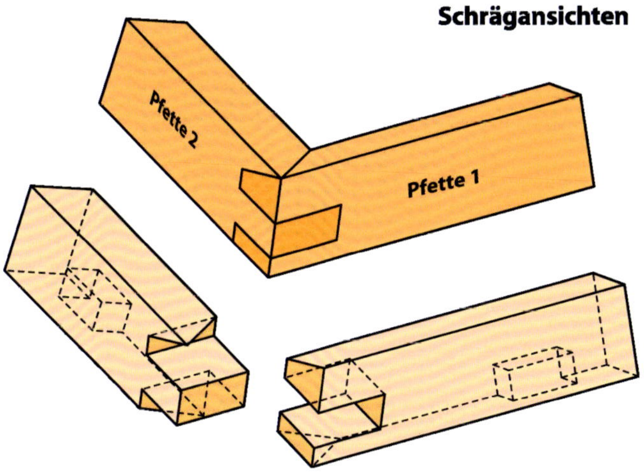

Bild 287: Der Scherzapfen ist eine „elegante" Art, zwei verkantete Pfetten miteinander zu verbinden. Für hohe Passgenauigkeit ist ein sehr sorgfältiges Übertragen der Verstichmaße erforderlich.

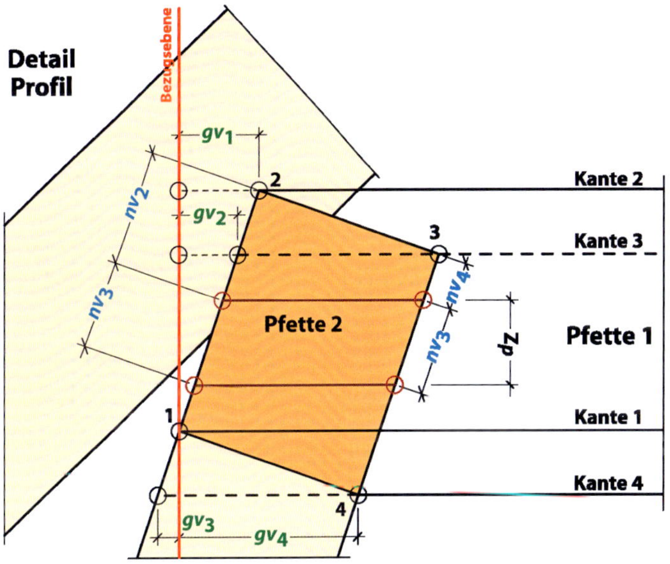

Bild 288: Die Dicke d_Z *des Scherzapfens ist bei unserem Modell auf das senkrechte Maß von* ***3 cm*** *festgelegt. Es wird je zur Hälfte von der Mittelwaagerechten zwischen Kante 4 und Kante 2 aus abgetragen.*

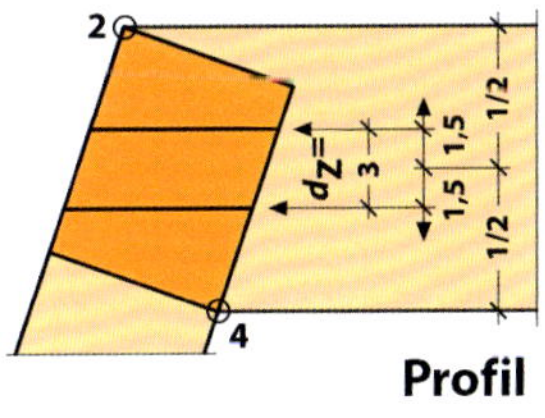

Bild 289: Antragen der Zapfendicke d_Z

Anreißen der oberen und unteren Zapfenanschlussfläche

Der Zapfen muss nun mit den Verstichmaßen nv_2 bis nv_4 vermaßt werden (**Bild 288**).

In den Abständen der Verstichmaße nv_2 und nv_3 werden auf der Außenseite (Fläche zwischen **Kante 1** und **Kante 2**) Parallelen zu **Kante 2** gezogen (**Bild 290**).

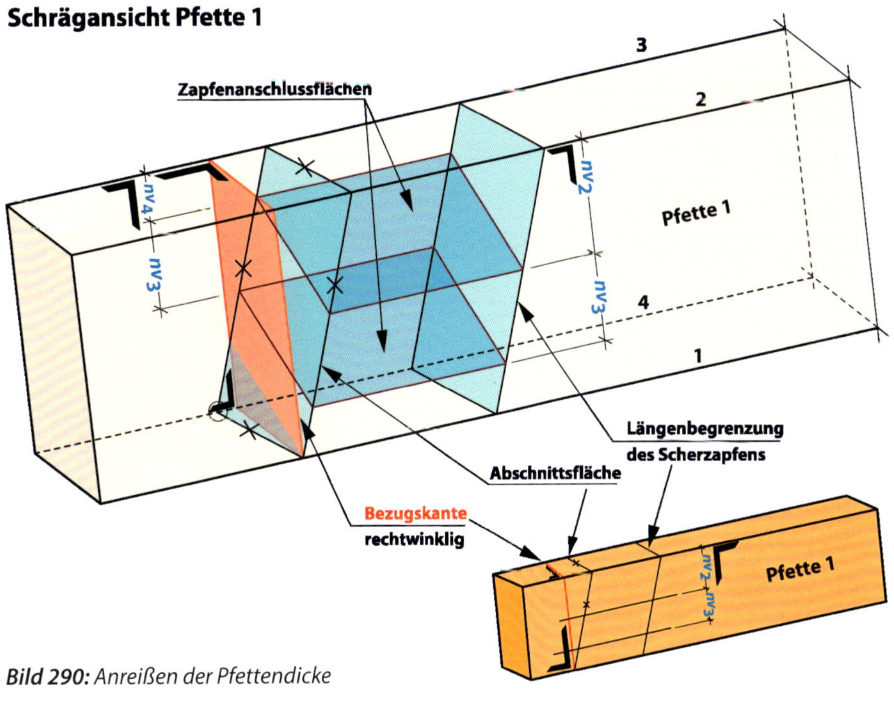

Bild 290: Anreißen der Pfettendicke

Auf der Innenseite (Fläche zwischen **Kante 3** und **Kante 4**) sind nun die Verstichmaße ***nv₃*** und ***nv₄*** abzutragen und ebenfalls Parallelen, dieses Mal zu **Kante 3**, anzureißen.

Damit sind die obere und die untere Zapfenebene festgelegt.

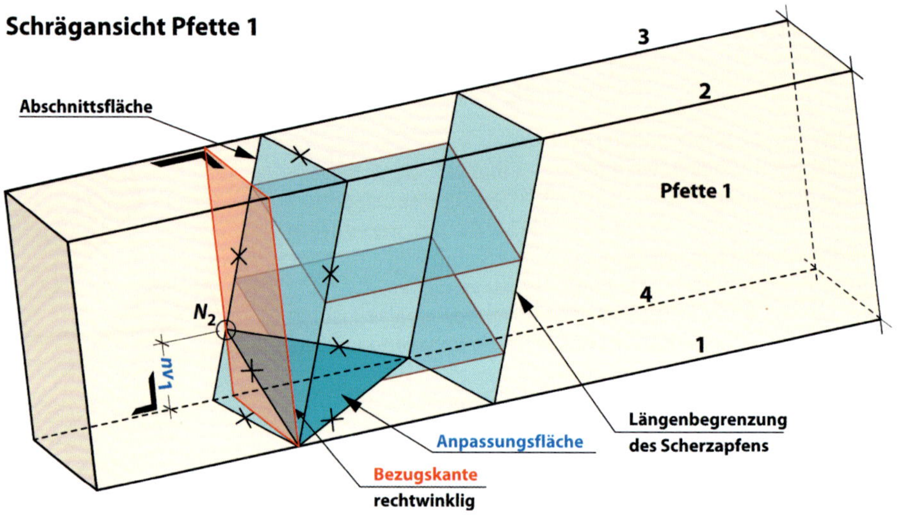

Bild 291: Anpassung an Pfette 2

Ermittlung der Anpassung an Pfette 1

Für die untere Anpassung an **Pfette 1** muss das Verstichmaß ***nv₁*** auf der inneren Seitenfläche rechtwinklig zu **Kante 4** angetragen werden (**Bild 291**).

Dieses Maß muss genau durch den Schnittpunkt ***N₂*** von Abschnittsfläche und Bezugskante laufen.

Durch Verbinden dieses Schnittpunktes ***N₂*** mit der Längenbegrenzung des Zapfens in **Kante 4** und dem Abschnitt in **Kante 1** ergibt sich die untere Anpassung.

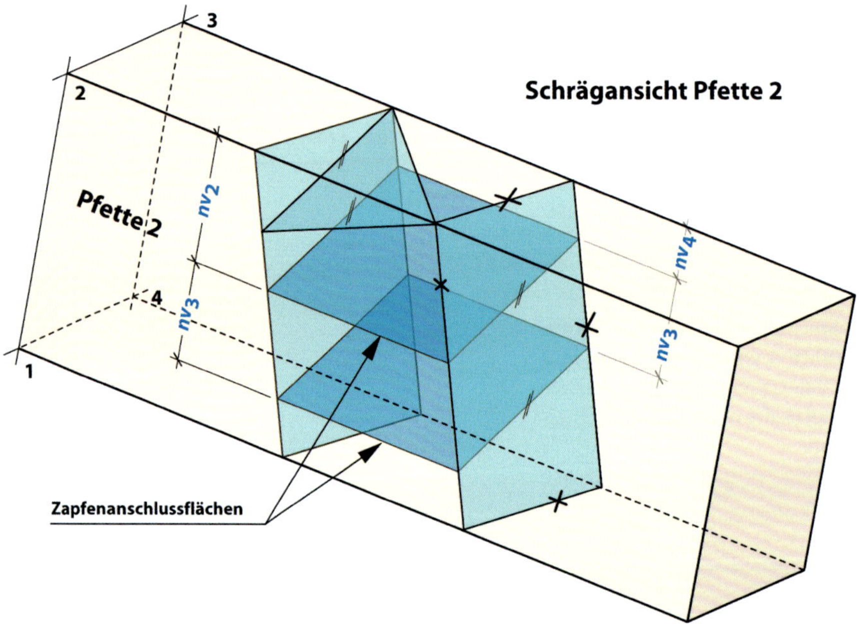

Bild 292: Antragen der Verstichmaße für das Anreißen der Zapfendicke.

Anreißen des Zapfens an Pfette 2

Bei der **Pfette 2** werden Abschnitt, Verbindungslänge und die obere Klaue wie bei der Überblattung ermittelt. Dieser Vorgang ist ebenfalls ab **Seite 127** dargestellt.

Durch rechtwinkliges Übertragen von Verstichmaß ***nv₂*** und ***nv₃*** auf der Außenseite der Pfette (Fläche zwischen **Kante 1** und **Kante 2**) sowie der Verstichmaße ***nv₄*** und ***nv₃*** auf der Innenseite (Fläche zwischen **Kante 3** und **Kante 4**) ergibt sich die Zapfendicke (**Bild 292**).

Den fertig ausgearbeiteten Scherzapfen zeigt **Bild 293**.

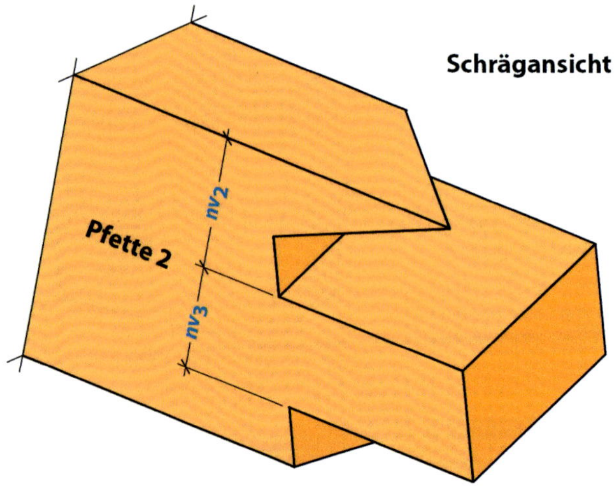

Bild 293: Der fertig ausgearbeitete Zapfen und die Anpassung an Pfette 1.

Gratsparrenkerve auf verkanteten Mittelpfetten

Nachdem bisher die möglichen Ausführungen der Eckverbindungen der verkanteten Pfetten vorherrschendes Thema waren, soll hier die Gratsparrenkerve genauer betrachtet werden.

Der Gratsparren

Der Gratsparren des Modells (**Bild 294**) weist eine Breite ***b*** von 7 cm und eine Höhe ***h*** von 11 cm auf. Er wird wie die Sparren und Schifter an der Traufe waagerecht abgeschnitten.
Der Firstabschnitt soll in der Flucht der rechtwinkligen Firstabschnitte der Sparren erfolgen (**Bild 295**).

Durch die Verkantung der Pfetten ergibt sich beim Gratsparren eine Kerve, die nicht wie bei der Schwellenkerve aus einer waagerechten und zwei senkrechten Flächen besteht (**Bild 296**).

Bild 294: *Schrägbild des Modells.*

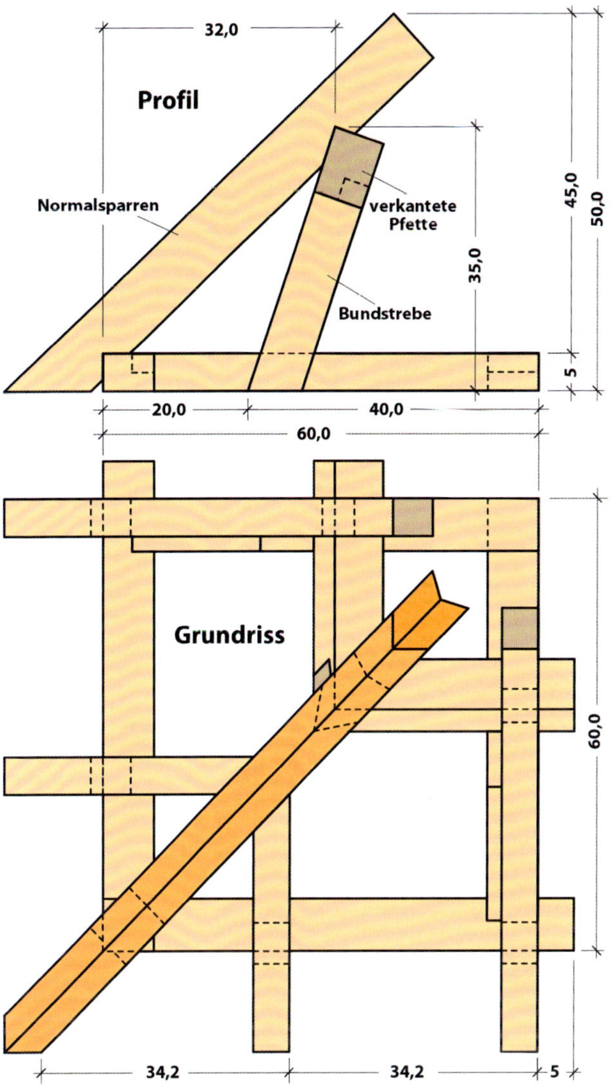

Bild 295: *Normalprofil und Gratgrundriss des Modelles ohne Maßstab mit den Maßen in cm.*

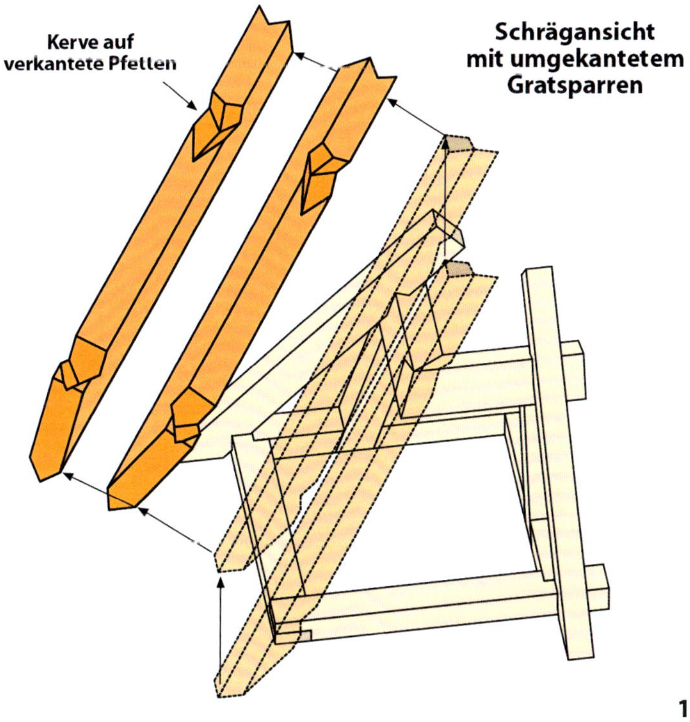

Bild 296: *Der Gratsparren ist hier von den verkanteten Pfetten nach oben abgehoben und so umgekantet, dass die Kerben an seiner Unterseite sichtbar werden.*

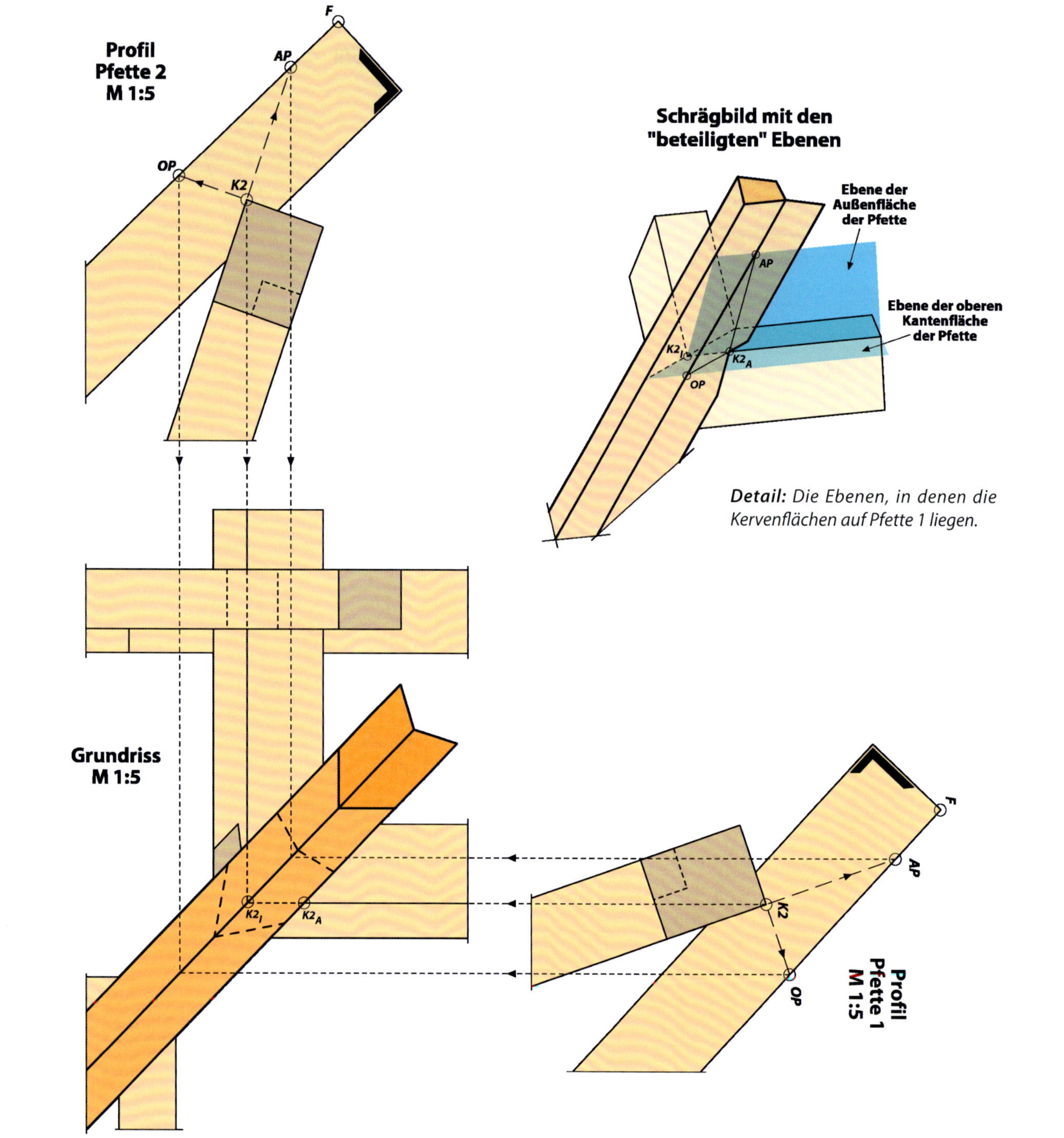

*Bild 297: Der Gratsparren liegt auf den geneigten oberen Kantenflächen und äußeren Seitenflächen der verkanteten Mittelpfetten auf. Es gilt demnach, die Ebenen dieser Flächen (siehe **Detail**) mit dem Gratsparrenkörper zu verschneiden. Dies geschieht zunächst im Profil durch Verlängerung der entsprechenden Pfettenbegrenzungslinien bis zur Oberkante des Normalsparrens.*

Um die Kerve des Gratsparrens anreißen zu können, müssen zunächst im Profil

- die Außenkanten der Pfetten bis Punkt ***AP*** und
- die Oberkanten der Pfetten bis Punkt ***OP***

zur Oberkante des Normalprofils verlängert werden (**Bild 297**). Dabei geschieht nichts anderes, als dass die Ebenen der Pfettenflächen mit den Dachflächenebenen verschnitten werden (siehe Detail rechts oben).

Bei symmetrischer Geometrie genügt es, diesen Vorgang in einem Normalprofil durchzuführen (**Bild 297** zeigt zum besseren Verständnis beide Profile).

Diese Punkte sowie der Pfetteneckpunkt ***K2*** im Profil (es handelt sich um die aus früheren Beispielen bereits bekannte **Kante 2** der Pfetten) werden – bezogen auf die Profile – lotrecht in den Grundriss übertragen. Sie erscheinen dort als (waagerechte) Höhenlinien und „treffen" sich an der Gratgrundlinie.

Dabei entstehen im Grundriss die Punkte ***K2$_I$*** (innen) und ***K2$_A$*** (außen).

Das Gratprofil

Zunächst muss das Gratprofil ermittelt werden (**Bild 298**).

Hierzu werden die Höhenlagen

- **HT** Traufhöhe
- **H1** Oberkante Schwelle
- **H2** Höhe **Kante 2**, Punkt ***K2***
- **HF** Firsthöhe

aus dem Profil auf eine Maßlatte übertragen.

Firsthöhe **HF** und Traufhöhe **HT** werden – wie vom „normalen" Gratsparren bekannt – mit den Loten aus den Gratgrundpunkten ***TG*** und ***F*** zum Schnitt in den Punkten ***TG*** und ***F*** im Gratprofil gebracht. Ihre Verbindungslinie im Gratprofil ist die Gratlinie. Damit steht die Gratsparrenneigung fest.

An der Traufe wird jetzt die Abgratung, ausgehend von Punkt ***TA*** im Gratgrund, ermittelt.

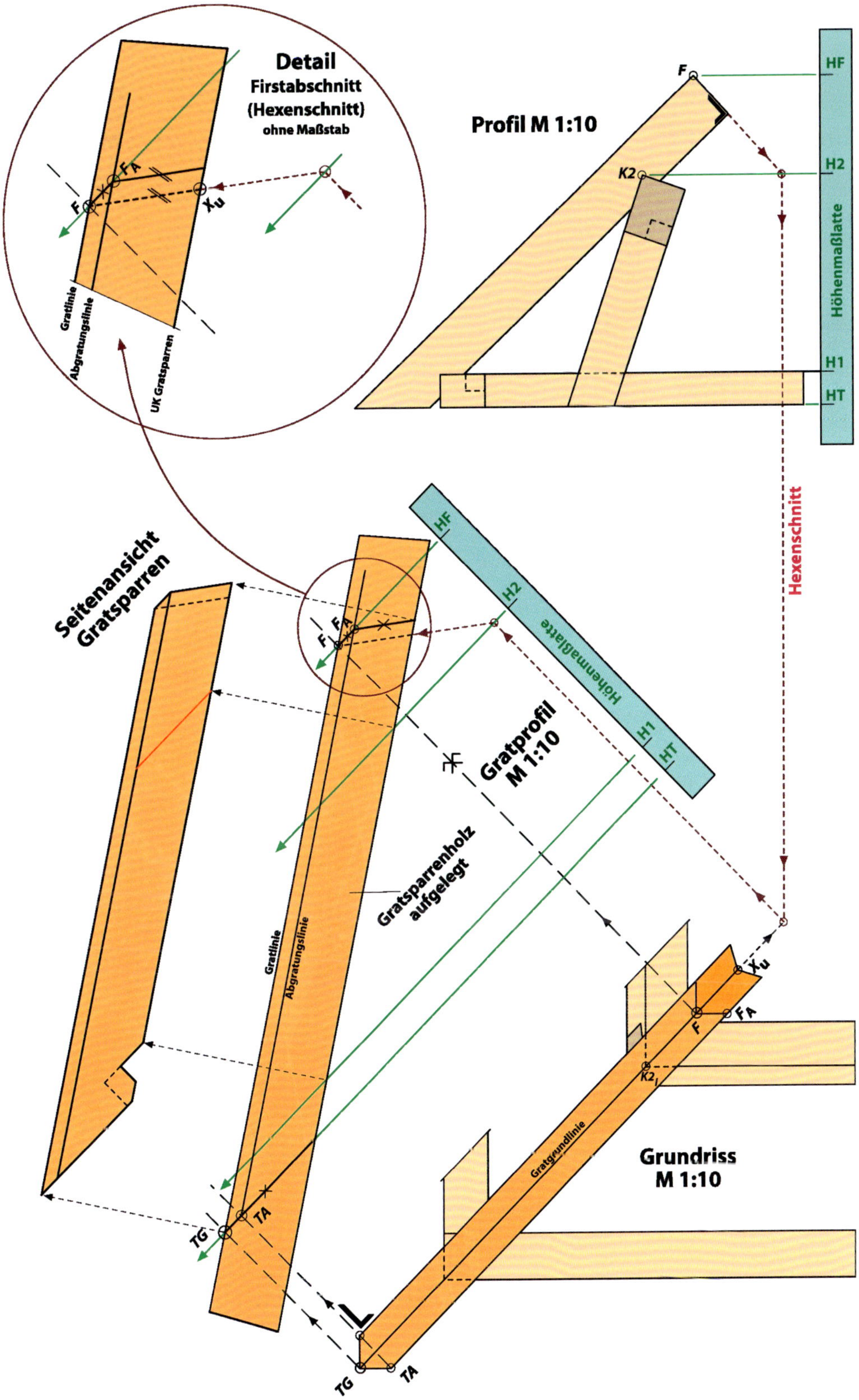

Bild 298: Die Austragung des Gratsparrens unterscheidet sich nicht von der Austragung eines „normalen" Gratsparrens bei gleich geneigten Dachflächen. Der Firstabschnitt soll entsprechend des rechtwinkligen Abschnittes der Sparren erfolgen. Hierzu kann der Hexenschnitt (gestrichelte grüne Linie) auf die Höhenlinie **H2** *bezogen werden. Die Höhenlinie* **H2** *legen wir in der Höhe des Kervenecks* ***K2*** *(siehe Profil in* ***Bild 297****) fest.*

Der Hexenschnitt

Das Gratsparrenholz ist als „durchsichtiger" Körper auf den Aufriss gelegt. Trauf- und Firstabschnitt sind angerissen.

Der Firstabschnitt ist als Hexenschnitt (bezogen auf **H2**, siehe gestrichelte grüne Linie) ausgeführt. Die lotrecht (bezogen auf das Sparrenprofil) in den Grundriss gezogene Hexenschnittlinie wird mit der Verlängerung der Gratgrundlinie zum Schnitt gebracht. Zum besseren Verständnis ist im Grundriss der fertig ausgeführte Firstabschnitt mit dem Punkt X_u dargestellt, der sich am unteren Ende der entstehenden Auskehlung befindet.

Die Hexenschnittlinie, rechtwinklig zur Gratgrundlinie weitergeführt, schneidet im Gratprofil die Höhenlinie **H2**.

Die Verbindungslinie zwischen diesem Schnittpunkt und dem auf der Gratlinie „sitzenden" Firstpunkt ***F*** gibt die Abschnittsrichtung an. Der Abschnittsriss an der Außenfläche des Gratsparrens verläuft parallel zur Hexenschnittlinie durch Punkt F_A auf der Abgratungslinie (siehe **Detail** in **Bild 298**)! Den Stand der nun möglichen Ausarbeitung zeigt die **Seitenansicht** des Gratsparrenholzes.

Von der Kerve an den verkanteten Pfetten ist bislang nur die Höhe **H2** bekannt. Sie kann auf den Seitenflächen des Gratsparrenholzes angerissen werden.

So können wir auch diese Höhenlinie für die Konstruktion der Kerve verwenden.

Ermittlung der Kerve

Um die Kerve des Gratsparrens auf den verkanteten Pfetten zu ermitteln, müssen nun die Schnittpunkte ***AP*** („Außenkante Pfette") und ***OP*** („Oberkante Pfette") der Verschneidungslinien sowie die Pfettenkante ***K2*** aus dem Grundriss in das Gratprofil übertragen werden (**Bild 299**).

Hierbei ist zu beachten, dass die Schnittpunkte auf den Außenseiten des Gratsparrens auf die ***Abgratungskante*** (Abgratungslinie) übertragen werden. Die Punkte, die im Grundriss auf der Gratlinie liegen, werden auch im Profil auf die ***Gratlinie*** übertragen. Die Schnittpunkte der Pfettenkante werden auf die Höhe **H2** übertragen.

Im Gratprofil ist das Anreißen der rechten Gratsparrenseite dargestellt (blau). Das Anreißen der linken Seiten erfolgt auf die gleiche Weise.

Die Punkte ***OP***$_A$ und ***AP***$_A$ liegen „außen", also auf der Abgratungslinie.
Sie werden verbunden mit ***K2***$_A$, der ebenfalls „außen" liegt, jedoch nicht auf der Abgratungslinie, sondern auf der Höhenlinie **H2**.
Die Punkte ***OP***$_G$ und ***AP***$_G$ liegen auf der Gratlinie.
Sie werden mit Punkt ***K2***$_I$ verbunden, der im Inneren des Gratsparrenholzes und gleichzeitig auf der Höhenlinie **H2** liegt und nach dem Ausarbeiten als „Kerveneckpunkt" sichtbar wird.

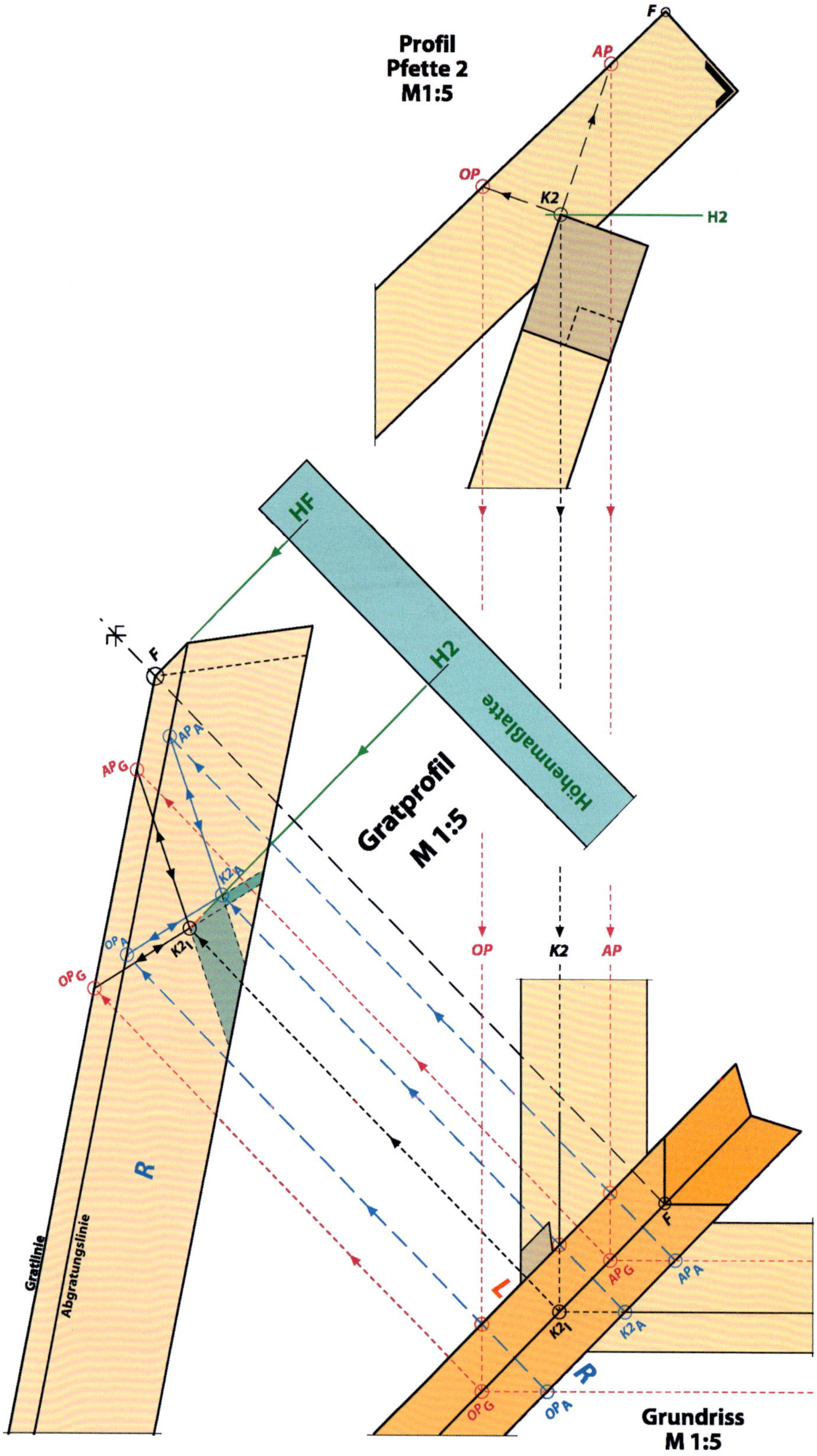

Für das Anreißen des aufgelegten Gratsparrenholzes ist es erforderlich, dass die Verbindungslinien über Ober- beziehungsweise Unterkante des Gratsparrens hinausreichen (dies ist in **Bild 299** wegen der Übersichtlichkeit nicht geschehen).
Die Anfallspunkte werden an den zutreffenden Holzkanten markiert und dann miteinander verbunden.

Bild 299: *Anreißen der Gratsparrenkerve auf den verkanteten Mittelpfetten. Die Punkte, die im Grundriss auf der Gratlinie liegen, werden auch im Profil auf die Gratlinie übertragen. Die Schnittpunkte der Pfettenkante werden auf die Höhe* **H2** *übertragen. Die später entstehende Kerve ist im Gratprofil durch Schattierungen angedeutet.*
Die Risse müssen teilweise über die Gratlinie (Oberkante Gratsparrenholz) hinaus durchgezogen werden, damit die Risse am Holz angetragen werden können. Dies ist wegen der Übersichtlichkeit hier nicht geschehen. Die Vorgehensweise lässt sich sinnvoll eigentlich nur am Modellholz trainieren.

Bild 300 zeigt schließlich zum besseren Verständnis den gesamten Vorgang ohne Beschriftung.

Eine Umkantung des Gratsparrens bietet den Blick auf seine Unterseite.

Dünne schwarze Volllinien verdeutlichen die Zusammenhänge bei den Kervenkanten.

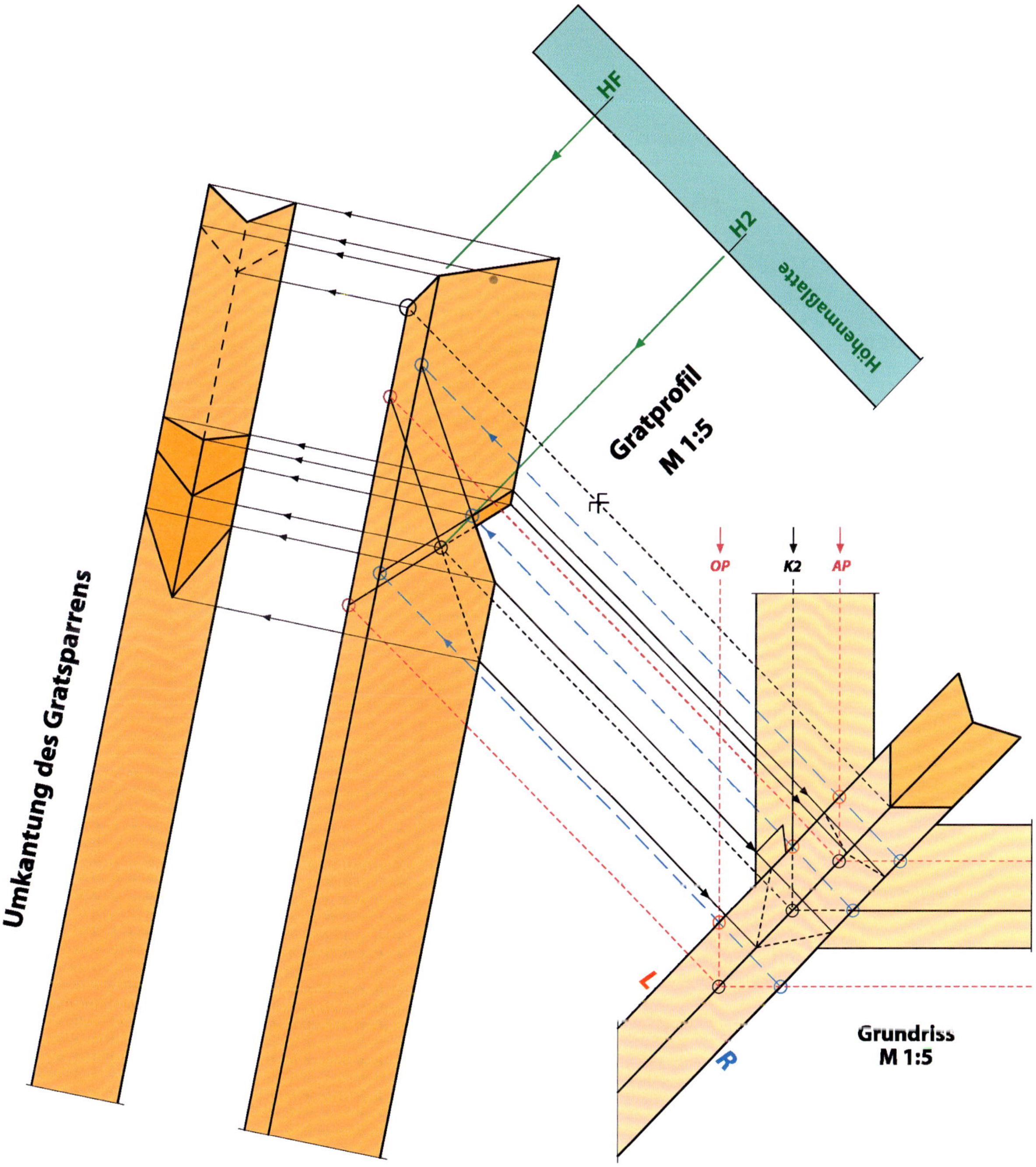

Bild 300: Die Zusammenhänge im Überblick.

Verkantete Mittelpfetten – Eckverbindung mit Scherzapfen bei unterschiedlichen Pfettenneigungen

Bei den vorangegangenen Abschnitten zum Thema „Verkantete Mittelpfetten" blieb die Frage offen, wie bei der Eckverbindung von zwei ungleich geneigten Pfetten vorzugehen ist. Hier wird eine Antwort gegeben und gleichzeitig eine weitere Variante zum Anreißen von verkanteten Mittelpfetten vorgestellt.

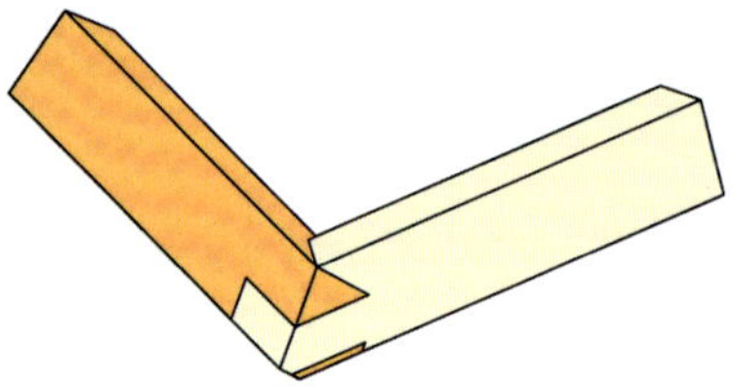

Maße und Neigungen festlegen

Werden zwei ungleich geneigte oder auch unterschiedlich dimensionierte Pfetten miteinander verbunden, sind zunächst einige Maße und Neigungen festzulegen (**Bild 301**). In der Regel werden **Pfette A** und **Pfette B** mit ihren obersten Kanten (hier **Kante 1**) auf eine Höhe gelegt. **Pfette A** hat eine Neigung zur Waagerechten von 48°, **Pfette B** ist 65° geneigt.

Bei den hier gewählten Holzdimensionen für beide Pfetten von ***b*** = 4 cm und ***h*** = 5 cm ergibt sich logischerweise, dass die unten liegenden Kanten (hier **Kante 3**) der Pfetten nicht auf gleicher Höhe liegen.

Größe und Lage des Zapfens muss demnach an einer der beiden Pfetten festgelegt werden.

Dies ist hier bei **Pfette A** geschehen mit einer senkrecht gemessenen Zapfendicke von **2,0 cm**, ausgehend von der Mittelachse (Prinzip siehe auch **Bild 289** auf **Seite 131**). Es werden zunächst die Abschnittsflächen und dann die Zapfen- und die Schlitzlängen ermittelt.

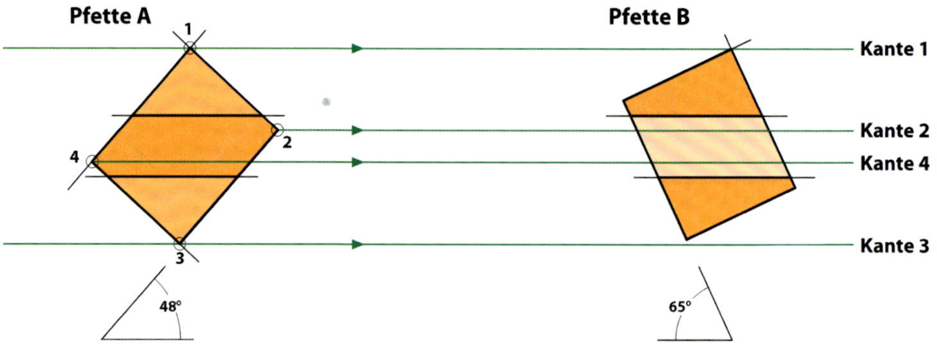

*Bild 301: Aufreißen der Profile von **Pfette A** und **Pfette B** und „Durchreißen" der waagerechten Kantenlinien **1** bis **4** von **Pfette A**.*

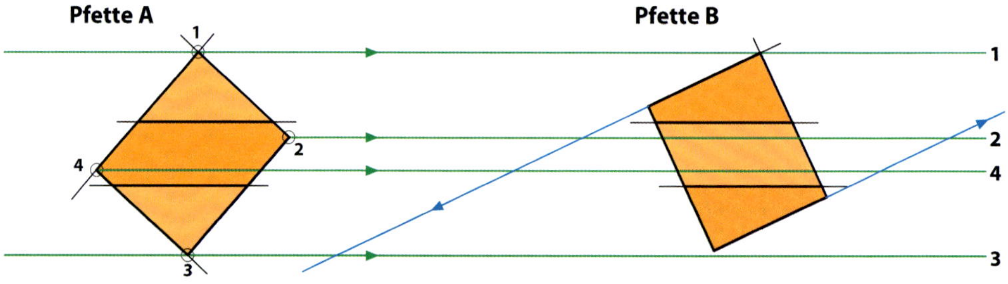

*Bild 302: Die Profillinien der oberen und unteren Kantenfläche von **Pfette B** werden über die Kantenlinien **2** bis **4** von **Pfette A** hinaus verlängert.*

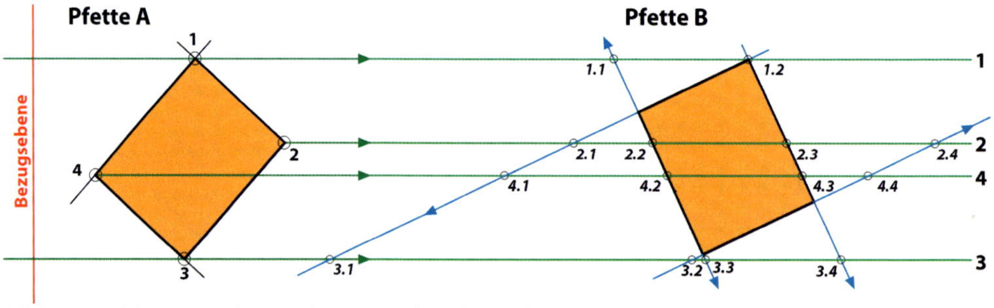

*Bild 303: Auf den Kantenlinien **1** bis **4** entstehen die Punkte **1.1** bis **4.4.***

Die Abschnittsflächen

Die Abschnittsflächen liegen in Richtung der Seitenflächen der zu verbindenden Pfetten. Dazu müssen die Pfetten zunächst in den jeweiligen Neigungen auf gleicher Höhe gegenüberliegend aufgerissen werden: **Pfette A** mit 48° Neigung und **Pfette B** mit 65° Neigung (**Bild 301**).

Die Pfettenkanten werden bei **Pfette A** im Uhrzeigersinn nummeriert, anschließend werden durch die **Kanten 1** bis **4** Hilfslinien zur gegenüberliegenden **Pfette B** gezogen und auf **Pfette B** „überrissen".

Es entstehen die **waagerechten „Kantenlinien" 1** bis **4** (**Bild 301**).

Es werden nun die Seitenkanten (der oberen und unteren Kantenfläche) von **Pfette B** über die **waagerechten Kantenlinien 1** bis **4** verlängert (**Bild 302**). Es entstehen die Punkte ***1.1*** bis ***4.4.*** (**Bild 303**).

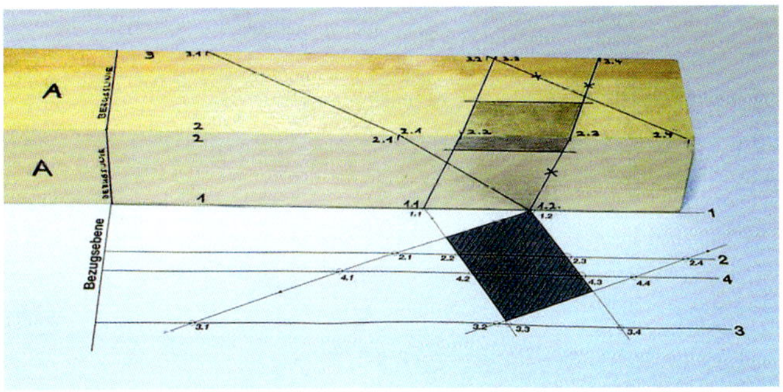

Bild 304: *Das Pfettenholz ist mit der Bezugslinie an die Bezugsebene des Aufrisses und mit „Holzkante"* ***1*** *an Kantenlinie* ***1*** *des Aufrisses angelegt. Punkte* ***1.1*** *und* ***1.2*** *sind angerissen. Gegenüber* **Bild 301** *sind Bezugsebene und Bezugslinie zur besseren Übersicht etwas nach rechts verschoben.*

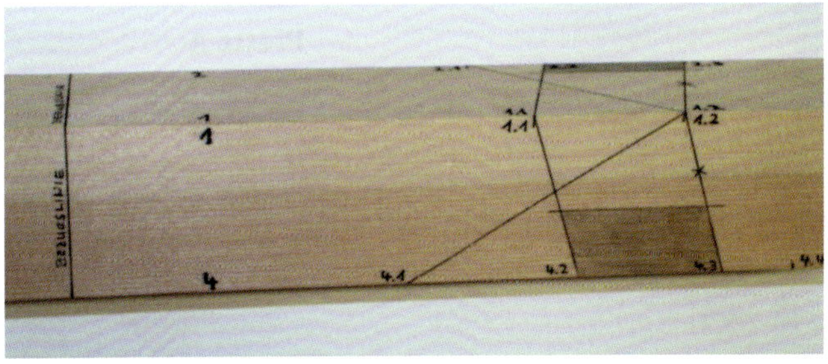

Bild 305: *Blick auf die Kanten* ***2***, ***1*** *und* ***4*** *mit den miteinander verbundenen Punkten.*

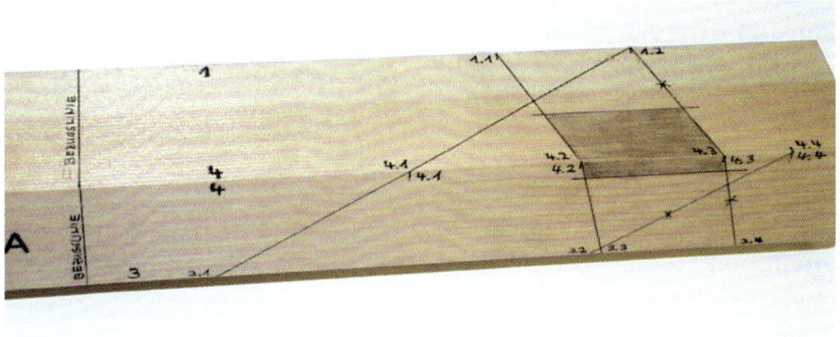

Bild 306: *Anreißen von Abschnitt 1: Punkte* ***1.2*** *mit* ***2.3***, ***2.3*** *mit* ***3.4***, ***3.4*** *mit* ***4.3***, *und* ***4.3*** *zurück auf* ***1.2***.

Bezugsebene und Bezugslinie

Jetzt wird als Hilfsebene eine Bezugsebene in einem beliebigen Abstand auf den Aufriss angetragen (**Bild 303** und **Bild 304**).

Diese Bezugsebene entspricht der Ebene eines rechtwinkligen Pfettenabschnitts. Sie wird als umlaufender Riss (Bezugslinie) auf dem anzureißenden Holz angetragen. Es empfiehlt sich, die Bezugsebene in den Aufriss einzutragen, das Pfettenholz aufzulegen und die Bezugslinie dann zu übertragen.

Beim Übertragen der Maße von der Aufrisszeichnung müssen Bezugsebene auf der Zeichnung und Bezugslinie auf dem Holz immer in Deckung gebracht werden.

Anreißen von Pfette A

Damit die **Pfette A** angerissen werden kann, müssen nun die Seitenkanten der Pfette entsprechend von **1** bis **4** bezeichnet werden (am Holz anschreiben!).

Zum Anreißen wird die Pfette mit Bezugslinie an Bezugsebene des Aufrisses angelegt (**Bild 304** links oben). **Kante 1** der Pfette liegt auf **Kantenlinie** 1 des Aufrisses. Nun werden die Punkte ***1.1*** und ***1.2*** auf **Kante 1** des Holzes angerissen. An den **Kanten 2** bis **4** werden die auf den Kanten liegenden Punkte ebenso angerissen. Dabei ist immer darauf zu achten, dass die entsprechenden „Holzkanten" mit den jeweiligen Kantenlinien des Aufrisses übereinstimmen.

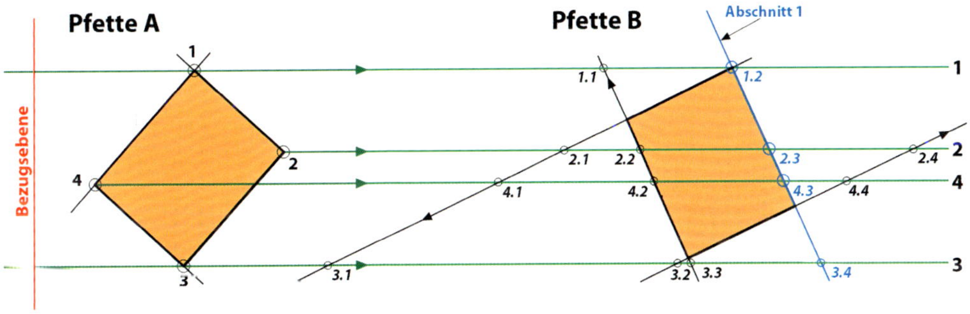

Bild 307: *Beispiel Abschnitt 1 (siehe auch Bild 39):* ***1.2*** *mit* ***2.3***, ***2.3*** *mit* ***3.4***,***3.4*** *mit* ***4.3*** *und* ***4.3*** *zurück auf* ***1.2***

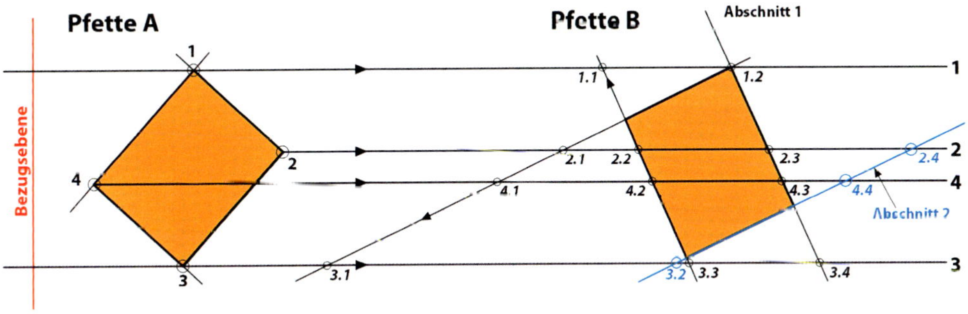

Bild 308: *Abschnitt 2:* ***2.4*** *mit* ***3.2*** *und* ***3.2*** *mit* ***4.4*** *verbinden*

Abschnitt 1 und Abschnitt 2

Zum Anreißen des **Abschnitts 1** werden die Punkte ***1.2*** mit ***2.3***, ***2.3*** mit ***3.4***, ***3.4*** mit ***4.3***, und ***4.3*** zurück auf ***1.2*** verbunden (**Bild 305** bis **Bild 307**).

Für **Abschnitt 2** werden die Punkte ***2.4*** mit ***3.2*** und ***3.2*** mit ***4.4*** verbunden (**Bild 308**).

Zur Ermittlung der Schlitzlänge wird ebenso verfahren:

Schlitzlänge 1:
Punkte ***1.2*** mit ***2.1***, ***2.1*** mit ***3.1***, ***3.1*** mit ***4.1***, ***4.1*** zurück auf ***1.2*** (**Bild 309** und **Bild 310**).

Schlitzlänge 2:
Punkte ***1.1*** mit ***2.2***, ***2.2*** mit ***3.3***, ***3.3*** mit ***4.2***, ***4.2*** zurück auf ***1.1*** (**Bild 311** und **Bild 312**).

Sind alle angetragenen Punkte auf der Pfette miteinander verbunden, entstehen so die Abschnittsflächen, Schlitz- beziehungsweise Zapfenlängen, Klauen und Abstirnungen.

Als nächstes wird das Zapfenmaß auf die Pfetten angerissen.

Dazu wird der Zapfen beziehungsweise der Schlitz mit Verstichmaßen angetragen (**Bild 313**).

Durch Antragen der Verstichmaße von der jeweiligen Pfettenkanten (***nv₁*** und ***nv₂*** von **Kante 1** und ***nv₃*** und ***nv₄*** von **Kante 3**) können Zapfen und Schlitz angerissen werden. Die fertige Verbindung sieht aus wie in **Bild 314** gezeigt.

Soll **Pfette B** angerissen werden, so wird zunächst wieder eine Bezugsebene angelegt. Nun wird ebenso verfahren wie bei **Pfette A**, wobei vorher die **Kanten 1–2** und **3–4** von **Pfette A** verlängert werden müssen. Anschließend können die Pfetten ausgearbeitet werden.

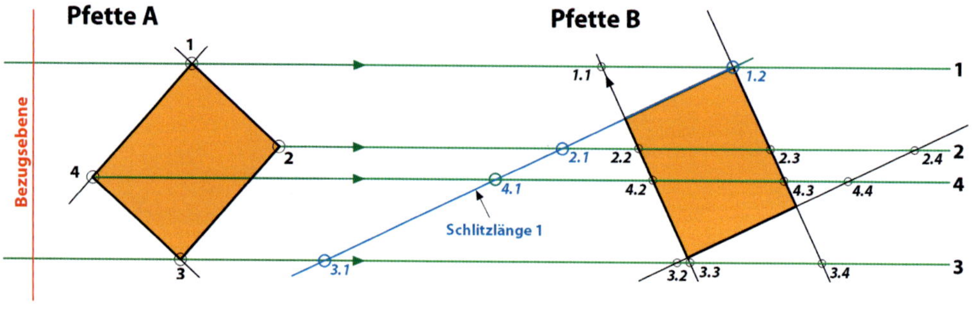

Bild 309: *Anreißen der Schlitzlänge 1*

Bild 310: *Anreißen der Schlitzlänge 1:* ***1.2*** *mit* ***2.1***, ***2.1*** *mit* ***3.1***, ***3.1*** *mit* ***4.1***, ***4.1*** *zurück auf* ***1.2***.

Holzkante ***2*** *liegt an Aufriss-Kantenlinie* ***2***, *Bezugslinie liegt an Bezugsebene an.*

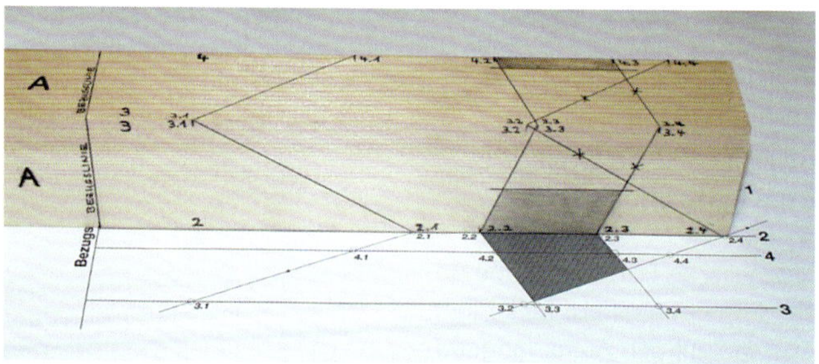

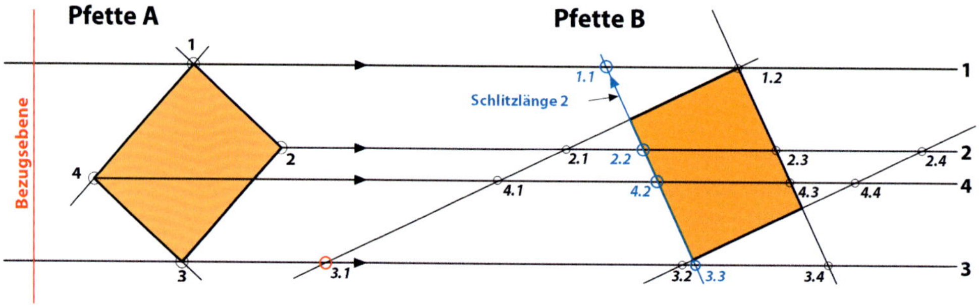

Bild 311: *Anreißen der Schlitzlänge 2*

Bild 312: *Anreißen der Schlitzlänge 2:* ***1.1*** *mit* ***2.2***, ***2.2*** *mit* ***3.3***, ***3.3*** *mit* ***4.2***, ***4.2*** *zurück auf* ***1.1***.

Holzkante 3 *liegt an Aufriss-***Kantenlinie 3**, *Bezugslinie liegt an Bezugsebene an.*

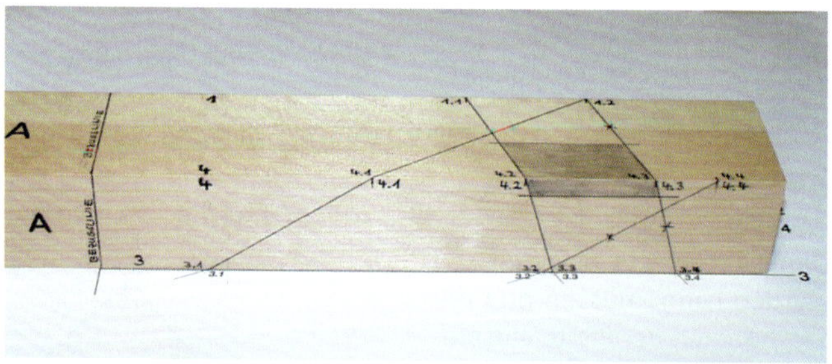

In der Praxis

Werden die Aufrisse mit Hilfe eines CAD-Programms erstellt, besteht die Möglichkeit, die durch den Aufriss entstandenen Punkte zu vermaßen und die Maße direkt auf das Holz anzutragen.
Mit dieser Vorgehensweise können beliebig große Holzdimensionen sehr genau angerissen und ausgearbeitet werden.

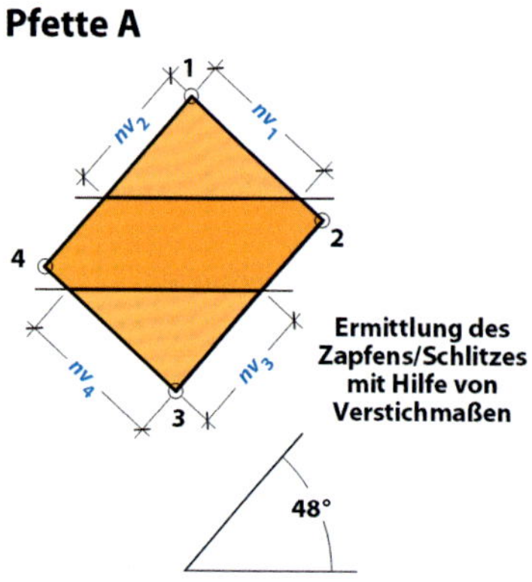

Bild 313: *Abgreifen der Verstichmaße*

Bild 314: *Die fertig ausgearbeitete Verbindung*

Stichwortverzeichnis

A

B

D

E

F

G

H

K

L

M

N

O

P

R

S

T

U

V

W

Z